최신

전자회로 실험

신헌철 · 윤찬근 지음

光文閣
www.kwangmoonkag.co.kr

머리말

이 책은 전기, 전자, 정보통신 분야에서 필요로 하는 내용으로 기초회로, 전자회로, 응용전자회로 등에서 필수적인 내용으로 핵심 되는 부분을 선정하여 이론 수업에서 공부한 내용을 검토하고, 실험으로 확인할 수 있도록 구성하였다.

각 실험마다 실험과 관련된 원리나 이론 및 실험과정 등을 상세하게 설명하여 다른 책의 도움 없이도 실험 내용과 방법을 이해할 수 있도록 하였다. 특히 부품 배치도를 수록하여 실험회로를 구성하는데 참고하여 실험을 수행하는데 도움이 되도록 하였고, 실험 결과를 제시하여 실험 결과를 쉽게 도출할 수 있게 하였다.

수록된 실험 결과는 실험회로에 주어진 부품을 사용하여 얻어진 결과로 사용하는 부품에 따라 허용 오차의 차이나 다른 부품으로 대체하는 경우 결과에서 차이를 보일 수 있다는 것을 고려해야한다. 이처럼 오차까지도 고려한 계산과 측정에 의한 결과를 통하여 전자회로의 동작원리나 이론과의 관계를 유추할 수 있는 능력을 기를 수 있을 것이다.

이 책의 특징은 다음과 같다.

첫째, 관련 이론을 통하여 전자회로에 관한 기본 개념을 습득할 수 있도록 하고

둘째, 부품 배치도를 수록하여 실험 수행에 도움이 될 수 있게 하였으며

셋째, 실험 결과를 제시하여 실험 결과 도출에 활용할 수 있게 하였다.

이 책의 내용은 다음과 같다.

1장: 전자회로 실험을 위한 부품과 장비 및 측정 방법

2장: 다이오드를 활용한 정류회로 및 클리퍼, 글램퍼, 배전압 회로

3장: 트랜지스터를 사용한 회로로 바이어스회로, BJT 증폭기와 FET 증폭기, 전력증폭기와 증폭기의 주파수 특성

4장: OP-AMP를 사용한 실험으로 반전 증폭기, 비반전 증폭기와 가산기, 감산기, 비교기, 미분기, 적분기

5장: IC를 사용한 윈브릿지 발진기, 멀티바이브레이터, 위상편이 발진기, 정전압 회로

6장: 신호 측정 실험으로 직류와 교류 측정에 대하여 수록하였다.

1장에 수록된 측정방법의 내용이 신호를 측정하는데 부족한 경우는 6장의 실험 30과 실험 31의 신호 측정 실험을 먼저 공부하여 직류 신호와 교류 신호를 이해하고 측정하는 방법을 확실히 습득한 다음 2장의 실험 순서로 실험하는 것도 좋은 방법이다.

끝으로 이 책이 출간되기까지 많은 도움을 주신 광문각출판사 박정태 회장님과 편집부 여러분께 깊은 깊은 감사를 드립니다.

저자 일동

목차

1. 전자회로 실험 기초 7

2. 다이오드 회로 실험 35

3. 트랜지스터 회로 실험 89

01 전자회로 실험 기초

01. 실험 부품

02. 실험 장비

03. 회로 구성 및 측정 방법

1 실험 부품

(1) 저항

저항은 전류의 흐름을 억제하는 기능을 가진 부품으로서 저항값의 단위는 옴(Ω)이 사용된다. 저항은 크게 나누어 고정 저항과 가변 저항으로 분류되고, 사용하고 있는 재료에 따라 탄소계와 금속계로 분류된다. 저항을 규정하는 중요한 포인트는 저항값, 정격전력, 저항값의 정밀도이다. 정격전력은 저항이 견딜 수 있는 소비전력으로 전력(W)은 전류(I)의 제곱에 저항값(R)을 곱한 $W=I^2R$의 식으로 구할 수 있고, 저항에 공급되는 전력이 정격전력보다 크면 저항기의 온도는 올라가 경우에 따라서는 탈 수 있다. 일반적인 디지털회로나 전자회로에서는 1/8W, 1/4W, 1/2W 등을 주로 사용하는데 신호회로와 같은 약한 전류에서는 1/8W로도 충분하지만 전원 회로나 발광 다이오드 등의 전류 제어용 저항에는 생각보다 큰 전류가 흐르므로 정격전력을 고려하여 사용해야 한다.

【표 1-1】 탄소 피막 저항의 정격과 사이즈

정격전력[W]	굵기[mm]	길이[mm]
$\frac{1}{8}$	2	3
$\frac{1}{4}$	2	6
$\frac{1}{2}$	3	9

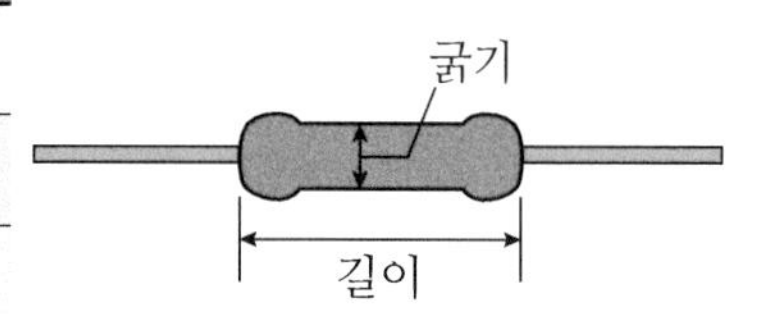

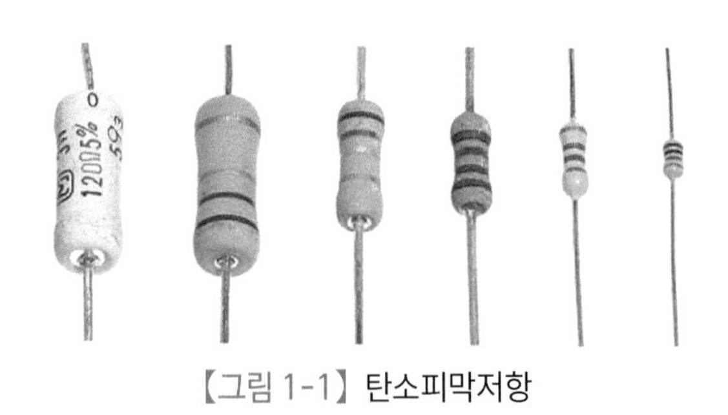

【그림 1-1】 탄소피막저항

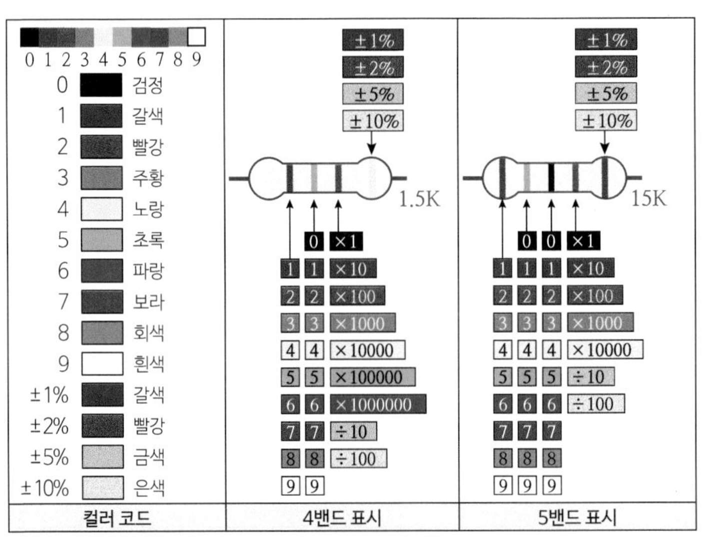

【그림 1-2】 저항 컬러코드

저항기의 저항값은 탄소피막저항에 표시하는 것과 같이 컬러코드로 나타내거나 시멘트저항에서 처럼 저항값과 오차를 숫자로 직접 표시한다.

컬러코드는 【그림 1-2】와 같이 보통 4개에서 5개로 구성되어 있고 컬러코드의 개수가 많을수록 정밀도가 높아진다. 4개의 컬러코드인 경우 앞의 두 개는 십의 자리와 일의 자리 숫자이고, 세 번째 컬러코드는 십의 승수, 그리고 네 번째 컬러코드는 오차를 나타낸다. 【그림 1-3(a)】와 같이 저항의 컬러코드가 갈색, 흑색, 등색, 금색으로 4밴드로 표시된 경우 저항값은 갈색=1, 흑색=0, 등색=3으로 $10 \times 10^3 = 10k\Omega$이고 정밀도는 금색=±5%를 나타낸다.

5개의 컬러코드인 경우 앞의 세 개는 백의 자리와 십의 자리, 일의 자리 숫자이고, 네 번째 컬러코드는 십의 승수, 그리고 다섯 번째 컬러코드는 오차를 나타낸다.

【그림 1-3(b)】와 같이 저항의 컬러코드가 황색, 자주색, 흑색, 적색, 갈색으로 5밴드로 표시된 경우 저항값은 황색=4, 자주색=7, 흑색=0, 적색=2로 $470 \times 10^2 = 47k\Omega$이고, 정밀도는 갈색=±1%를 나타낸다.

정밀도가 높은 저항의 경우 6개의 컬러코드가 붙여지고 있는 것도 있으며, 정밀도의 다음 컬러코드는 온도 계수를 표현한다.

칩 저항의 경우는 숫자로 표시하는데, 처음 두 개 숫자는 유효숫자이고, 셋째는 10의 승수를 나타내는 것으로 103으로 표시되어 있으면 $10 \times 10^3\Omega$으로 $10k\Omega$을 나타낸다.

【표 1-2】 저항 읽는 법(컬러코드 읽는 법)

색	수치	승수	정밀도(%)	온도 계수(ppm/℃)
흑(검정)	0	0		±250
갈	1	1	±1	±100
적(빨강)	2	2	±2	±50
등(주황)	3	3	±0.05	±15
황(노랑)	4	4		±25
녹(초록)	5	5	±0.5	±20
청(파랑)	6	6	±0.25	±10
자(보라)	7	7	±0.1	±5
회	8	8		±1
백(흰색)	9	9		
금		-1	±5	
은		-2	±10	
무			±20	

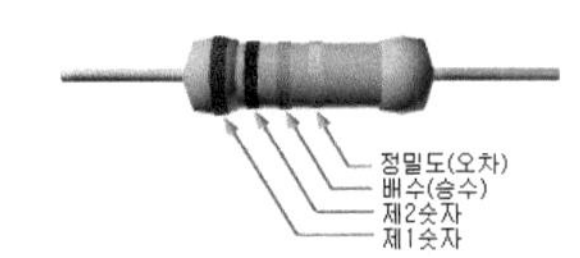

(a) 갈=1, 흑=0, 등=3 ➡ $10 \times 10^3 = 10k\Omega$ 정밀도(금)= ± 5%

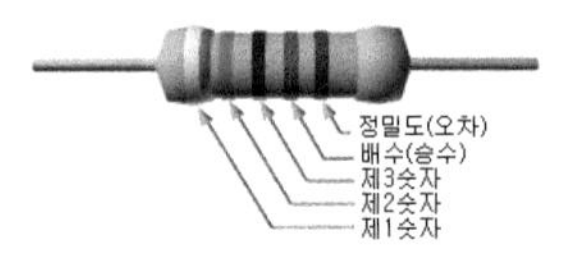

(b) 황=4, 자=7, 흑=0, 적=2 ➡ $470 \times 10^2 = 47k\Omega$ 정밀도(갈)= ± 1%

【그림 1-3】 저항의 컬러코드 예

어레이 저항은 같은 값의 다수 저항이 일체형으로 만들어져 있으며 저항의 한쪽이 내부에서 이어져 있어 복수의 LED에 전류를 공급하는 경우 등에서 실장 공간을 줄일 수 있어 사용이 편리하다.

【그림 1-4(a)】의 저항은 8개의 저항이 일체형으로 연결되어 있고, 표면에는 단순히 저항값만 표시되어 있는 타입이다. 9개의 리드가 있으며 저항값이 인쇄된 방향에서 보았을 때 제일 좌측의 리드가 공통이 된다. 같은 형태를 하고 있으나 $4S470\Omega$ 등과 같이 저항값 앞에 $4S$ 표시가 붙어 있는 유형은 리드가 8개이며, 【그림 1-4(b)】의 회로와 같이 같은 용량의 독립한 저항이 여러 개 들어 있는 것이다. 이 종류의 저항의 정격전력은 $1/8W$가 대부분이다.

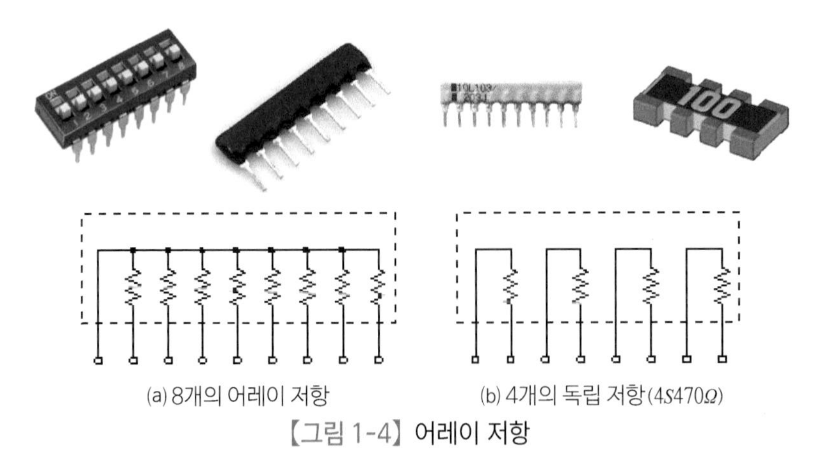

(a) 8개의 어레이 저항 (b) 4개의 독립 저항($4S470\Omega$)

【그림 1-4】 어레이 저항

가변 저항은 저항값을 바꿀 수 있는 것으로 전자회로의 부품의 불균형에 의한 동작 상태를 조정하기 위해 이용되는 반고정 저항도 있다. 가변 저항과 반고정 저항은 회전할 수 있는 각도가 300도 정도지만 저항값을 미세하게 조정하기 위해서 기어를 조합한 다회전(10~25회전) 구조로 설계된 것도 있다.

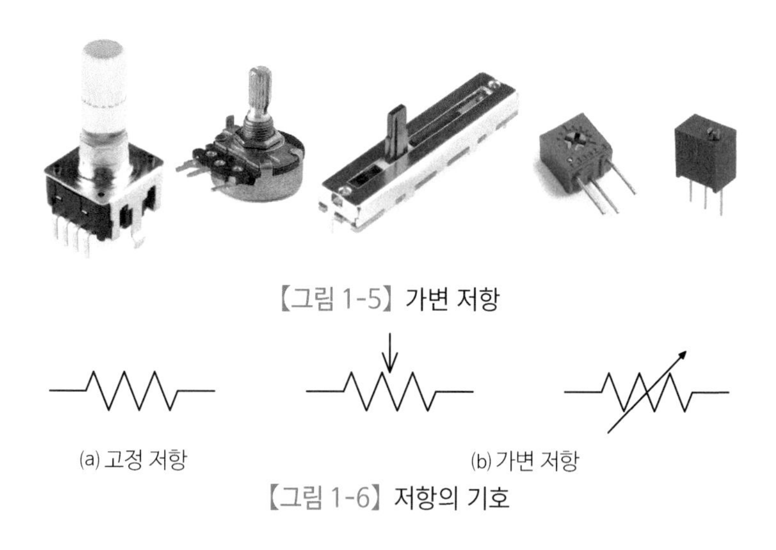

【그림 1-5】 가변 저항

(a) 고정 저항 (b) 가변 저항

【그림 1-6】 저항의 기호

(2) 콘덴서

콘덴서는 전하를 축적하는 기능을 가지고 있으며, 전하를 축적하는 기능 외에 직류전류를 차단하고 교류전류를 통과시키려는 목적에도 사용된다. 구조는 기본적으로는 2장의 전극판을 겹치도록 대치시킨 구조로 되어 있고, 두 개의 전극판을 서로 닿지 않도록 평행하게 놓고 외부에서 전원을 연결하여 회로를 구성하면 극판에는 양전하 음전하가 극판으로 공급되어 대전 상태가 된다. 극판이 대전되면 전원의 회로를 끊어도 대전된 상태로 남아 있게 되는데, 이러한 현상은 전기가 저장됨을 의미하고 충전된 상태이다. 콘덴서의 용량을 나타내는 단위는 패럿(farad: F)이 사용된다. 일반적으로 콘덴서에 축적되는 전하용량은 매우 적기 때문에 마이크로 패럿(μF)이나 피코 패럿(pF)의 단위가 사용된다.

콘덴서 용량의 표시는 크거나 작은 경우 용량을 숫자로 직접 나타내거나 3자리의 숫자로 나타낸다.

전해 콘덴서와 같이 용량이 큰 경우는 $10\mu F$ 또는 $47\mu F$ 등과 같이 직접 용량을 표시하고, 세라믹 콘덴서나 마일러 콘덴서와 같이 용량이 작은 콘덴서는 기준 단위를 pF을 사용하기 때문에 $100pF$ 이하의 콘덴서는 용량을 그대로 표시하고 있는데 용량이 30이라고 표시되어 있으면 $30pF$을 의미하고 47은 $47pF$을 의미한다.

콘덴서 용량을 3자리 숫자로 나타내는 경우에는 처음 두 자리는 유효숫자이고 셋째 자리는 10의 승수이며, 표시의 단위는 pF이다. 예를 들면 103이면 $10\times10^3=10,000pF=0.01\mu F$이며, 224는 $22\times10^4=220,000pF=0.22\mu F$이다.

마지막 문자는 오차를 나타내는데 J는 5% 이내, K는 10% 이내, M은 20% 이내의 오차로 표시된 숫자가 $103J$이면 $0.01\mu F\pm5\%$를 나타낸다.

콘덴서에서 처음 숫자와 문자 표시는 콘덴서의 정격전압을 나타내는 것으로 $1H$는 $50V$, $0K$는 $8V$, $2K$는 $800V$ 등이다. 예를 들어 $1H103K$로 표시되었으면 $0.01\mu F\pm10\%$용량과 $50V$ 정격전압을 나타낸다. 콘덴서에 정격전압 표시가 없는 것은 보통 $50V$를 의미한다.

【표 1-3】 콘덴서 용량 표시

표시(예)	내용	용량
30	$100pF$ 이하의 콘덴서 용량 그대로 표시	$30pF$
103	처음 두 자리는 유효숫자 = 10 셋째 자리는 10의 승수 = 10^3	10×10^3pF $0.01\mu F$
$103K$	마지막 문자는 오차를 나타냄 J는 5% 이내, K는 10% 이내, M은 20%	$0.01\mu F\pm10\%$
$1H103K$	처음 앞의 숫자와 문자는 콘덴서의 정격전압을 나타냄	$0.01\mu F\pm10\%/50V$

【표 1-4】 콘덴서 오차 표시

표시	B	C	D	F	G	J	K	M	N	V
허용오차 [%]	±0.1	±0.25	±0.5	±1	±2	±5	±10	±20	±30	+20 −10

【표 1-5】 콘덴서 정격전압 표시

표시	A	B	C	D	E	F	G	H	J	K
0	1.0	1.25	1.6	2.0	2.5	3.15	4.0	5.0	6.3	8.0
1	10	12.5	16	20	25	31.5	40	50	63	80
2	100	125	160	200	250	315	400	500	630	800
3	1,000	1,250	1,600	2,000	2,500	3,150	4,000	5,000	6,300	8,000

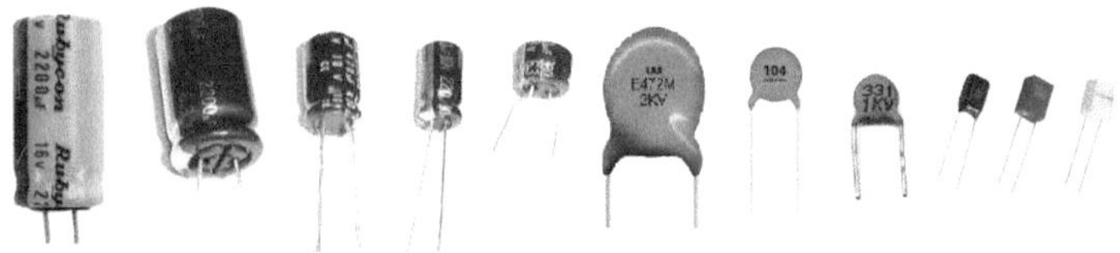

【그림 1-7】 콘덴서

【그림 1-8】 가변 콘덴서

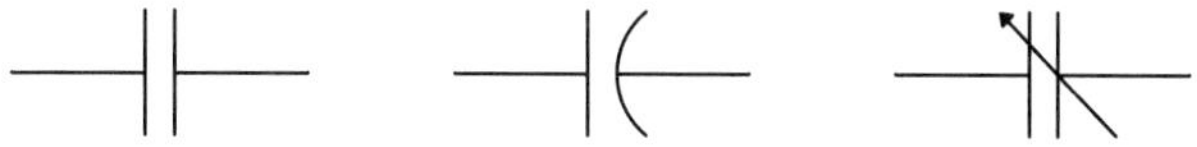

(a) 무극성 콘덴서　(b) 극성 콘덴서　(c) 가변 콘덴서

【그림 1-9】 콘덴서 기호

가변용량 콘덴서는 용량을 변화시킬 수 있는 콘덴서이며, 주로 주파수 조정 등에 사용한다. 【그림 1-8】에 나타낸 것은 트리머(trimmer)라 부르는 가변용량 콘덴서이며, 세라믹(자기)을 유전체로 사용하고 있다. 그 외에도 폴리에스터 필름 등을 유전체로 사용한 것도 있다. 전극 극성은 없지만 용량을 조절하는 나사 부분이 어느 한쪽의 리드선에 연결되어 있기 때문에 리드선의 한쪽이 접지에 접속되는 경우에는 조절 나사가 연결되어 있는 리드선을 접지 측으로 하여야 한다. 그렇게 하지 않으면 조절할 때의 드라이버의 용량이 콘덴서 용량에 영향을 주므로 조절이 정확하게 되지 않으며, 이러한 조절을 할 때에는 전용의 조절용 드라이버(절연체 드라이버)를 사용하는 것이 좋다.

(3) 코일

코일은 동선과 같은 선을 나선 모양으로 감은 것을 말하며, 코일의 성질 정도를 나타내는 단위로 헨리(Henry: H)가 사용된다. 헨리의 기준은 어떤 코일에 초당 $1A$의 비율($1A/s$)로 전류가 변화할 때, 다른 쪽의 코일에 $1V$의 기전력을 유도하는 두 코일 간의 상호 인덕턴스를 1헨리(H)로 정하고 있고, 자기 인덕턴스의 경우는 전류의 변화율이 $1A/s$일 때 $1V$의 기전력을 발생하는 경우의 자기 인덕턴스를 $1H$로 정하고 있다. 선을 많이 감을수록 코일의 성질이 강해지며 헨리의 값도 커지게 된다.

코일의 인덕터 값은 직접 숫자로 $10\mu H$, $20mH$ 등과 같이 표시하거나 저항기와 마찬가지로 컬러코드로 값을 표시하기도 한다. 컬러코드의 읽는 방법은 저항과 같고 단위는 μH이다. 예를 들어 컬러코드가 갈색, 갈색, 적색이라면 $11\times10^2=1100\mu H=1.1mH$이다. 또 다른 방법으로는 임피던스로 표시하는 경우도 있는데 저주파 트랜스에서 600Ω을 나타냈다면 $1kHz$에 대한 임피던스를 나타낸 것이다. 이것은 $X_L=2\pi fL$을 사용해서 L값을 계산할 수 있다.

$$600\Omega=2\pi fL=2\times3.14\times1000\times L,\ L=95mH$$

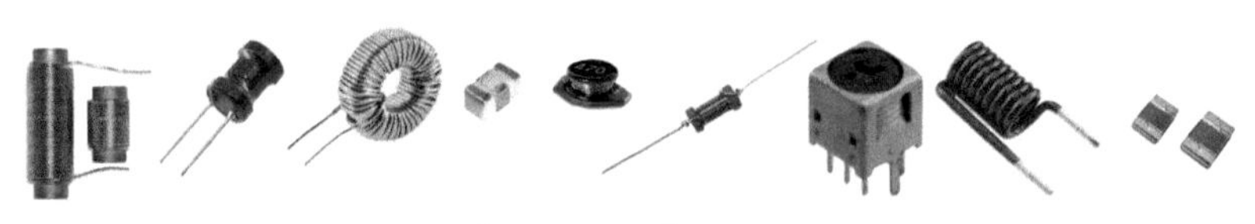

【그림 1-10】 코일

(4) 다이오드

다이오드는 전류를 한쪽으로만 흐르게 하는 소자로 주로 정류회로에 사용된다. 두 단자 중 하나는 양극(A: Anode)이고 다른 하나는 음극(K: Cathode)으로, 양극에 +전압을 가하고 음극에 −를 가하면 순방향으로 바이어스 되어 전류가 흐르고 반대로 하면 전류가 흐르지 않는다. 양극과 음극의 구분은 다이오드에 띠가 있는 쪽이 음극이 된다. 그 외에 구분할 수 없는 경우는 부품의 데이터 시트를 참고한다.

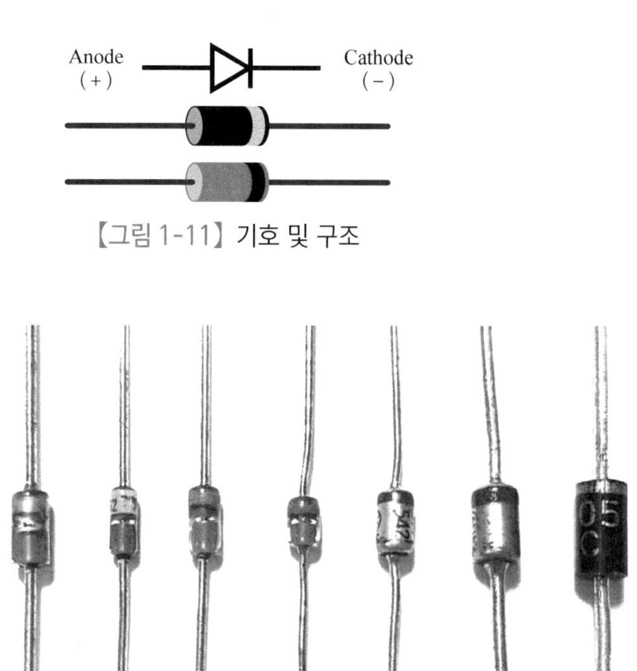

【그림 1-11】 기호 및 구조

【그림 1-12】 다이오드

(5) 발광 다이오드(LED)

발광 다이오드는 PN 접합부가 순방향 바이어스 되었을 경우 빛을 방출한다. 단자의 구분은 리드선의 길이가 긴 쪽을 양극(A)으로 구분하거나, 둥근 면이 직선으로 잘린 면(flat spot) 쪽의 리드선을 음극(K)으로 구분할 수 있다.

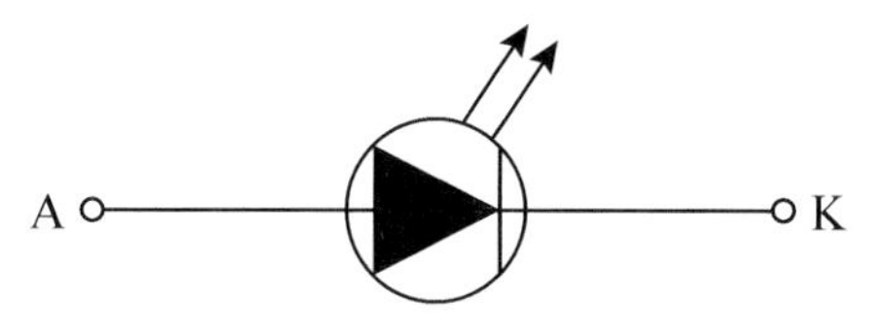

【그림 1-13】 발광 다이오드 기호

【그림 1-14】 발광 다이오드

발광 다이오드로 숫자를 표시할 수 있도록 배열한 것을 FND(Flexible Numeric Display) 또는 7-segment라 하는데 0에서 9까지 10진 숫자를 나타낼 수 있다. 구조는 LED 7개를 이용하여 숫자를 표시하고 연결단자에서 공통으로 사용하는 연결단자가 +극이면 공통 애노드이고, −극이면 공통 캐소드라고 한다. 공통 애노드는 공통단자에 +전압을 가하고 각각의 LED 단자에 공급되는 전압이 Low일 때 불이 켜지게 되고, 반대로 공통 캐소드는 공통단자에 −전압을 가하고 각 단자의 전압이 High일 때 LED가 ON 상태가 된다.

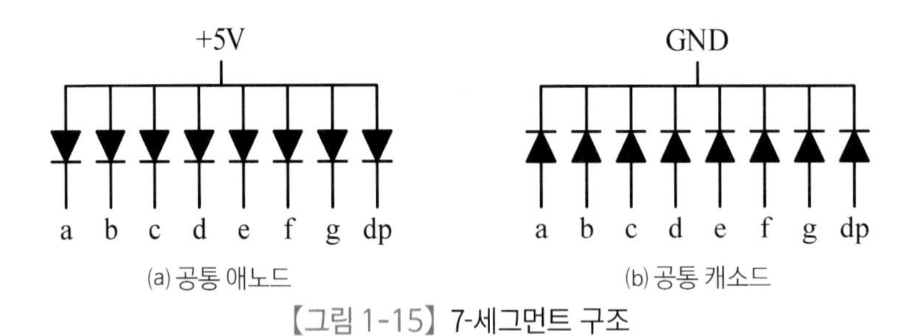

【그림 1-15】 7-세그먼트 구조

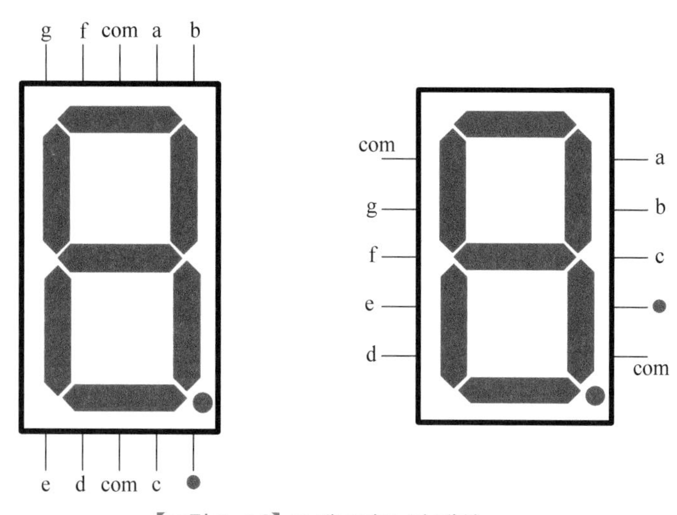

【그림 1-16】 7-세그먼트 핀 배치

(6) 트랜지스터

트랜지스터는 전자회로뿐만 아니라 디지털회로에서도 발진 및 LED의 전원 공급에 필요한 소자로 사용된다. BJT는 이미터(E), 베이스(B), 컬렉터(C) 3개의 단자를 가지고 있으며 증폭이나 발진 또는 전류 공급원 등 어느 회로에 사용되느냐에 따라 용도에 맞게 사용된다. 또한, FET는 드레인(D), 소스(S), 게이트(G)의 3개의 단자를 가지고 있으며 J-FET, MOS-FET 등 타입에 따라 바이어스 및 회로 구성이 달라질 수 있다.

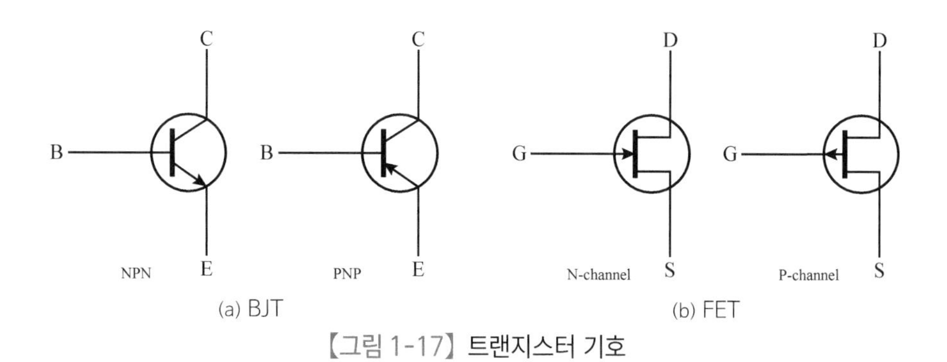

【그림 1-17】 트랜지스터 기호

【그림 1-18】 트랜지스터의 패키지

(7) IC

IC(Integrated Circuit)는 트랜지스터, 저항, 콘덴서, 다이오드 등 많은 전자 부품이 하나의 기판 위에 집적화되어 있어 전자회로 내에서 특정한 기능을 수행하도록 만든 전자회로 부품들의 집합체이다. 크기가 작으면서도 동작 속도가 빠르고 소비전력이 적으며 가격이 싸다는 이점이 있다. 집적회로는 소형화를 통해 성능이 향상되었으며 집적도에 따라 고밀도 집적회로(LSI, Large Scale Integrated circuit), 초고밀도 집적회로(VLSI, Very Large Scale Integrated circuit)로 나눌 수 있다.

IC의 핀 번호는【그림 1-19】에서처럼 홈(Notch) 또는 점(Dot)이 있는 곳의 핀부터 1번이 되고 반시계방향으로 순차적으로 번호를 붙인다. IC 패키지는 반도체 집적회로의 칩을 내장하는 용기로서, 칩 부품을 외부로부터 보호하고 내부로부터 전기배선을 외부로 연결시키는 역할을 한다.【그림 1-19】는 DIP(Dual In-Line Package) 구조이고,【그림 1-20】에는 SOIC(Small Outline IC), PLCC(Plastic Leaded Chip Carrier), LCCC(Leaded Ceramic Chip Carrier) 등 다양한 패키지 구조가 있다.

【그림 1-19】 IC의 구조 및 핀 번호

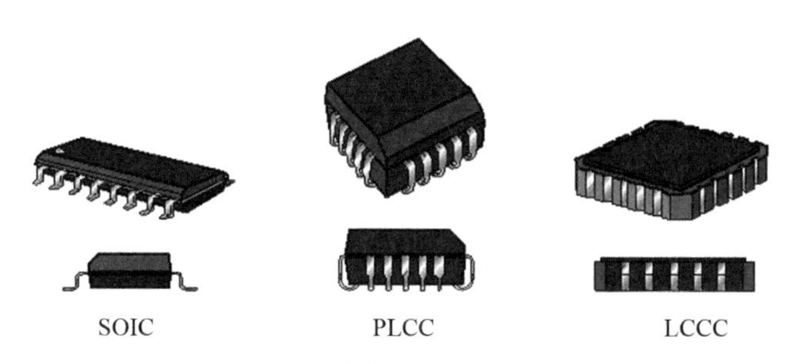

【그림 1-20】 IC패키지 구조

2 실험 장비

(1) 오실로스코프(Oscilloscope)

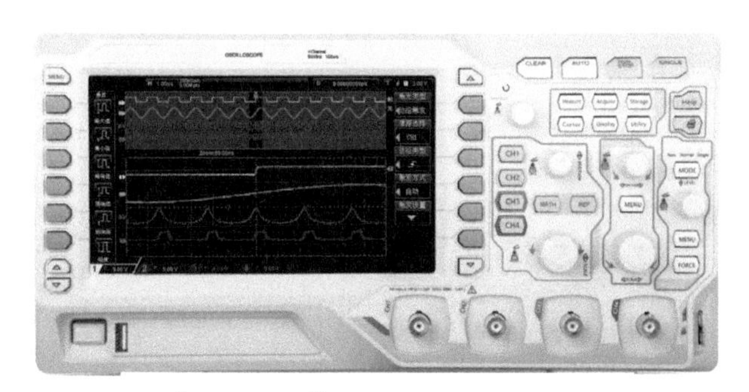

【그림 1-21】 디지털 오실로스코프

오실로스코프는 전자 장비를 설계, 제조 또는 수리하는 분야에 필수적인 장비로 영상 기능을 가진 전압파형 측정기로 생각할 수 있다. 일반적으로 디지털 멀티미터(DMM : Digital Multimeter) 같은 전압 측정기는 신호 전압을 출력하기 위해 수치를 출력해 내는 수치 표시기를 갖는다. 반면 오실로스코프는 시간에 대한 신호의 전압 변화(즉 파형)를 볼 수 있는 스크린을 갖는다.

오실로스코프와 디지털 멀티미터의 주된 차이는 교류신호에 대하여 DMM으로 측정한 값은 실효치(RMS : Root Mean Squared Value)로 표시된다. 이는 신호의 파형을 나타내지 않고 실효값을 표시해 준다. 그러나 오실로스코프는 그래픽 형식으로 시간에 대해서 신호의 궤적을 나타내는데 이것이 전압파형이다. 또한, DMM은 한 신호만을 측정할 수 있는 반면 오실로스코프는 채널 수에 따라 두 개 혹은 그 이상의 여러 개의 신호를 보여줄 수 있다.

(2) 신호발생기(Signal Generator)

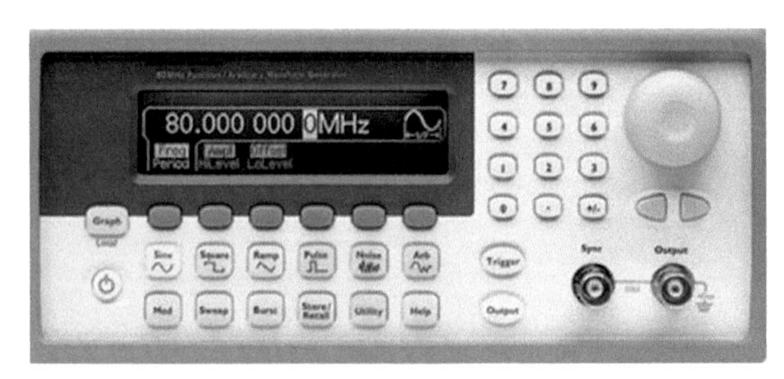

【그림 1-22】 디지털 신호발생기

함수발생기(Function Generator) 또는 신호발생기(Signal Generator)의 역할은 신호원으로 오실로스코프와 함께 전자회로의 연구나 회로의 특성을 관찰하는 데 사용되거나(예: 전기전자의 기초적인 RLC 회로 실습) 부품의 테스트용 작동 클럭 공급 등 여러 용도가 있다. 신호발생기는 시간에 대한 그래프상에서 전압의 연속적인 임의의 모양(파형)을 갖는 특정한 주파수를 발생시키는 장치이다.

임의의 파형으로는 일반적으로 정현파(사인파), 삼각파, 사각파(구형파), 톱니파 등을 들 수 있으며, 장비의 성능에 따라 임의의 새로운 파형을 만들어 출력시킬 수도 있다.

이 외에도 세부적인 설정으로 주파수, 듀티비, 크기 값을 조정하여 파형의 위치나 모양, 주파수를 변화시킬 수 있다.

(3) 직류전원공급기(DC Power Supply)

【그림 1-23】 2채널 직류전원공급기

직류전원공급장치(DC Power Supply)는 컴퓨터나 전자기기 또는 전자회의 구동에 필요한 전력을 공급해 주는 장치로 보통 교류입력전력으로부터 필요한 직류출력전력을 생성하는 전력회로이다. 전자실험회로에 직류전원공급기로 직류전원을 공급하기 위하여 사용하는데 직류전원의 전압 크기를 원하는 전압의 크기로 가변하여 사용한다. 보통 공급하는 전압은 TTL 실험을 위하여 고정 $+5V$와 가변 $0V$~$30V$, 그리고 연산증폭기 실험을 위해 $\pm15V$를 공급하는 기능을 가진다.

(4) 디지털 멀티미터(Digital Multimeter : DMM)

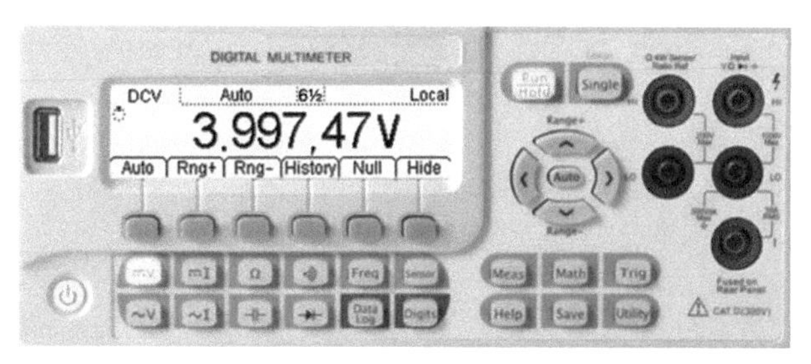

【그림 1-24】 디지털 멀티미터

멀티미터(볼트/옴 미터 혹은 VOM)는 여러 가지의 측정 기능을 결합한 전자 계측기이다. 전형적인 멀티미터는 전압, 전류, 저항을 측정하는 기능을 기본적으로 가지며, 장치에 따라 도통, 온도 등 기타 측정 기능이 추가되기도 한다.

바늘을 사용하는 아날로그 대신 디지털 멀티미터 (DMM : Digital Multimeter)는 소형화되어 휴대(hand-held)가 용이하고, 측정값이 숫자로 표시되어 측정 대상의 성능이나 문제점을 찾기 위한 기구로 유용하게 사용할 수 있다.

저항 측정은 멀티미터 내부의 전지를 이용하여 외부의 프로브에 연결된 저항에 전압을 인가하여 전류를 측정하여 저항값을 알아낸다.

전압 측정에서 프로브를 통해 외부에서 인가된 전압은 디지털 멀티미터 내부의 저항을 거쳐 전압을 내리고, 내부 저항에 걸린 전압을 ADC을 통해 수치화한다.

전류 측정은 대상의 위치에 대상과 직렬로 측정기를 연결한다. 전류 측정 시, 측정 위치에 삽입된 측정기는 매우 낮은 임피던스 값을 가져야 대상 회로에 영향이 적다. 따라서 전류 측정 모드에 위치시키면 저항이 매우 낮다. 이 상태에서 측정 대상에 병렬로 잘못 프로브를 사용하면 저항이 거의 없어지는 쇼트 현상이 발생할 수 있다. 따라서 과전류를 방지하기 위해 내부에 퓨즈를 사용하여 보호한다.

(5) 주파수 카운터(Frequency Counter)

【그림 1-25】 주파수 카운터

주파수 카운터(Frequency Counter)는 신호의 주파수 또는 주기를 측정하는 장비로 신호 파형의 각 사이클 마다 펄스를 양자화하여 단위 시간당 몇 개인가 세고, 1초당 펄스 개수를 직접 헤르츠(Hertz : *Hz*)로 표시하는 측정기이다. 보통 신호의 입력은 수 *Hz*에서 수십 *MHz* 영역과 수십 *MHz* 이상 영역으로 나누어 입력한다.

(6) 브레드보드(Breadboard)

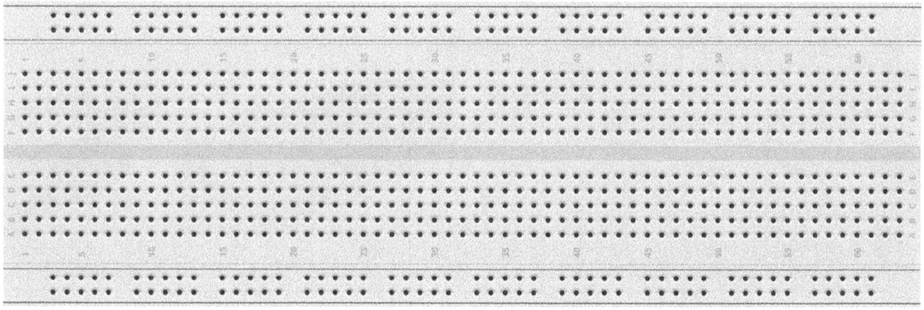

【그림 1-26】 솔더리스 브레드보드

브레드보드는 솔더리스 브레드보드(solderless breadboard)를 줄여서 부르는 것으로 구조는 2줄의 청색과 빨간색으로 이루어진 전원용 소켓과 회로를 구성하는데, 사용하는 5개를 1라인으로 구성하는 소켓의 그룹으로 이루어져 있다. 이 소켓들은 같은 그룹의 라인들은 내부에서 서로 연결되어 있어 회로를 구성하는데 배선을 대신할 수 있다.

일반적으로 전자회로를 구성할 때는 기판에 부품을 납땜하여 만들지만 브레드보드는 소켓에 부품을 꽂아 전자회로를 구성하므로 전자회로를 실험하거나 시제품을 브레드보드에 구성하여 테스트하고 회로의 부품을 바꾸거나 추가 및 제거, 배선의 변경 등 수정할 필요가 있을 때 쉽게 회로를 수정하여 구성할 수 있는 장비이다.

(7) 케이블과 프로브(Cable and Probe)

(a) 디지털 멀티미터 프로브　(b) 전원공급기 케이블　(c) 신호발생기 케이블

(d) 오실로스코프 프로브　(e) BNC-male　(f) BNC-female

【그림 1-27】 장비에 사용되는 각종 케이블과 프로브

【그림 1-27】은 장비와 회로를 연결하여 신호나 DC 전원을 공급하거나 전압, 전류 등을 측정하는 데 사용하는 케이블(cable)과 프로브(probe)이다. 【그림 1-27(a)】는 멀티미터에 사용되는 프로브로 회로의 측정하려고 하는 부위에 접촉이 잘될 수 있도록 뾰족한 팁을 가지고 있어 측정이 잘될 수 있는 구조이다. 이 구조는 접속을 계속 유지하지가 어려워 계속 연결을 유지하려면 팁 끝 부분에 악어클립을 접속하여 연결하면 된다.

【그림 1-27(b)】는 DC 전원을 연결할 때 사용하는 케이블로 빨간색은 양(+) 전압, 검정색은 음(−) 또는 접지에 연결하여 사용한다. 【그림 1-27(c)】는 신호를 공급할 때 사용하는 케이블로 케이블의 특성 임피던스는 50[Ω]이고, 장비에 연결되는 부분은 【그림 1-27(e)】와 같이 BNC-m 커넥터이고, 회로에 연결되는 부분은 악어클립으로 이루어져 있다. 이 케이블은 주파수가 높지 않은 주파수대에서 오실로스코프의 프로브로 사용할 수도 있다. 【그림 1-27(f)】는 케이블에 부착된 BNC-m에 연결하기 위해 장비에 부착된 커넥터이다.

【그림 1-27(d)】는 오슬로스코프에 사용하는 프로브로 주파수 보정용 트리머와 신호를 감쇠시키는 감쇠기, 회로에 연결을 쉽게 하는 후크 등으로 이루어져 있다.

신호를 오실로스코프 프로브를 사용하여 측정할 경우 프로브에는 ×1(직접 연결) 위치와 ×10(감쇠) 위치가 있는데, ×10 위치에서는 오실로스코프 프로브의 임피던스가 증가되어 입력신호가 1/10로 감쇄되므로 측정 단위(Volt/Div 또는 scale)를 10배로 곱해야 한다. 예로서 50[mV/Div]에서는 50[mV]×10=0.5[V]가 된다.

오실로스코프의 프로브는 실드(Shield)된 선을 사용하므로 잡음을 방지할 수 있다. 동축 케이블을 사용하여 측정하고자 할 때에는 신호원의 임피던스, 최고 주파수, 케이블의 용량 등을 정확히 알아야 하는데, 이러한 것들을 알 수 없을 때는 감쇠 부분을 ×10로 선택하여 사용하는 것이 좋다. 주파수 특성을 보정하기 위해서는 프로브에 있는 트리머를 사용하는데 신호 발생기에서 구형파를 발생시키고 오실로스코프로 측정하였을 때 구형파의 윗부분이나 일부분이 경사지거나 첨예하게 되면 프로브의 트리머를 작은 드라이버를 이용하여 【그림 1-28】과 같이 적정하게 조정하여 보정한다.

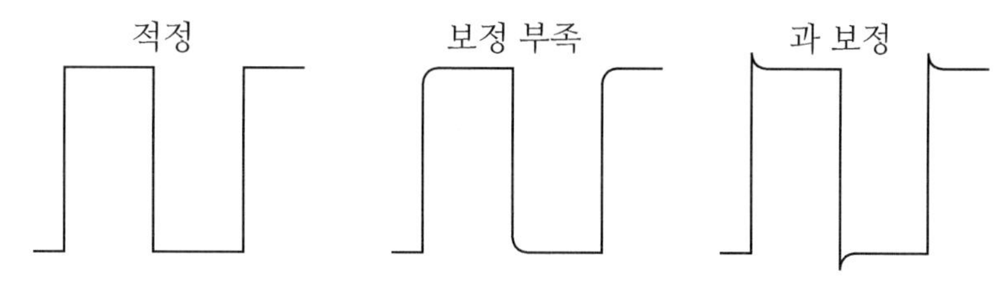

【그림 1-28】 보정용 구형파에 의한 프로브 보정

3 회로 구성 및 측정 방법

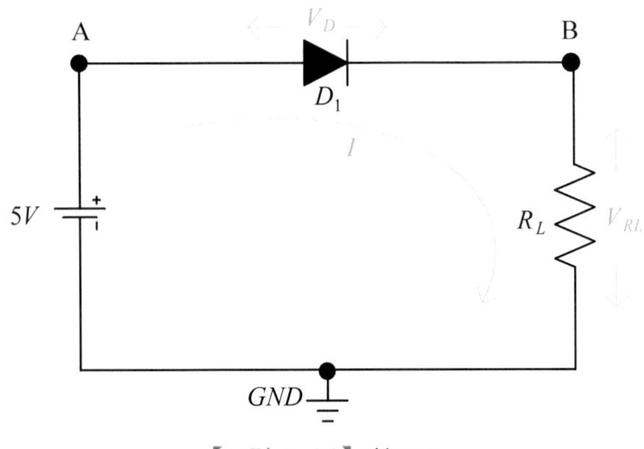

【그림 1-29】 회로도

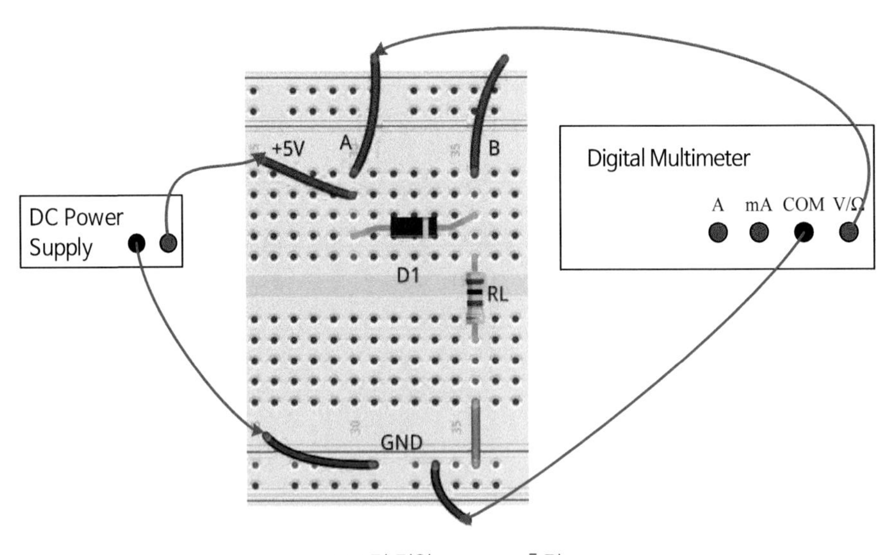

(a) A점 전압(전원 전압) 측정

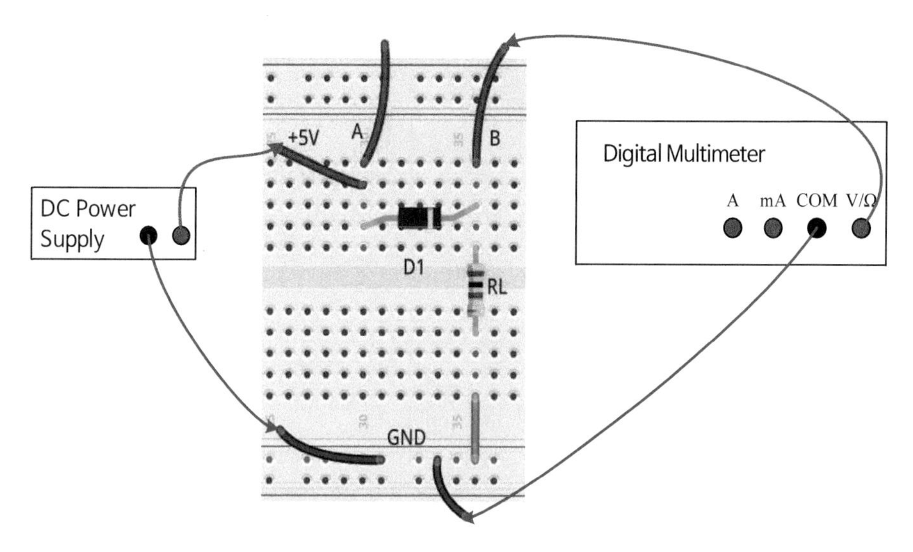

(b) B점 전압(저항 R_L에 걸리는 전압, V_{RL}) 측정

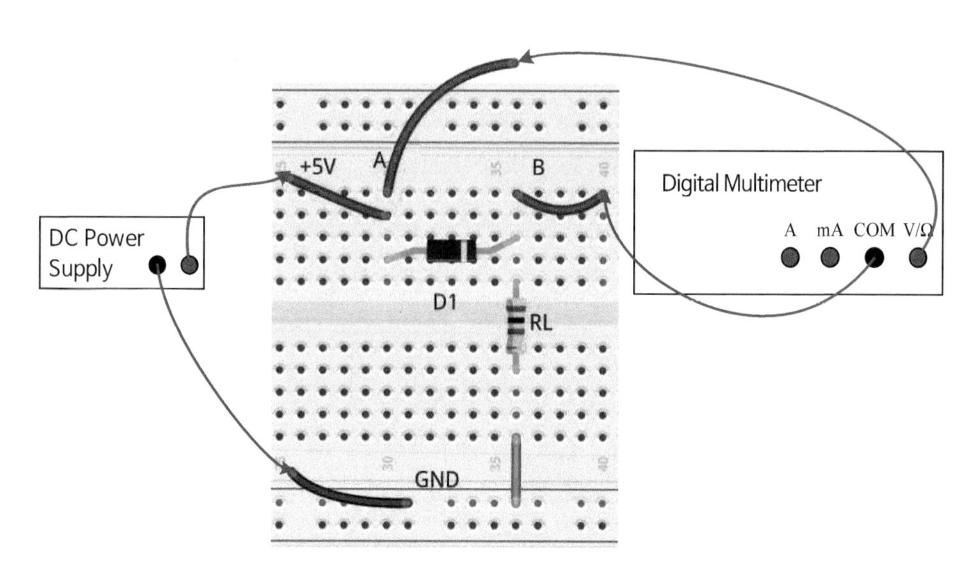

(c) A점, B점 간의 전압(다이오드에 걸리는 전압, V_D) 측정

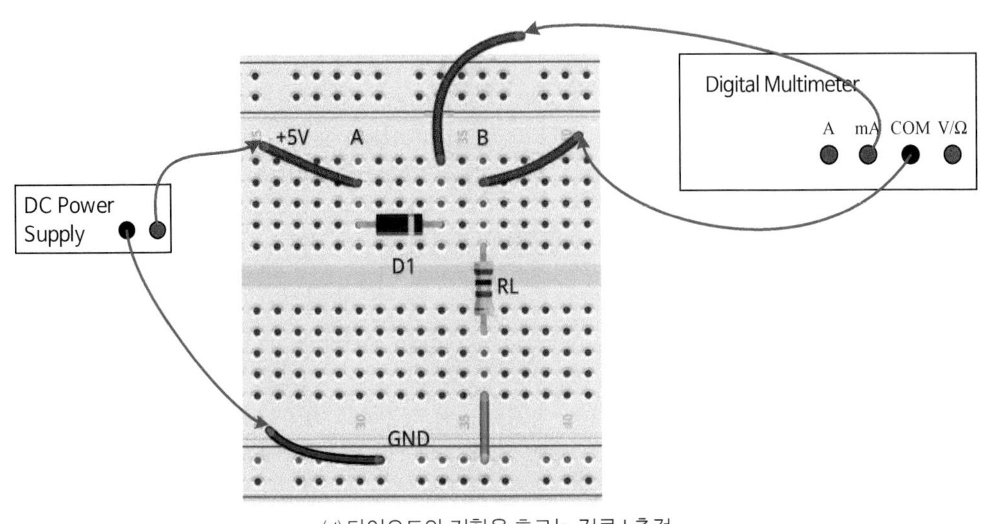

(d) 다이오드와 저항을 흐르는 전류 I 측정

【그림 1-30】 DC 전원 연결 및 전압 전류 측정

【그림 1-29】는 다이오드에 직렬로 저항을 연결한 회로에 직류(DC) 전압 5V를 가한 회로이다. 【그림 1-30(a)】는 【그림 1-27】 회로를 브레드보드에 구성하고, A점의 전압을 측정하는 것으로 전원 연결은 전원공급기(DC Power Supply)는 5V로 조정하고 +(양) 단자의 선을 회로의 다이오드에 연결하고 −(음) 또는 접지 단자의 선을 다이오드와 연결된 저항의 반대쪽에 연결하면 된다. 전압 측정은 측정하려고하는 곳과 접지를 병렬로 연결하면 되므로 디지털 멀티미터(DMM)로 A점의 전압을 측정하는 경우는 DMM의 V/Ω 단자의 선을 A점에 연결하고 COM 단자의 선을 접지에 연결하면 된다. A점의 전압은 공급된 직류전압과 같다. 【그림 1-30(b)】는 DMM으로 B점의 전압을 측정하는 것으로 저항에 걸리는 전압을 측정하는 것을 나타낸다. DMM의 V/Ω 단자의 선을 B점에 연결하고 COM 단자의 선을 접지에 연결하면 된다. 【그림 1-30(c)】는 DMM으로 A점과 B점 간의 전압차를 측정하는 것으로 다이오드에 걸리는 전압을 측정하는 것을 나타낸다. DMM의 V/Ω 단자의 선을 A점에 연결하고 COM 단자의 선을 B점에 연결하면 된다.

【그림 1-30(d)】는 다이오드와 저항을 흐르는 전류 I를 측정하는 그림으로 전류계를 회로에 직렬로 연결해야 하므로 다이오드와 저항이 연결된 B점을 서로 분리하고, 다이오드 부분은 DMM의 mA 표시가 된 단자의 선을 연결하고 COM 표시 단자의 선을 저항에 연결하면 된다. 이렇게 하면 다이오드와 저항 사이에 DMM(전류계)이 연결된 것과 같다.

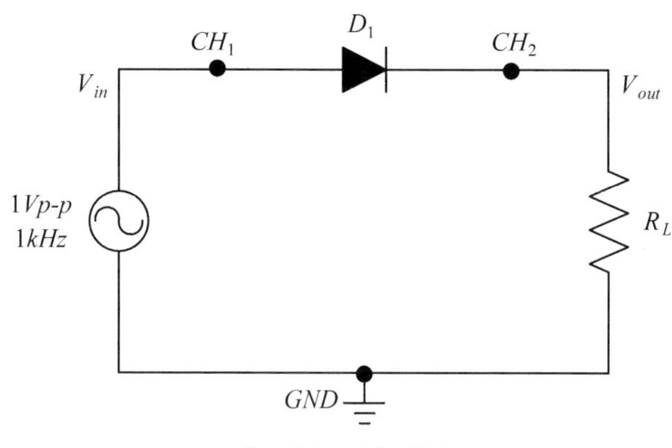

【그림 1-31】 회로도

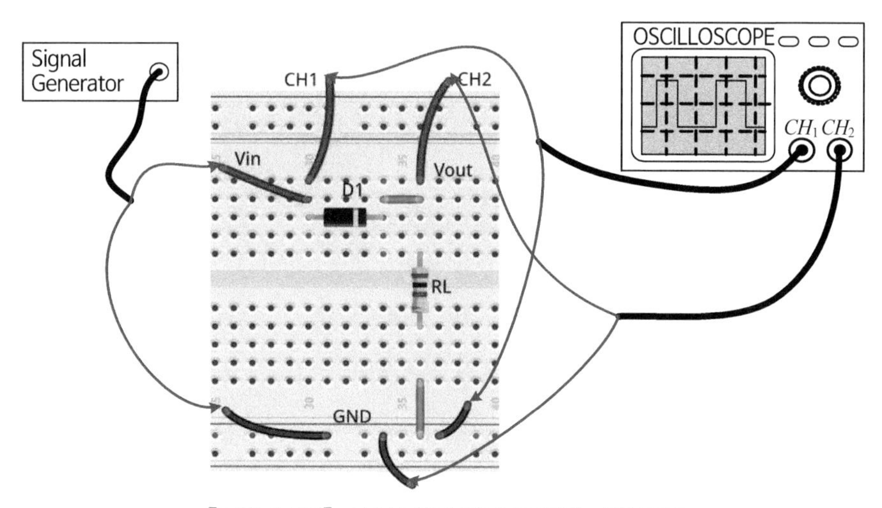

【그림 1-32】 신호발생기 연결 및 전압 파형 측정

【그림 1-31】은 다이오드와 저항을 직렬로 연결하고 신호(정현파, 신호 크기 $1V_{p-p}$, 신호 주파수 $1kHz$)를 인가한 회로 그림이다.

【그림 1-32】는 【그림 1-31】의 회로도와 같이 신호발생기의 파형을 정현파, 전압을 $1V_{p-p}$, 주파수를 $1kHz$로 설정하여 회로에 연결하고, 오실로스코프의 두 채널을 이용하여 입력에 대하여 출력파형을 측정하는 그림이다. 신호발생기의 출력단자에 BNC 커넥터를 가진 케이블을 연결하고, +(적색)의 악어클립을 다이오드의 V_{in} 부분에 연결하고, −(검정색)의 악어클립을 접지(GND) 부분에 연결하여 신호를 공급한다.

오실로스코프를 이용하여 전압파형을 측정하기 위해서는 우선 오실로스코프 프로브의 감쇠 비율(×1 또는 ×10)을 설정하고 프로브를 오실로스코프의 채널1 BNC 단자에 연결한다. 오실로스코프 설정은 전압의 크기, 주파수 등을 고려하여 Volt/Division과 Time/Division을 조정하고 직류 또는 교류로 연결할 것인가에 따라 연결 모드를 설정한다. 설정하기가 어려울 때는 오실로스코프의 자동(Auto) 기능을 이용한다. 오실로스코프 프로브의 회로에 대한 연결은 프로브의 연결 후크를 CH_1점에 연결하고 프로브의 악어클립(접지클립)을 회로의 접지(GND)에 연결하면 된다. CH_2를 이용하여 2채널 측정 또는 그 이상의 측정을 하는 경우도 같은 방법으로 하면 된다.

오실로스코프로 측정된 파형에 대하여 읽는 방법은 *Volt/Division*과 *Time/Division*에 대하여 칸수를 곱하여 전압과 주기를 확인할 수 있다.

예를 들어 【그림 1-33】과 같이 오실로스코프에 측정된 전압파형이 측정된 경우 *Volt/Division*과 *Time/Division*, 즉 스케일(scale)은 1*V/div*, 100*us/div*로 오실로스코프의 파형의 1칸당 전압과 시간을 나타낸다. 【그림 1-34】는 측정된 전압파형의 중심부터 최댓값인 첨둣값(peak) V_P와 −최대에서부터 +최대까지를 나타내는 피크투피크(peak to peak) V_{p-p}, 그리고 파형이 한 번 반복되는 시간인 주기(period) T를 나타낸다. 오실로스코프에 나타난 전압과 시간 스케일은 1칸당 전압과 시간으로 전압의 크기 또는 주기 시간의 계산은 몇 칸인가를 세어 곱하면 된다. 파형의 주파수(frequency)는 주기와 역수 관계이므로 주기에 역수를 취하면 주파수가 된다.

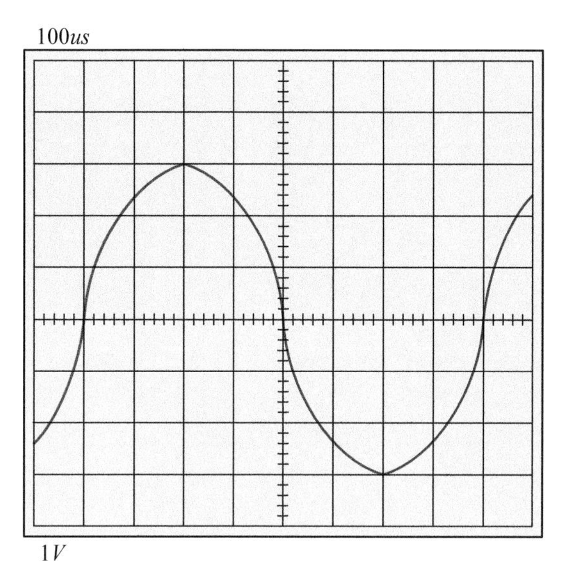

【그림 1-33】 오실로스코프에 측정된 전압파형

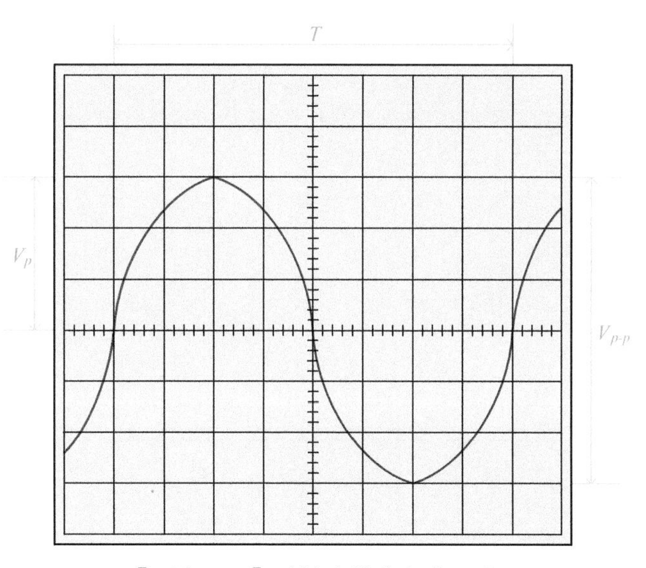

【그림 1-34】 파형의 최댓값 및 주기

【그림 1-33】의 전압파형에 대하여 V_p, V_{p-p}, T, f를 계산하면 아래와 같다.

- 전압파형의 최댓값(peak): V_p=1V× 3칸=3V
- 전압파형의 최솟값~최댓값(peak–peak): V_{p-p}=1V× 6칸=6V
- 전압파형의 주기: T=100μs×8칸=800us
- 전압파형의 주파수: f=1/T=1/800μs=1.25kHz

02 다이오드 회로 실험

1 실험 개요

이 실험은 다이오드의 양극과 음극을 구별하는 방법과 다이오드가 순방향과 역방향으로 바이어스되었을 때 전류-전압을 측정하여 다이오드의 문턱전압(cut in voltage 또는 threshold voltage)이 몇 볼트가 되는지 확인하고, 다이오드 전압에 대한 전류를 측정하여 다이오드의 특성을 이해한다.

2 관련 이론

PN 접합을 만들면 정공과 전자의 확산에 의하여 접촉 전위차가 발생하며 공간전하영역이 생긴다. 즉 공간전하영역의 전기장으로 인하여 P형과 N형의 중성영역 사이에 전위차가 생기게 된다. 이 전위차를 접촉전위차(Contact Potential: V_B) 또는 전위장벽(Potential Barrier: qV_B)이라고 한다. 따라서 반송자의 확산 운동은 이 접촉전위차에 의한 전위장벽 때문에 억제된다고 할 수 있다. 접합면을 지나는 소수 반송자와 다수 반송자의 수가 같을 때는 PN 접합에서 전류가 0이 된다.

바이어스(bias)란 직류전압을 회로에 인가시켜 주는 것으로 다이오드의 양극(Anode)이 음극(Cathode)보다 전위가 높으면 다이오드는 전기적으로 순방향 바이어스(forward bias)가 되어 전류는 양극에서 음극으로 다이오드를 통해 흐른다. 반면 전자는 음극에서 양극으로 흐르게 된다. 이때 바이어스 전압이 전위장벽전압(실리콘의 경우 약 0.7V, 게르마늄의 경우 약 0.3V)보다 높은 직류전압을 다이오드에 인가하면 다이오드에 흐르는 전류는 급격히 증가하고, 이상적으로는 스위치의 ON 상태와 같이 동작한다.

반면 역방향 바이어스(reverse bias)는 순방향 바이어스의 반대 극성으로 회로에 연결하는 것으로 역방향 바이어스에서는 다이오드의 공핍영역이 증가하여 전류가 잘 흐르지 못하고 역포화 전류만 흐르게 된다. 이때 다이오드는 이상적인 상태로 가정하면 스위치의 OFF 상태와 같이 된다.

다이오드의 전류-전압 특성을 나타내는 식은 다음과 같다.

- $I=I_s\left(e^{\frac{V_D}{V_T}}-1\right)$

  여기서 $V_T=\frac{kT}{q}$, I_s=다이오드 역포화 전류, k=볼츠만 상수(1.381×10^{-23} J/K), T=절대 온도[°K], q = 전자 1개의 전하, V_D=다이오드 전압

  상온 25°C에서 $V_T=\frac{kT}{q}\cong26mV$
- 역방 향바이어스: 지수함수 항이 1보다 훨씬 적으므로 $I\simeq-I_S$, 역방향 바이어스의 경우 전압과 무관하게 역포화 전류만 존재
- 순방향 바이어스: 전류는 전압에 따라 증가하고 지수함수 항이 1보다 훨씬 크므로 $I\simeq I_se^{\frac{V_D}{V_T}}$, 순방향 바이어스의 경우 전류는 전압에 따라 지수함수적으로 증가

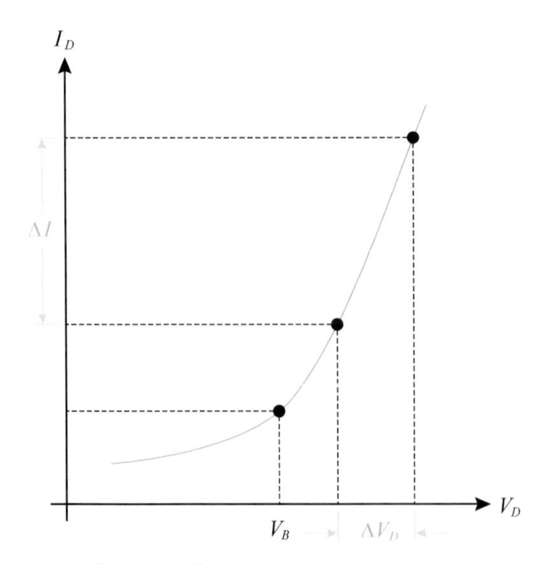

【그림 1-1】 다이오드의 순방향 특성

일반적으로 다이오드의 순방향 저항 또는 동저항(dynamic resistance) r_D는 다음과 같이 나타낼 수 있다.

- $r_D = \frac{\Delta V_D}{\Delta I_D}$

순방향 바이어스된 다이오드의 임의의 점에서 다이오드 전류가 I_D라 하면, 상온에서는 다이오드의 저항은 다음 식과 같이 근사될 수 있다.

- $r_D \cong \frac{26mV}{I_D}$

3 실험

[실험 부품 및 재료]

번호	부품명	규격	단위	수량	비고(대체)
1	저항	100[Ω], 1/4W	개	1	
2	저항	1[$k\Omega$], 1/4W	개	1	
3	다이오드	1N914	개	1	1N4001
4	점퍼선	Φ 0.5mm	30cm	2	브레드보드용

[실험 장비]

번호	장비명	규격	단위	수량	비고(대체)
1	전원공급기	DC 가변 0~15[V]	대	1	
2	디지털 멀티미터(DMM)	저항, 전압, 전류측정	대	1	VOM
3	오실로스코프	2채널 이상(X-Y 플롯기능)	대	1	
4	신호발생기	정현파	대	1	함수발생기

〈다이오드 검사하기〉

(1) DMM(Digital Multi Meter)의 다이오드 검사 기능을 사용하여 다이오드의 극성 및 양

품인지 불량품인지 판별한다. 극성을 확인하기 위하여 DMM의 적색[옴(Ω), 볼트(V)] 표시 단자와 흑색(COM) 표시 단자를 다이오드의 양쪽 단자와 연결했을 때 'LO'가 표시되고, 다이오드 극성을 반대로 연결했을 때 $0.5V$~$0.7V$가 나타나면, 이때 적색 단자에 연결된 부분이 다이오드의 양극이고 흑색에 연결된 부분이 음극이다.

(2) 만약 양쪽 방향에서 'LO'가 표시되면 다이오드는 개방된 것이고, 양쪽 방향에서 $0V$에 가깝게 표시되면 다이오드는 단락된 것으로 불량이다.

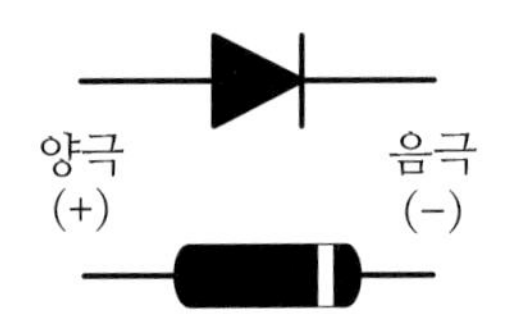

【그림 1-2】 다이오드 기호와 검사

〈다이오드 전류-전압 측정하기〉

(3) 브레드보드에 【그림 1-3(a)】의 회로를 구성하고, 전원공급기를 $0V$로 놓고 회로에 연결하라.

(4) 전원공급기 전압을 천천히 상승시키면서 DMM을 사용하여 1[$k\Omega$] 저항 양단의 전압 V_R이 실험결과의 【표 1-1】과 같이 되도록 전원공급기를 조절하고, 이때 다이오드 양단의 순방향 전압 V_D를 측정하여 【표 1-1】에 기록한다.

(5) 실험 4의 측정으로부터 얻어진 【표 1-1】의 결과를 사용하여 【그림 1-6】의 그래프 용지에 다이오드 전류(I_D) − 전압(V_D) 특성곡선을 그리고, 이 그래프로부터 전위장벽 V_B와 다이오드 순방향 저항 r_D를 구하여 【표 1-2】에 기록한다.

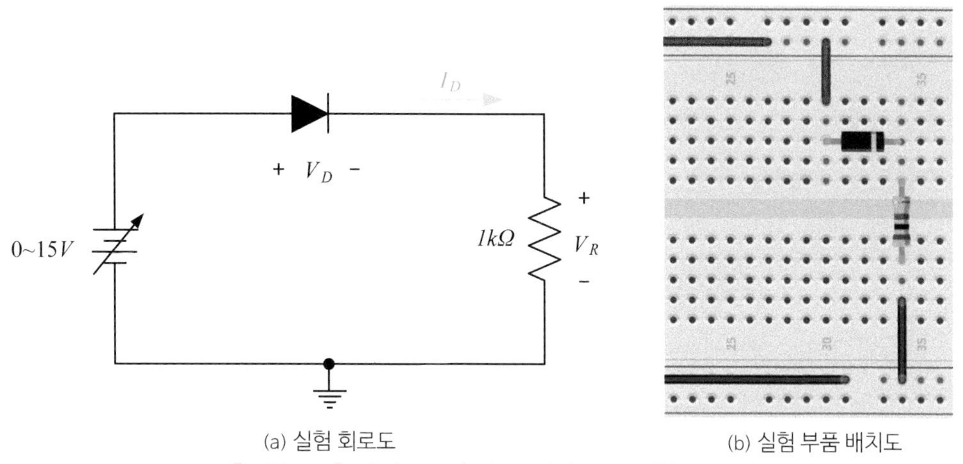

(a) 실험 회로도 (b) 실험 부품 배치도

【그림 1-3】 다이오드의 전류-전압 특성 실험회로

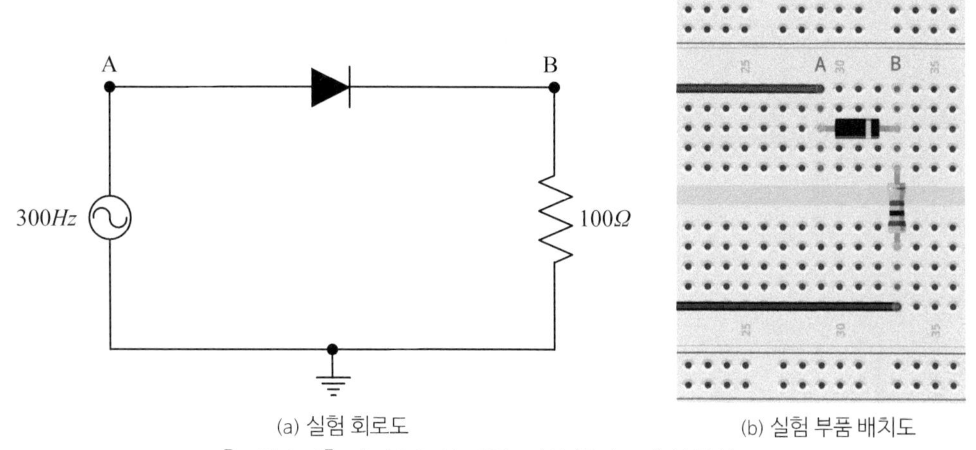

(a) 실험 회로도 (b) 실험 부품 배치도

【그림 1-4】 다이오드의 전류-전압 특성곡선 실험회로

〈다이오드 특성 곡선 측정하기〉

(6) 전원공급기를 브레드보드로부터 제거하고, 【그림 1-4(a)】의 회로를 구성하고 회로의 A점을 오실로스코프의 채널 1(CH_1) 단자에, B점을 오실로스코프의 채널 2(CH_2) 단자에 연결한다.

(7) 오실로스코프를 다음과 같이 조정한다.

Time/Division(Mode) : X-Y Plot Function

$CH_1(X)$ *Volts/Division*(Scale): 500*mV/Division*, DC coupling

$CH_2(Y)$ *Volts/Division*(Scale) : 100*mV/Division*, DC coupling

(8) 중심이 오실로스코프 화면의 하측 중앙에 놓이도록 하고 신호발생기의 주파수는 300[Hz]로 맞추고 신호 레벨(보통 3V_{p-p})은 화면상에서 가장 보기 좋은 그래프가 될 때까지 조절한다.

오실로스코프의 화면상의 그래프가 보기에 적절하지 않으면 스케일을 조정하여 화면이 잘 보이는 상태로 변경하여 조정한다.

채널 2의 감도가 100*mV*, 즉 *Volts/Division*(Scale): 100*mV/Division*이라면 B점의 전압파형은 100[Ω]저항에 걸리는 전압파형을 나타내므로 수직축에 대하여 1칸당 1*mA*를 나타낸다.

수직축 스케일=$\dfrac{100mV}{100ohm}$=1 *mA/Division*

(9) 오실로스코프 화면의 결과로부터 전류가 급격히 증가하는 부분의 다이오드 전위장벽과 일정하게 증가하는 영역에서 다이오드의 순방향 저항을 구하여 【표 1-2】에 기록한다.

(10) 오실로스코프로 측정한 다이오드 특성 곡선을【그림 1-6】의 그래프에 그리고 비교한다.

4 결론 및 고찰

이 실험을 통하여 실리콘 다이오드의 순방향 바이어스에 대한 동작특성($I-V$) 곡선을 실험으로 확인하였다. 그 결과 다이오드에 대한 다음과 같은 특성을 알 수 있었다.

(1) 다이오드의 전위장벽전압과 순방향 저항을 구하는 방법을 알 수 있다.

(2) 순방향으로 바이어스된 실리콘 다이오드의 전위방벽은 약 0.6[V]~0.7[V]임을 알 수 있다.

(3) 다이오드의 순방향 바이어스에 내한 전류 특성곡선으로부터 다이오드가 비선형 소자라는 사실을 알 수 있다.

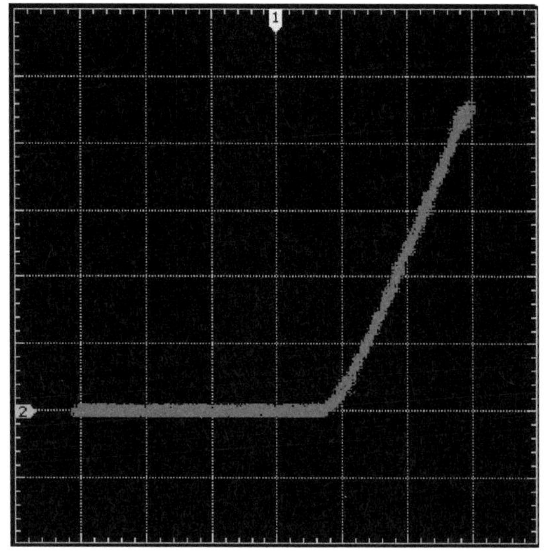

【그림 1-5】 1N914 다이오드의 전류-전압 특성곡선

5 실험 결과 보고서

학번		이름		실험일시		제출일시	

■ 실험 제목:

■ 실험 회로도

■ 실험 내용

【표 1-1】

1[$k\Omega$] 양단에 걸리는 전압 V_R	다이오드를 흐르는 순방향 전류 I_D	다이오드 양단에 걸리는 순방향 전압 V_D
0.1[V]	0.1[mA]	
0.2[V]	0.2[mA]	
0.3[V]	0.3[mA]	
0.4[V]	0.4[mA]	
0.5[V]	0.5[mA]	
0.6[V]	0.6[mA]	
0.7[V]	0.7[mA]	
0.8[V]	0.8[mA]	
0.9[V]	0.9[mA]	
1.0[V]	1.0[mA]	
1.5[V]	1.5[mA]	
3.0[V]	3.0[mA]	
5.0[V]	5.0[mA]	

7.0[V]	7.0[mA]	
9.0[V]	9.0[mA]	
11.0[V]	11.0[mA]	
13.0[V]	13.0[mA]	
15.0[V]	15.0[mA]	

【표 1-2】

다이오드 파라미터	실험 5의 결과	실험(9)의 결과
전위장벽 V_B		
순방향 저항 r_D		

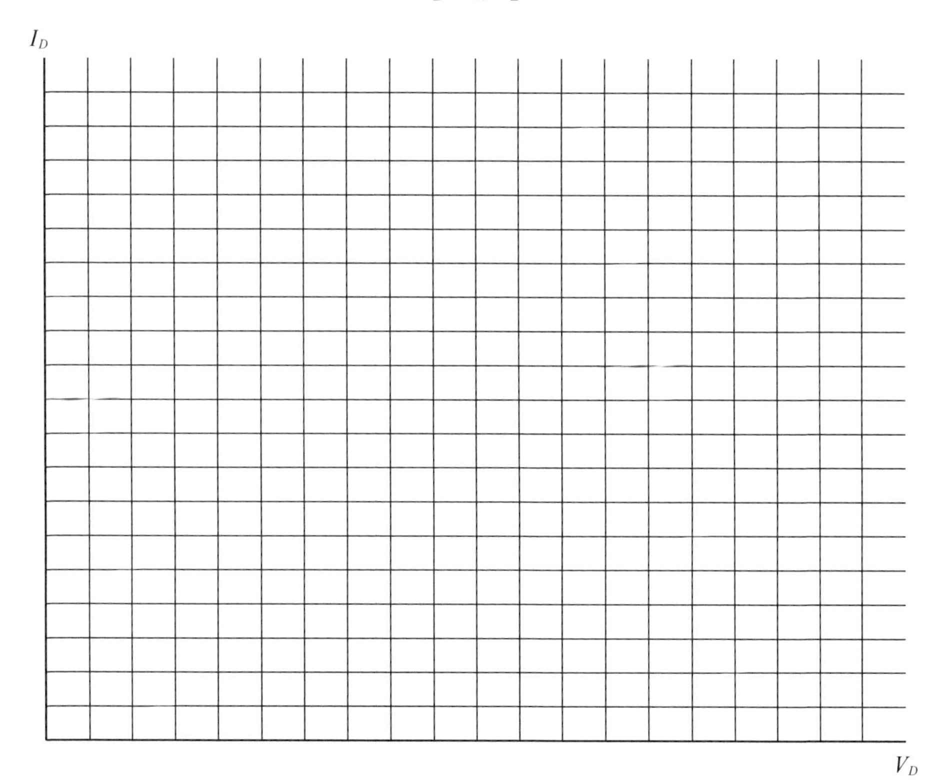

【그림 1-6】 다이오드의 전류-전압 특성

실험 02 다이오드 정류회로

1 실험 개요

이 실험은 다이오드를 이용한 반파 및 전파 정류회로를 구성하여 입력파형과 출력파형을 관찰하고 출력파형이 이론값과 같은지 확인하여 다이오드 반파 및 전파 정류기의 정확한 특성을 파악한다.

2 관련 이론

다이오드는 한쪽 방향으로는 전류가 흐를 수 있고 다른 한쪽 방향으로는 전류를 차단하는 기능이 있기 때문에 교류(AC)전압을 직류(DC)전압으로 변환하는 정류(Rectification) 회로에 사용한다. 보통 정류회로는 전압변환기(변압기 : transformer), 정류기, 평활회로(필터 : filter), 정전압회로(regulator) 등으로 구성되며, 정류 방식은 반파정류, 전파정류 등으로 분류한다.

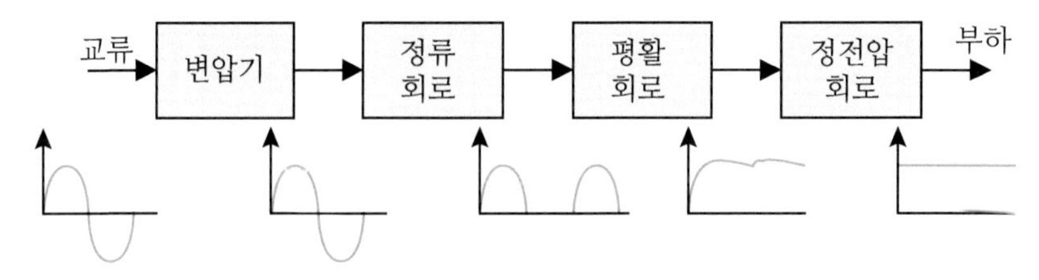

【그림 2-1】 정전압회로의 기본 구성

(1) 반파정류회로

【그림 2-2】와 같이 회로를 구성하고 사인파 입력을 인가하면, 부하저항 R에 걸리는 전압은 입력전압이 정(+)의 반주기 동안에는 다이오드를 통하여 전류가 흐르므로 다이오드에 걸리는 전압을 제외한 모든 전압이 출력전압으로 나타나고, 부(−)의 반주기 동안에는 다이오드가 역바이어스되어 전류가 흐르지 않으므로 출력전압은 0이 된다. 다이오드 전위장벽전압을 V_B라 하면 출력전압 v_0의 최댓값 V_m은 입력전압 v_i의 첨둣값 V_P에서 다이오드 전위장벽전압 값을 뺀 값이다. 즉 $V_m = V_P - V_B$이다.

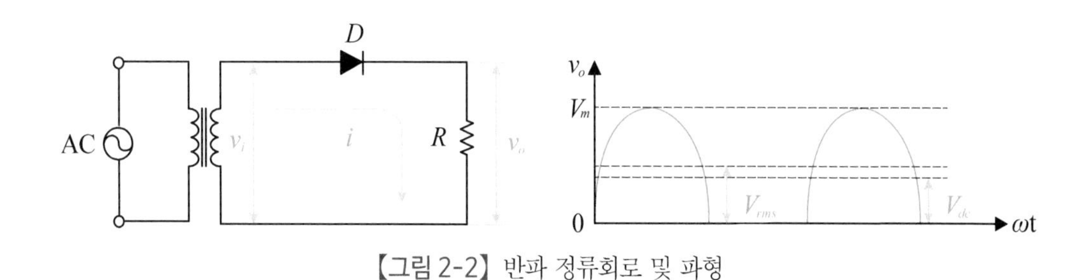

【그림 2-2】 반파 정류회로 및 파형

- 출력전압의 평균값(Average Value): $V_{dc} = \frac{V_P - V_B}{\pi} = \frac{V_m}{\pi}$
- 출력전압의 실효값(Root Mean Square: rms): $V_{rms} = \frac{V_m}{2}$
- 다이오드 최대 역전압(Peak Inverse Voltage): $PIV = V_P$
- 출력 주파수: 출력 주파수=입력 주파수

(2) 전파정류회로

전파정류기는 반파정류기와는 달리 입력의 전주기 360° 동안 부하의 한 방향으로 전류가 흐르게 하여 정(+)의 교류파 수가 반파 정류기의 2배가 되기 때문에 주파수나 평균값은 2배가 된다. 출력전압의 최댓값은 $V_m = V_P - V_B$이다.

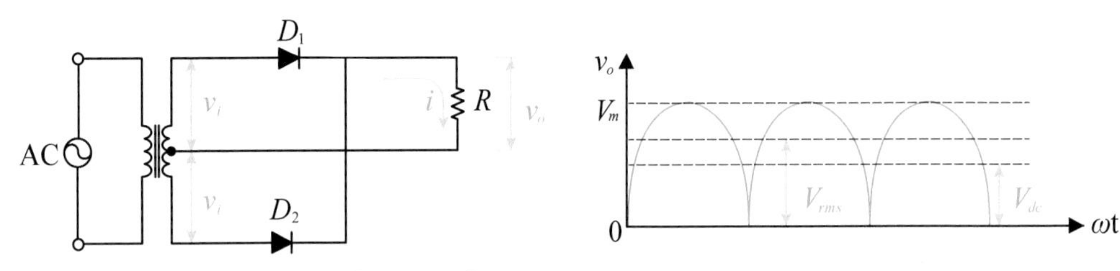

【그림 2-3】 단상 전파정류회로 및 파형

- 출력전압의 평균값(Average Value): $V_{dc}=\frac{2V_m}{\pi}$
- 출력전압의 실효값(Root Mean Square: rms): $V_{rms}=\frac{V_m}{\sqrt{2}}$
- 다이오드 최대 역전압(Peak Inverse Voltage): $PIV=2V_P$
- 출력주파수: 출력주파수=입력주파수×2

(3) 브리지형 전파정류회로

교류전압의 정(+)의 반주기 동안에는 D_1과 D_2가 도통되고 부(−)의 반주기 동안에는 D_3과 D_4가 도통되어 부하저항 R_L에는 항상 전파정류전류가 흐른다. 따라서 브리지형 정류회로는 전파정류회로에 속하며, 출력전압의 최댓값은 $V_m=V_P-2V_B$으로 다이오드에 걸리는 전압이 2배되어 출력전압이 작아진다.

브릿지 정류기의 특징은 다음과 같다.

- 전원 변압기의 2차 코일에 중간탭(Center Tap)이 필요하지 않아 코일이 반만 필요하므로 변압기의 크기가 작아진다.
- 최대 역전압(PIV)이 V_m이므로 중간탭을 가지는 전파정류기의 반이 되므로 고전압 정류회로에 적합하다.

- 출력전압의 평균값(Average Value): $V_{dc}=\frac{2V_m}{\pi}$
- 출력전압의 실효값(Root Mean Square: rms): $V_{rms}=\frac{V_m}{\sqrt{2}}$
- 최대 역전압(Peak Inverse Voltage): $PIV=V_P$
- 출력주파수: 출력주파수=2×입력주파수

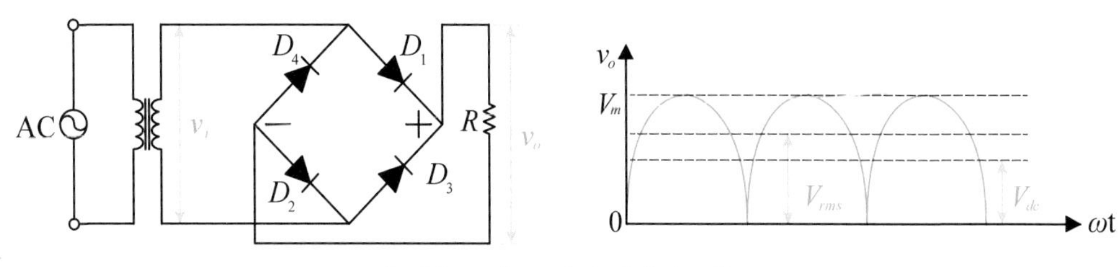

【그림 2-4】 브리지 전파정류회로

3 실험

[실험 부품 및 재료]

번호	부 품 명	규 격	단위	수량	비고(대체)
1	저항	100[$k\Omega$], 1/2W	개	1	
2	다이오드	1N4001	개	4	1N4002
3	점퍼선	ϕ 0.5mm	30cm	3	브레드보드용
4	변압기	1차 : 220V, 2차 : 6V, 중간 탭(Transformer)	개	1	2차 9V 12V
5	오디오 변압기	OPT-14mm, n=2.5 : 1	개	1	출력트랜스

[실험 장비]

번호	장 비 명	규 격	단위	수량	비고(대체)
1	디지털 멀티미터(DMM)	저항, 전압, 전류측정	대	1	VOM
2	오실로스코프	2채널 이상(X-Y 플롯기능)	대	1	
3	신호발생기	정현파	대	1	함수발생기

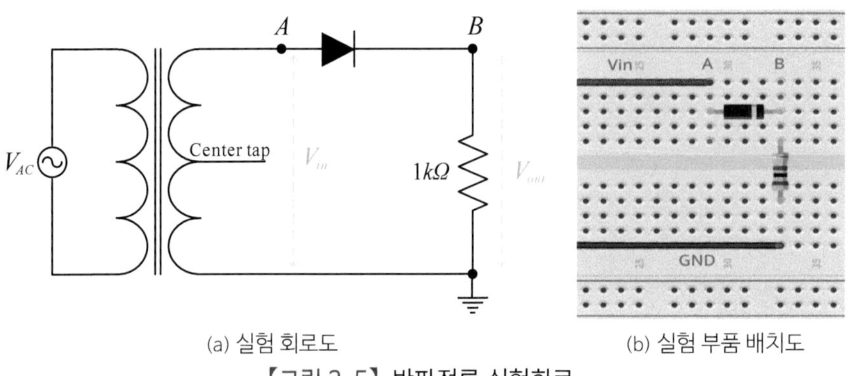

(a) 실험 회로도 (b) 실험 부품 배치도

【그림 2-5】 반파정류 실험회로

〈반파정류회로(half-wave rectifier)〉

(1) 【그림 2-5(a)】와 같이 다이오드 방향에 유의하여 회로를 결선한다.

변압기로 오디오용 OPT-14*mm*를 사용할 경우 신호발생기를 10V_{pp}, 100Hz으로 설정하여 변압기 1차 측에 연결하고 2차 측을 회로에 연결한다. AC 220V: 6V 변압기를 사용할 경우 변압기 1차 측에 220V를 연결하고 2차측 6V를 회로에 연결한다.

(2) 오실로스코프의 CH_1을 A점(정현파 입력)에, CH_2를 B점(정류 반파 출력)에 연결하여 전압 파형을 측정한다.

(3) 【그림 2-10】의 오실로스코프 화면 그림에 측정된 파형을 그리고, 오실로스코프에 설정된 전압과 시간 스케일(*volt/div, time/div*)을 기록하고 주파수와 전압(V_{p-p})를 계산하여 기록한다.

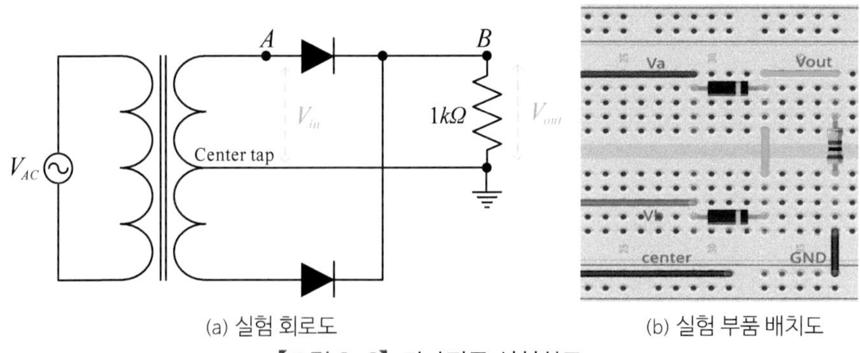

(a) 실험 회로도 (b) 실험 부품 배치도

【그림 2-6】 전파정류 실험회로

〈전파정류회로(full-wave rectifier)〉

(4) 중간탭을 갖는 변압기를 사용하여 【그림 2-6(a)】의 회로를 구성한다.

(5) 오실로스코프의 CH_1을 A점(입력)에, CH_2를 B점(정류 전파 출력)에 연결하여 전압파형을 측정한다.

(6) 【그림 2-11】의 오실로스코프 화면 그림에 측정된 파형을 그리고, 오실로스코프에 설정된 전압과 시간 스케일(*volt/div, time/div*)을 기록하고 주파수와 전압(V_{p-p})를 계산하여 기록한다.

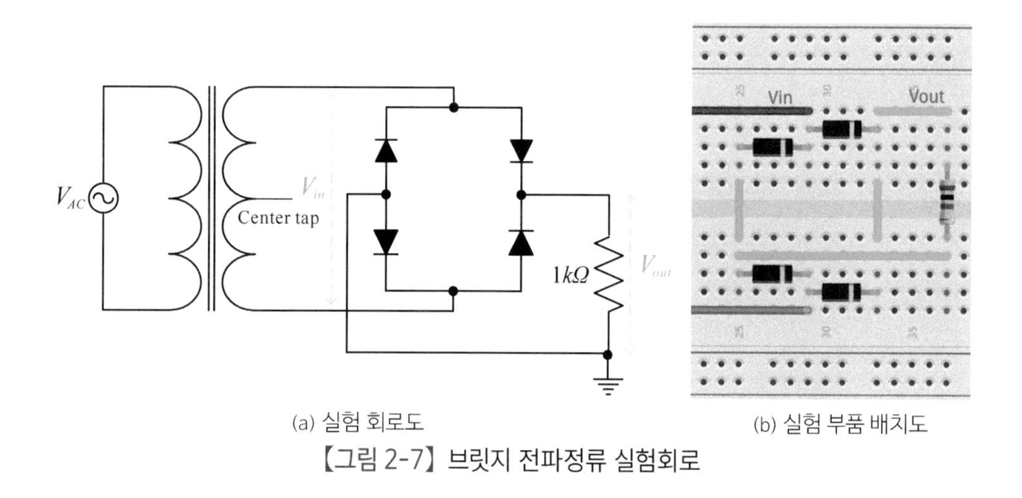

(a) 실험 회로도 (b) 실험 부품 배치도

【그림 2-7】 브릿지 전파정류 실험회로

〈브릿지 전파정류회로(full-wave rectifier)〉

(7) 변압기를 사용하여 【그림 2-7(a)】의 회로를 구성한다.

(8) 오실로스코프의 CH_1을 저항에 걸리는 전압 V_{out}에 연결하여 전압파형을 측정한다.

(9) 【그림 2-12】의 오실로스코프 화면 그림에 측정된 파형을 그리고, 오실로스코프에 설정된 전압과 시간 스케일(*volt/div, time/div*)을 기록하고 주파수와 전압(V_{p-p})를 계산하여 기록한다.

(10) 반파정류기, 중간탭 전파정류기, 브릿지 정류기의 출력전압과 주파수를 【표 2-1】에 기록하고 비교한다.

4 결과 및 결론

이 실험을 통하여 반파정류와 전파정류의 동작 특성을 살펴보았다. 이들의 차이점으로는 반파정류기는 반주기 동안만 전류가 흐르지만, 전파정류기는 입력의 전주기 동안 부하에 단일 방향으로 전류가 흐른다. 따라서 전파정류기의 평균전압(V_{DC})은 반파정류기의 평균전압에 2배가 됨을 알 수 있다.

중간탭 변압기를 사용한 전파정류회로와 브릿지 전파정류회로의 차이점은 출력전압에서 브릿지 정류회로에서는 다이오드에 걸리는 전압이 2배가 되어 작아지는 것이다.

반파 또는 전파 정류회로는 교류전압을 직류전압 또는 평균전압의 출력으로 바꾸기 위한 회로이다.

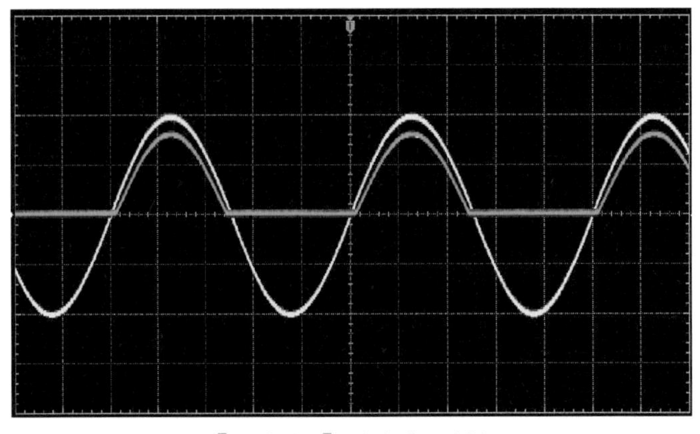

【그림 2-8】 반파정류파형

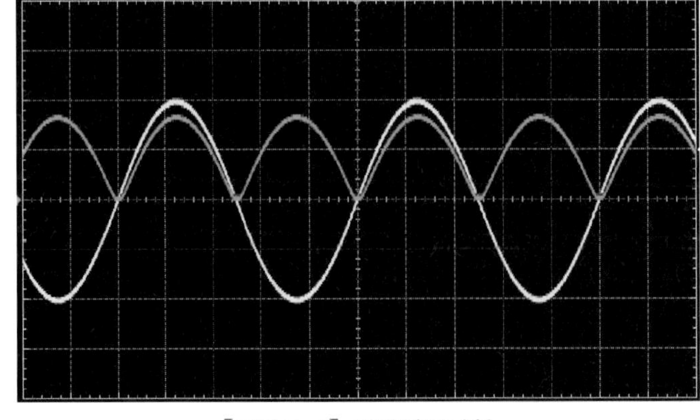

【그림 2-9】 전파정류파형

5 실험 결과 보고서

학번		이름		실험일시		제출일시	

■ 실험 제목:

■ 실험 회로도

■ 실험 내용

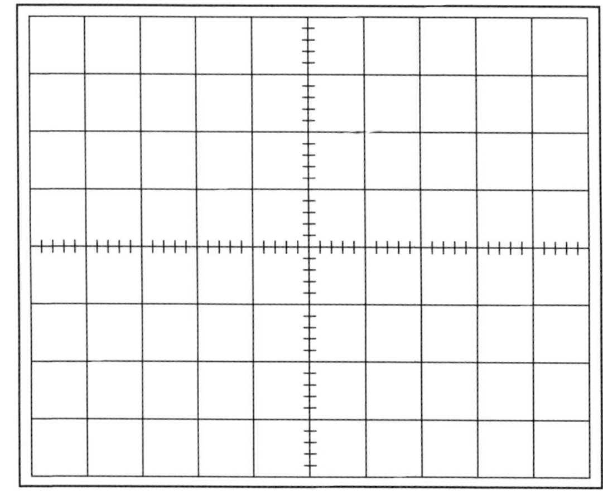

CH_1

Time/div : ______________________ [ ]

Volt/div : ______________________ [ ]

주 파 수 : ______________________ [ ]

전압(*p* – *p*) : ______________________ [ ]

CH_2

Time/div : ______________________ [ ]

Volt/div : ______________________ [ ]

주 파 수 : ______________________ [ ]

전압(*p* – *p*) : ______________________ [ ]

【그림 2-10】【그림 2-5】의 A, B점 파형

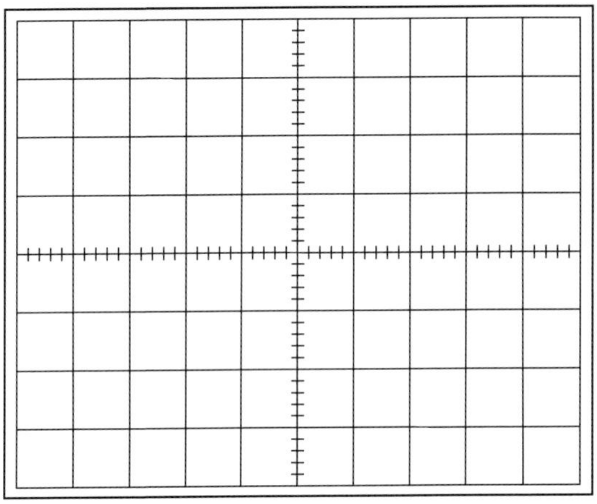

CH_1
$Time/div$: ________________ [ ]
$Volt/div$: ________________ [ ]
주 파 수 : ________________ [ ]
전압$(P-P)$: ________________ [ ]

CH_2
$Time/div$: ________________ [ ]
$Volt/div$: ________________ [ ]
주 파 수 : ________________ [ ]
전압$(P-P)$: ________________ [ ]

【그림 2-11】【그림 2-6】의 A, B점 파형

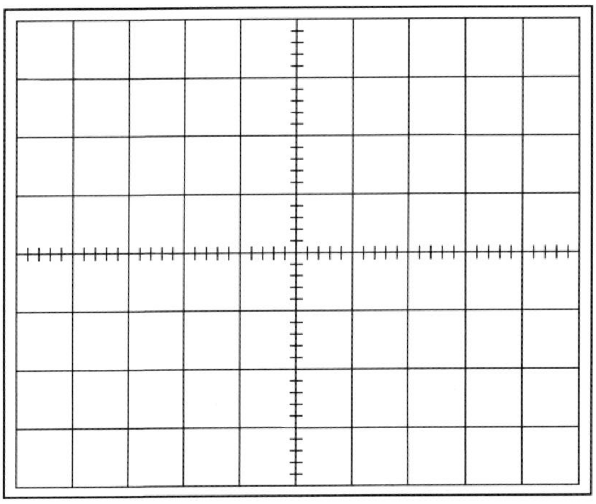

CH_1
$Time/div$: ________________ [ ]
$Volt/div$: ________________ [ ]
주 파 수 : ________________ [ ]
전압$(P-P)$: ________________ [ ]

【그림 2-12】【그림 2-7】의 V_{out} 파형

【표 2-1】

항목	반파정류기	중간탭 전파정류기	브릿지 정류기
V_m			
주파수			

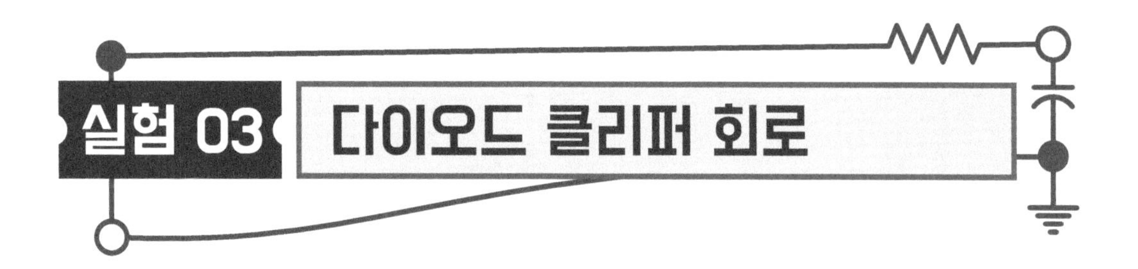

1 실험 개요

이 실험에서는 다이오드의 클리핑 동작 특성을 실험을 통하여 이해하고자 한다. 다이오드 클리퍼는 입력신호에 대해 임의의 레벨 이하 혹은 이상의 신호전압을 잘라내는데 사용된다. 따라서 다이오드 클리핑 회로를 '파형정형회로'라고도 한다. 일반적으로 제한하는 전압의 레벨은 다이오드의 전위장벽과 직류 전압원에 의해 가변된다. 이러한 제한 능력으로 인해 클리핑 회로를 리미터(Limiter)라고 불린다.

2 관련 이론

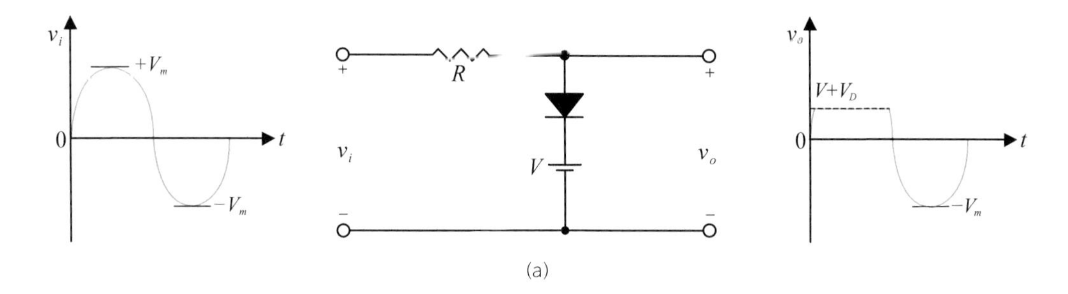

(a)

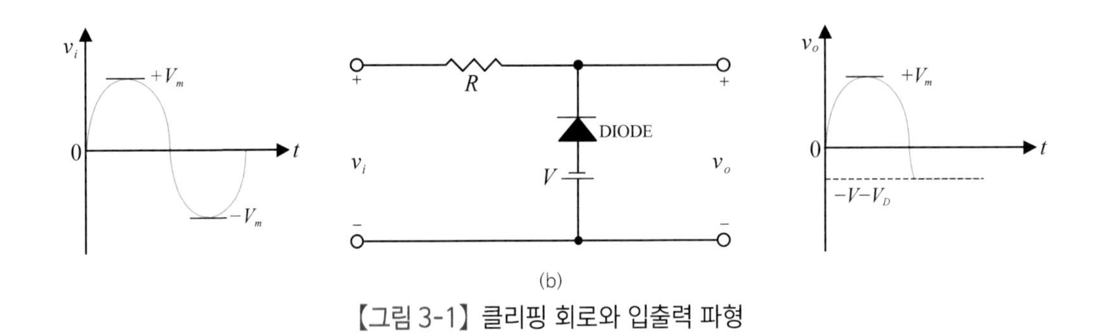

(b)

【그림 3-1】 클리핑 회로와 입출력 파형

교류파형의 어느 한 부분을 왜곡시키지 않고 입력 신호의 한 부분을 잘라낼 수 있는 다이오드 회로를 클리핑 회로라고 한다. 【그림 3-1(a)】에서 다이오드에 걸리는 전압을 V_D라 하면 직류전압 V와 직렬 연결된 것과 같으므로 입력 교류전압의 양(+) 반주기 동안에서는 $V+V_D$에서 잘린다. 직류전압 V를 변화시키면 V값에 따라 제한되는 전압이 달라진다. 음(−)의 반주기 동안에는 다이오드가 역방향으로 바이어스되어 개방되므로 입력전압이 그대로 출력된다. 【그림 3-1(b)】에서는 입력 교류전압의 양(+) 반주기 동안에는 다이오드가 역방향으로 바이어스되어 개방되므로 입력전압이 그대로 출력되고, 음(−)의 반주기 동안에서는 $-V-V_D$에서 제한되는 파형이 출력된다.

3 실험

[실험 부품 및 재료]

번호	부품명	규격	단위	수량	비고(대체)
1	저항	100[Ω], 1/4W	개	1	
2	저항	1[$k\Omega$], 1/4W	개	1	
3	다이오드	1N914	개	1	1N4001
4	점퍼선	Φ 0.5mm	30cm	2	브레드보드용

[실험 장비]

번호	장 비 명	규 격	단위	수량	비고(대체)
1	전원공급기	DC 가변 0~15[V]	대	1	
2	디지털 멀티미터(DMM)	저항, 전압, 전류 측정	대	1	VOM
3	오실로스코프	2채널	대	1	
4	신호발생기	정현파	대	1	함수발생기

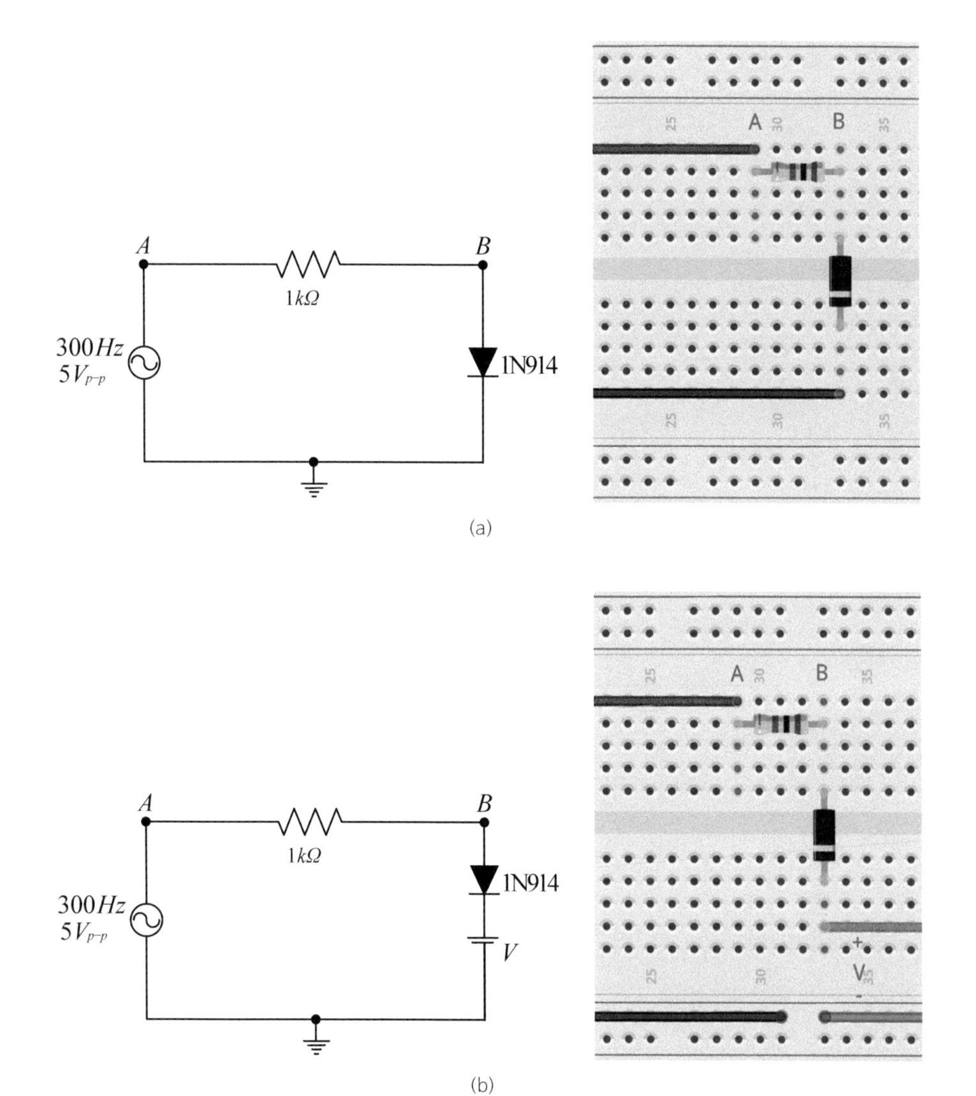

(a)

(b)

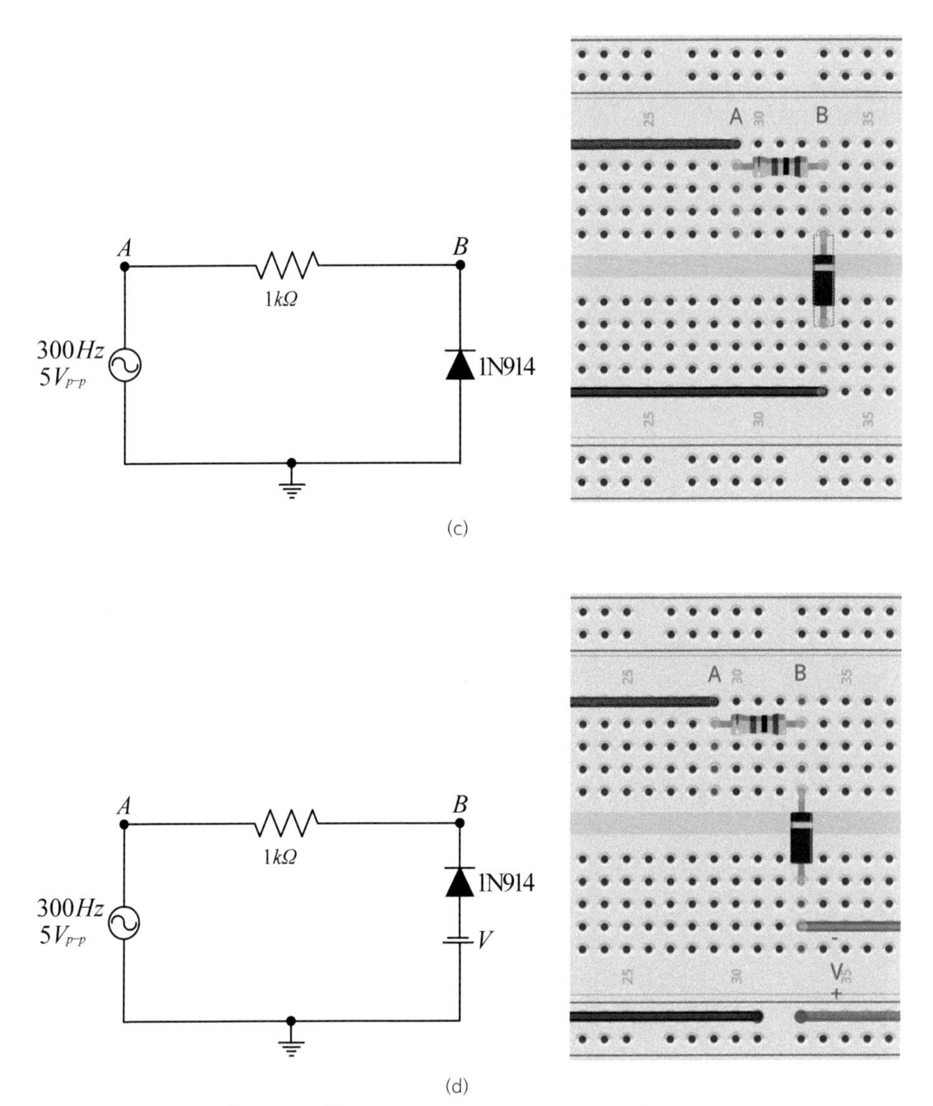

【그림 3-2】 클리핑 실험 회로도와 부품 배치도

(1) 【그림 3-2(a)】 회로를 구성한다.

(2) 오실로스코프를 다음과 같이 설정한다.

$CH_1(X)$ *Volts/Division*(Scale): $2V/Division$, DC coupling

$CH_2(Y)$ *Volts/Division*(Scale): $2V/Division$, DC coupling

Time/Division(Scale): $1ms/Division$

(3) 오실로스코프의 채널 1을 A점에 연결하고 채널 2를 B점에 연결한다.

(4) 신호발생기를 정현파 300Hz, 5V_{p-p}로 설정하여 연결한다.

(5) 【그림 3-4】의 오실로스코프 화면 그림에 측정된 파형을 그리고, 오실로스코프에 설정된 전압과 시간 스케일(*volt/div, time/div*)을 기록하고, 주파수와 전압(V_{p-p})를 계산하여 기록한다.

(6) 【그림 3-2(b)】의 회로와 같이 회로에 직류전원을 추가하여 구성한다.

(7) 오실로스코프의 채널 1을 A점에 연결하고 채널 2를 B점에 연결한다.

(8) 【그림 3-5】의 오실로스코프 화면 그림에 측정된 파형을 그리고, 오실로스코프에 설정된 전압과 시간 스케일(*volt/div, time/div*)을 기록하고 주파수와 전압(V_{p-p})를 계산하여 기록한다.

(9) 【그림 3-2(c)】 회로를 구성한다.

(10) 오실로스코프의 채널 1을 A점에 연결하고 채널 2를 B점에 연결한다.

(11) 【그림 3-6】의 오실로스코프 화면 그림에 측정된 파형을 그리고, 오실로스코프에 설정된 전압과 시간 스케일(*volt/div, time/div*)을 기록하고 주파수와 전압(V_{p-p})를 계산하여 기록한다.

(12) 【그림 3-2(d)】 회로를 구성한다. (전압 V는 0.5V, 1V, 1.5V 등 임의의 전압)

(13) 오실로스코프의 채널 1을 A점에 연결하고 채널 2를 B점에 연결한다.

(14) 【그림 3-7】의 오실로스코프 화면 그림에 측정된 파형을 그리고, 오실로스코프에 설정된 전압과 시간 스케일(*volt/div, time/div*)을 기록하고 주파수와 전압(V_{p-p})를 계산하여 기록한다.

4 결과 및 결론

이 실험을 통하여 다이오드를 이용하여 전압의 크기를 제한할 수 있음을 알 수 있다.

클리핑되는 전압의 크기는 다이오드만 있는 경우 약 $0.7V$이고, 직류전압을 $1V$ 부가하면 $0.7V+1V=1.7V$로 되어, 임의의 직류전압을 추가함으로써 제한하려고 하는 전압의 크기를 조절할 수 있음을 알 수 있다.

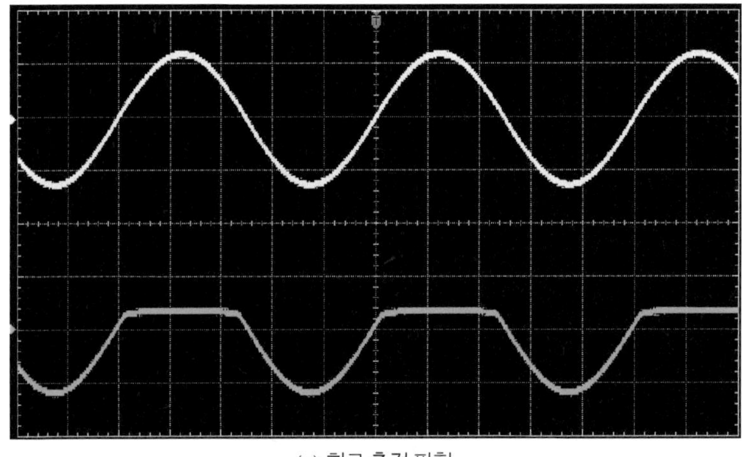

(a) 회로 측정 파형

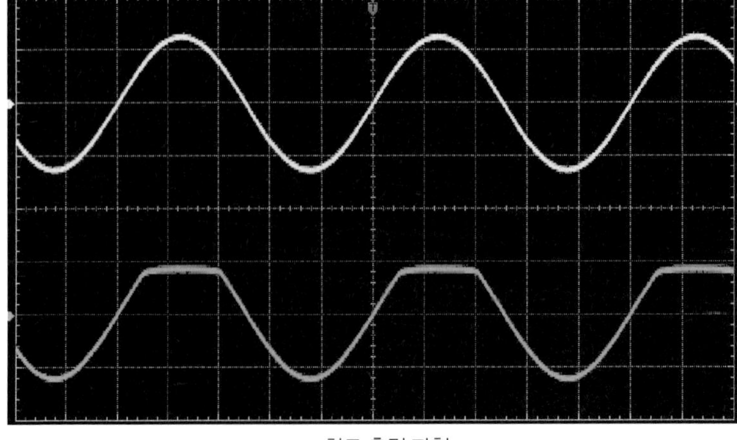

(b) 회로 측정 파형

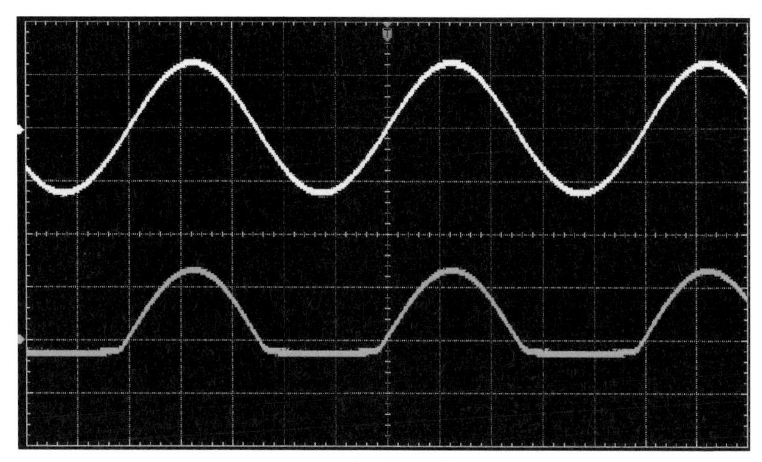

(c) 회로 측정 파형

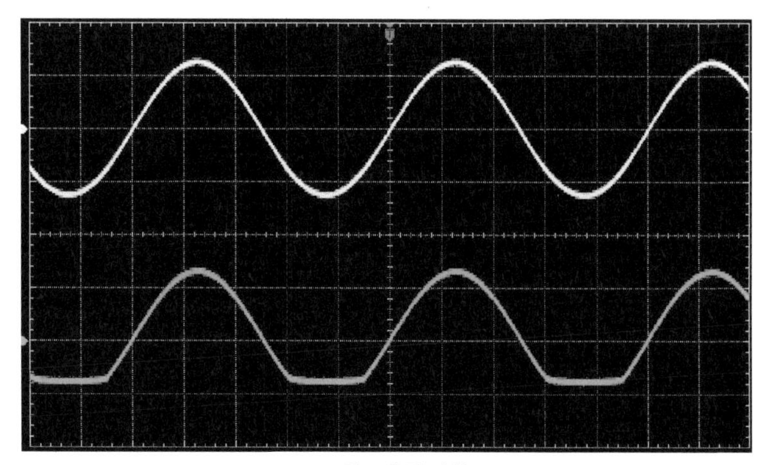

(d) 회로 측정 파형

【그림 3-3】【그림 3-2】의 실험 결과 파형

5 실험 결과 보고서

학번		이름		실험일시		제출일시	

■ 실험 제목:

■ 실험 회로도

■ 실험 내용

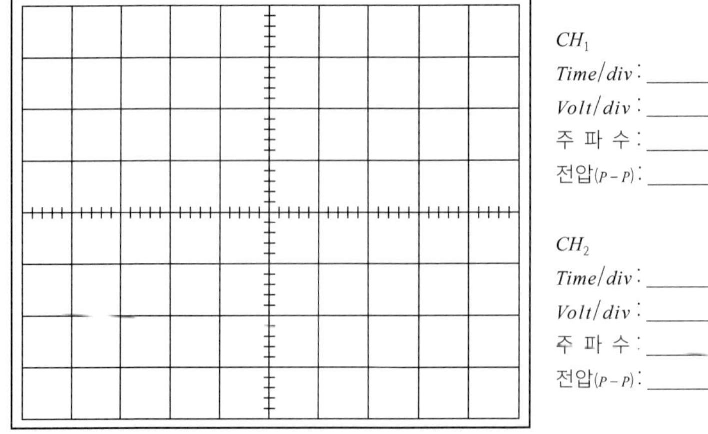

【그림 3-4】【그림 3-2(a)】 회로 A점, B점의 파형

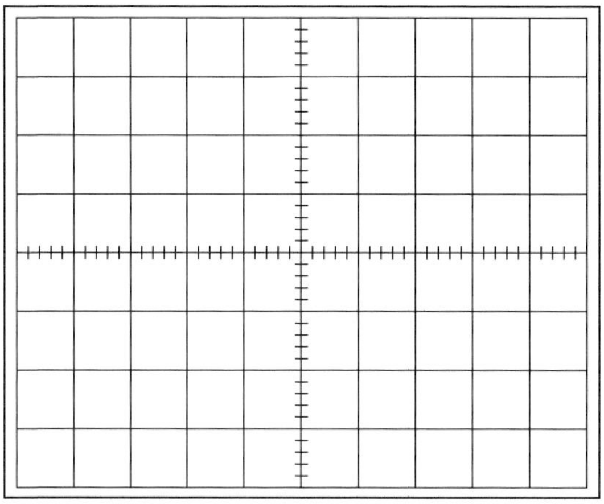

CH_1
$Time/div$: [ ]
$Volt/div$: [ ]
주 파 수 : [ ]
전압($p-p$) : [ ]

CH_2
$Time/div$: [ ]
$Volt/div$: [ ]
주 파 수 : [ ]
전압($p-p$) : [ ]

【그림 3-5】【그림 3-2(b)】 회로 A점, B점의 파형

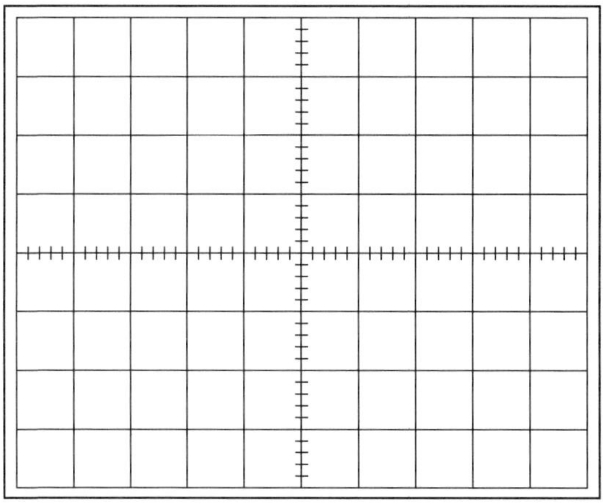

CH_1
$Time/div$: [ ]
$Volt/div$: [ ]
주 파 수 : [ ]
전압($p-p$) : [ ]

CH_2
$Time/div$: [ ]
$Volt/div$: [ ]
주 파 수 : [ ]
전압($p-p$) : [ ]

【그림 3-6】【그림 3-2(c)】 회로 A점, B점의 파형

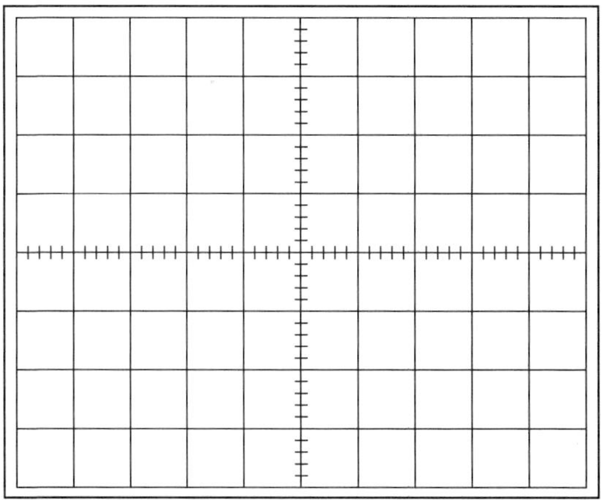

CH_1
$Time/div$: [ ]
$Volt/div$: [ ]
주 파 수 : [ ]
전압($p-p$) : [ ]

CH_2
$Time/div$: [ ]
$Volt/div$: [ ]
주 파 수 : [ ]
전압($p-p$) : [ ]

【그림 3-7】【그림 3-2(d)】 회로 A점, B점의 파형

1 실험 개요

이 실험의 목적은 다이오드 클램퍼(Clamper) 동작 특성을 실험을 통하여 확인하는 것이다. 다이오드와 콘덴서를 이용한 클램퍼 회로는 입력교류파형의 모양을 유지하며 직류레벨을 특정한 레벨로 변화시켜 고정하도록 하는 직류 재생 파형정형회로로 직류 레벨이 이동되는 것을 확인할 수 있다.

2 관련 이론

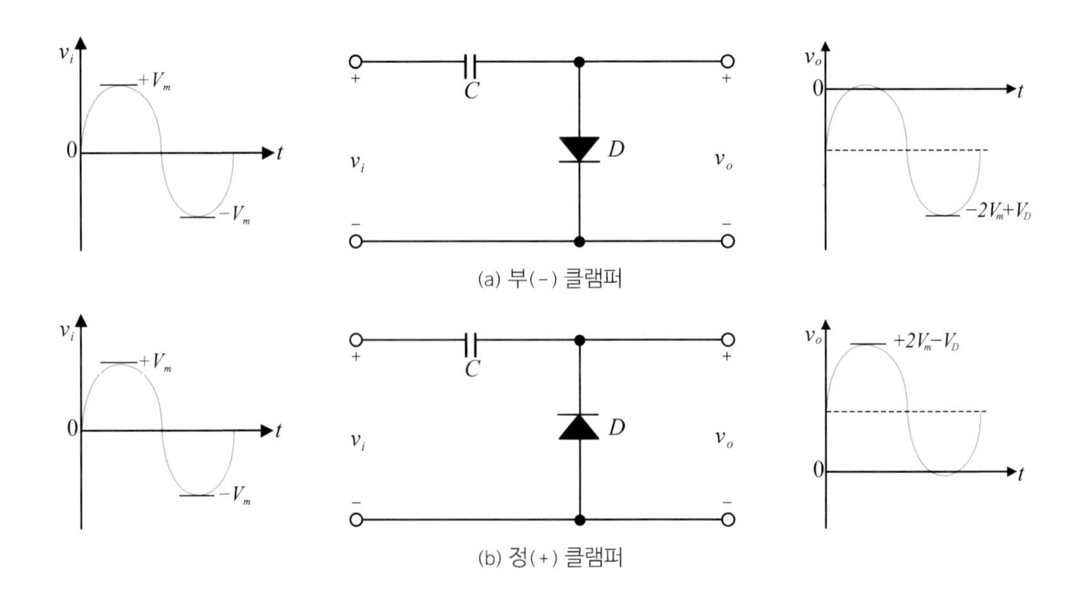

(a) 부(−) 클램퍼

(b) 정(+) 클램퍼

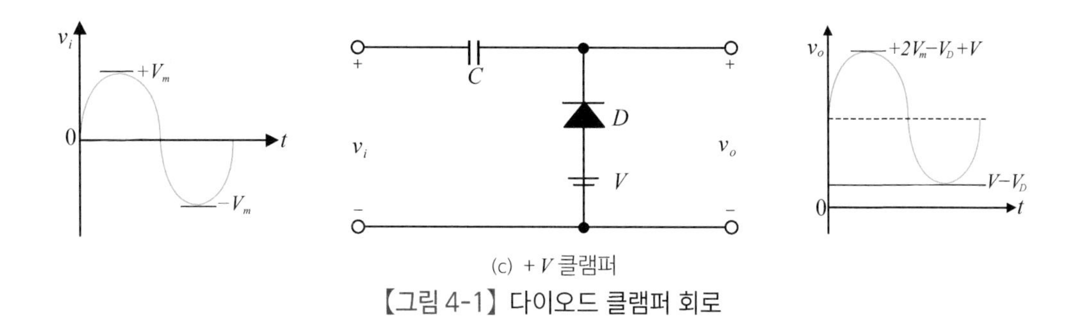

(c) $+V$ 클램퍼

【그림 4-1】 다이오드 클램퍼 회로

다이오드 클리퍼(Clipper)가 특정 레벨을 제한하는 파형정형회로인 것과 달리 클램퍼는 입력파형의 모양을 유지하며 직류레벨만 다르게 하는 파형정형회로 이다. 【그림 4-1(a)】의 클램퍼 회로는 입력파형의 정(+)의 반주기 동안에는 다이오드가 ON 상태로 되어 콘덴서를 충전시키고 부(-)의 반주기 동안에는 콘덴서에 충전된 전압과 입력전압과 직렬로 연결된 것과 같은 상태가 되어 출력은 콘덴서에 충전된 전압 레벨만큼 이동하게 된다.

입력 최대전압이 V_m이고 다이오드에 걸리는 전압이 V_D라 하면 콘덴서에 충전된 전압은 $V_m - V_D$이다. 따라서 부의 반주기 동안에는 콘덴서에 충전된 전압과 입력신호가 직렬 연결된 것과 같으므로 출력의 최솟값은 $-2V_m + V_D$이다. 【그림 4-1(b)】의 클램퍼 회로는 【그림 4-1(a)】의 반대이므로 출력의 최댓값은 $2V_m - V_D$이 된다. 【그림 4-1(c)】는 그림 4-1(b)】의 출력 최댓값 $2V_m - V_D$에 전압 V가 가해진 경우이므로 $2V_m - V_D + V$이 된다.

3 실험

[실험 부품 및 재료]

번호	부 품 명	규 격	단위	수량	비고(대체)
1	저항	10[$k\Omega$], 1/4[W]	개	1	
2	콘덴서	100[uF], 16V	개	1	
3	다이오드	1N914	개	1	1N4001
4	점퍼선	Φ 0.5mm	30cm	2	브레드보드용

[실험 장비]

번호	장 비 명	규 격	단위	수량	비고(대체)
1	전원공급기	DC 가변 0~15[V]	대	1	
2	디지털 멀티미터(DMM)	저항, 전압, 전류 측정	대	1	VOM
3	오실로스코프	2채널 이상	대	1	
4	신호발생기	정현파	대	1	함수발생기

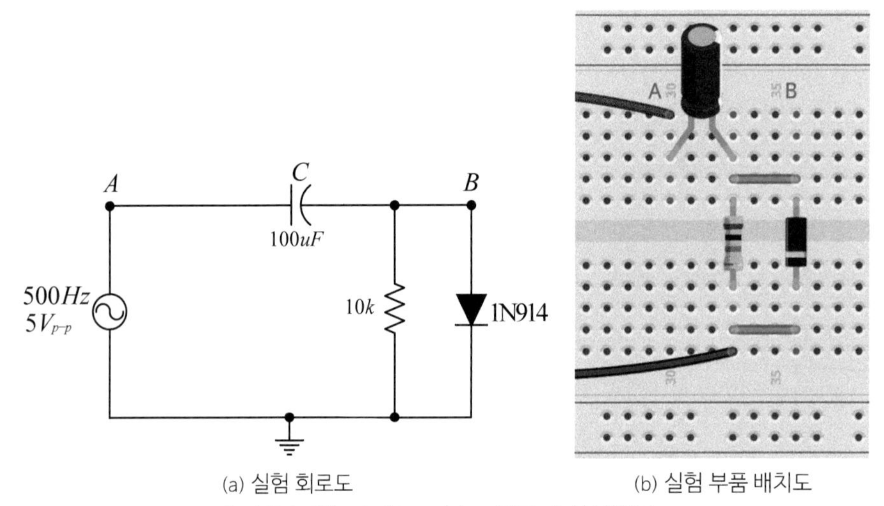

(a) 실험 회로도 (b) 실험 부품 배치도

【그림 4-2】 다이오드 부(−)클램퍼 실험회로

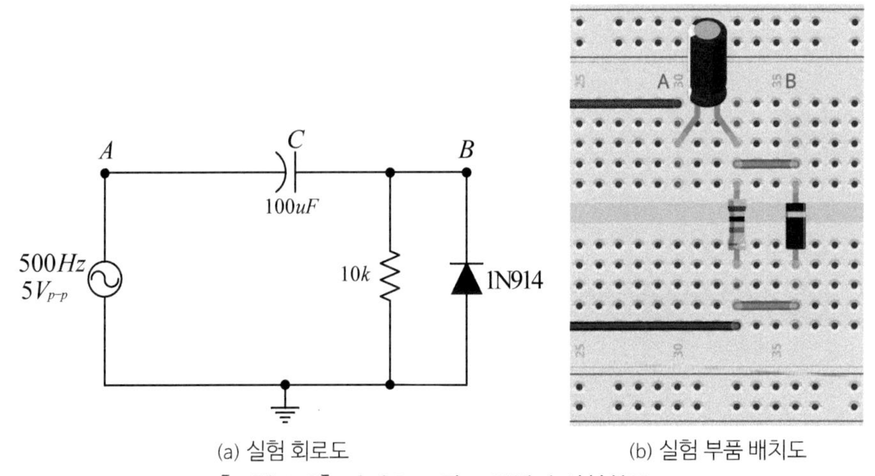

(a) 실험 회로도 (b) 실험 부품 배치도

【그림 4-3】 다이오드 정(+)클램퍼 실험회로

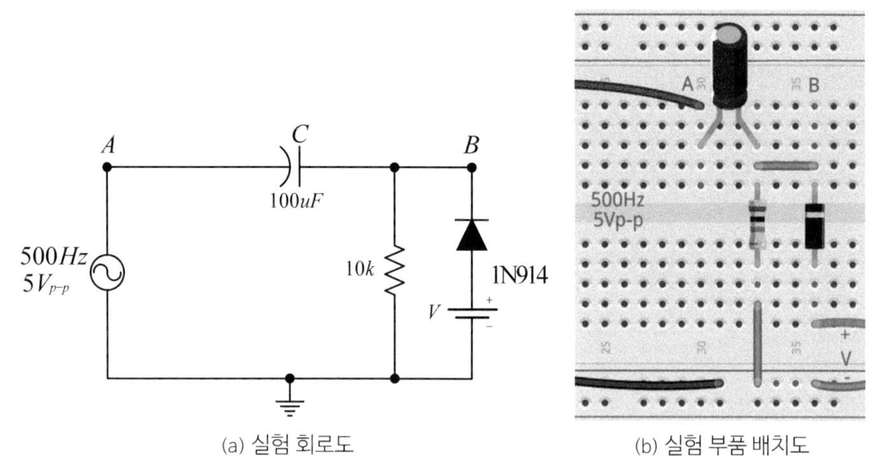

(a) 실험 회로도 (b) 실험 부품 배치도

【그림 4-4】 다이오드 $+V$ 클램퍼 실험 회로

(1) 【그림 4-2】의 회로를 브레드보드에 구성한다.

(2) 오실로스코프를 다음과 같이 설정한다.

$CH_1(X)$ *Volts/Division*(Scale): $2V/Division$, DC coupling

$CH_2(Y)$ *Volts/Division*(Scale): $2V/Division$, DC coupling

Time/Division(Scale): $500us/Division$

(3) 오실로스코프의 채널 1을 A점에 연결하고 채널 2를 B점에 연결한다.

(4) 신호발생기를 정현파 $500Hz$, $5V_{p-p}$로 설정하여 연결한다.

(5) 【그림 4-6】의 오실로스코프 화면 그림에 측정된 파형을 그리고, 오실로스코프에 설정된 전압과 시간 스케일(*volt/div, time/div*), 출력전압의 최솟값을 기록한다.

(6) 다이오드 방향을 바꾸어 【그림 4-3】과 같이 회로를 브레드보드에 구성한다.

(7) 실험 2~4 과정을 반복한다.

(8) 【그림 4-7】의 오실로스코프 화면 그림에 측정된 파형을 그리고, 오실로스코프에 설정된 전압과 시간 스케일(*volt/div, time/div*), 출력전압의 최댓값을 기록한다.

(9) 직류전원 공급기의 전압을 $0V$로 조정한다.

(10) 실험 회로에서 다이오드와 접지를 분리하고 【그림 4-4】의 회로와 같이 직류전원 공급기를 연결한다.

(11) 직류전원 공급기의 전압을 2V로 조정한다.

(12) 【그림 4-8】의 오실로스코프 화면 그림에 측정된 파형을 그리고, 오실로스코프에 설정된 전압과 시간 스케일(*volt/div, time/div*), 출력전압의 최댓값을 기록한다.

4 결과 및 결론

이 실험을 통하여 다이오드 클램퍼, 즉 정(+)의 클램퍼와 부(−)의 클램퍼 동작 특성을 이해할 수 있었으며, 입력신호의 파형은 바뀌지 않고 단지 입력파형에 직류 레벨만 더해진다는 사실을 알 수 있었다. 클램퍼의 출력파형의 첨둣값(V_p)은 입력전압의 최댓값(V_m)에서 다이오드 양단의 전압강하(V_D)를 뺀 크기와 같은 $V_m - V_D$의 직류전압이 더해진 $2V_m - V_D$를 나타낸다. 별도의 직류전압을 가한 경우, 그만큼 직류 레벨이 변하는 것을 알 수 있다.

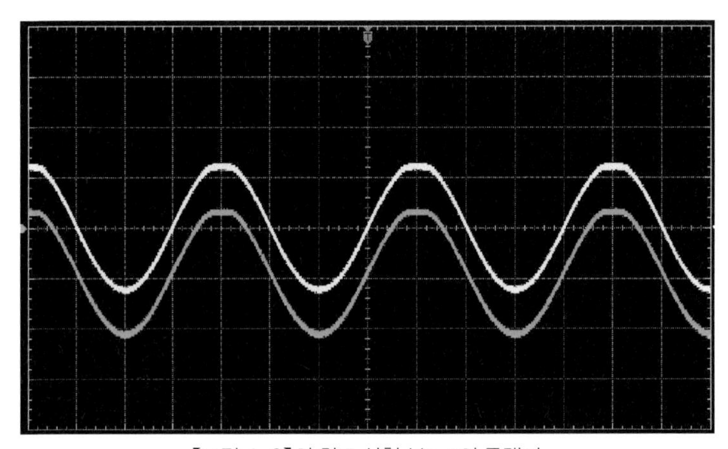

【그림 4-2】의 회로 실험 부(-)의 클램퍼

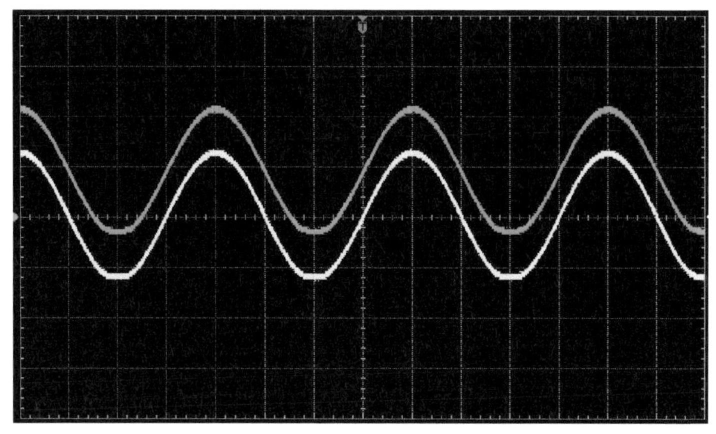

【그림 4-3】의 회로 실험 정(+)의 클램퍼

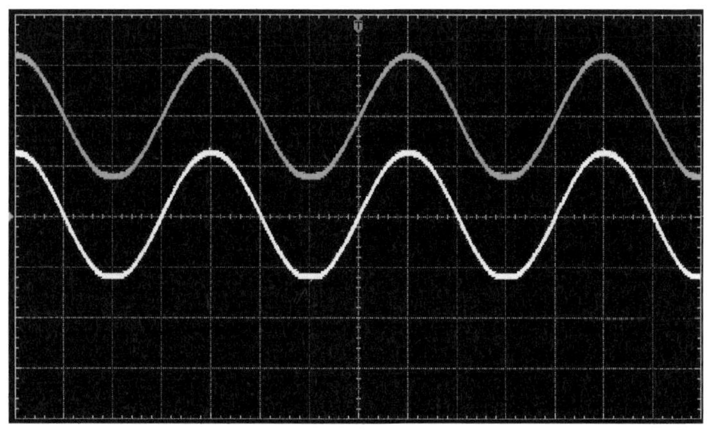

【그림 4-4】의 회로 실험 정(+)의 클램퍼(2V)

【그림 4-5】 실험 결과 파형

5 실험 결과 보고서

학번		이름		실험일시		제출일시	

■ 실험 제목:

■ 실험 회로도

■ 실험 내용

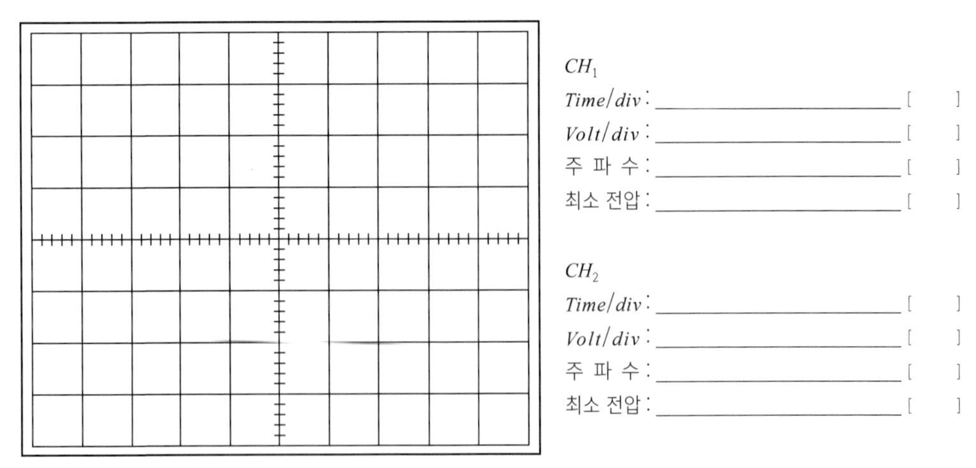

【그림 4-6】【그림 4-2】 회로 A점, B점의 파형

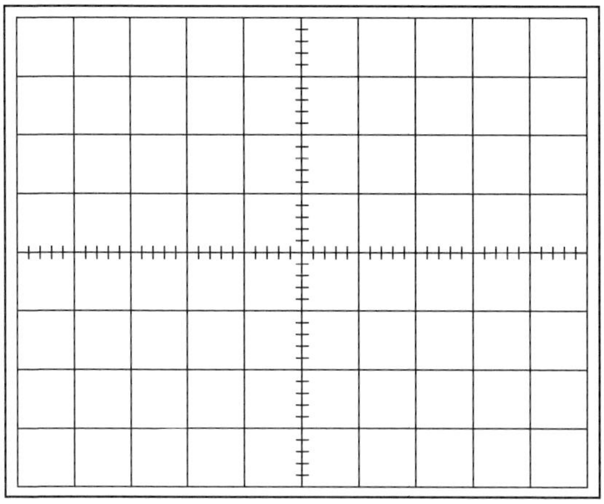

CH_1
$Time/div$: ______________ [ ]
$Volt/div$: ______________ [ ]
주 파 수 : ______________ [ ]
최대 전압 : ______________ [ ]

CH_2
$Time/div$: ______________ [ ]
$Volt/div$: ______________ [ ]
주 파 수 : ______________ [ ]
최대 전압 : ______________ [ ]

【그림 4-7】【그림 4-3】 회로 A점, B점의 파형

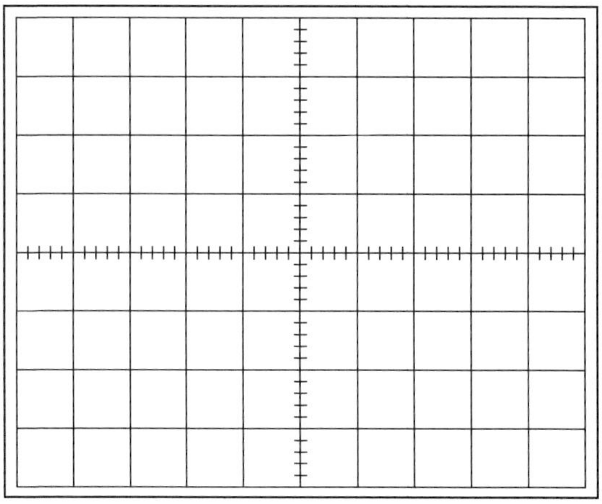

CH_1
$Time/div$: ______________ [ ]
$Volt/div$: ______________ [ ]
주 파 수 : ______________ [ ]
최대 전압 : ______________ [ ]

CH_2
$Time/div$: ______________ [ ]
$Volt/div$: ______________ [ ]
주 파 수 : ______________ [ ]
최대 전압 : ______________ [ ]

【그림 4-8】【그림 4-4】 회로 A점, B점의 파형

1 실험 개요

이 실험의 목적은 다이오드를 사용한 배전압 회로를 이해하고자 한다. 따라서 다이오드 2배 전압기는 변압기의 입력전압 정격을 증가할 필요 없이 정류된 전압의 최대를 2배로 하는 데 사용한다.

일반적으로 반파정류를 이용한 배전압 회로는 반파정류기에 콘덴서 입력형 필터(피크 검출기)가 부가된 형태로 정(+) 클램퍼(positive clamper)라 불린다. 따라서 정 클램퍼는 입력 신호 중 정(+)의 반주기에만 직렬 콘덴서를 충전하므로 리플 주파수는 입력주파수와 동일하다.

반면 전파정류를 이용한 배전압 회로는 동일하게 동작하나 정(+)의 반주기뿐만 아니라 부(−)의 반주기 동안에도 직렬 콘덴서가 충전되므로 입력주파수의 2배에 해당하는 리플 주파수를 갖게 된다. 결과적으로 필터(피크 검출기)의 시정 수가 같을 경우 피크-피크 리플전압은 반파정류기를 이용한 것보다 더 적게 나타난다.

2 관련 이론

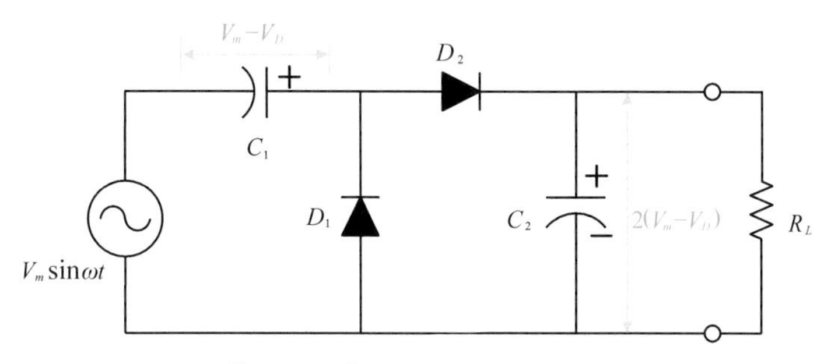

【그림 5-1】 반파정류 배전압 회로

【그림 5-1】에서 입력교류신호 전압의 부(−)의 반주기 동안에는 다이오드 D_1이 도통되어 다이오드에 걸리는 전압이 V_D라면 C_1을 $V_m - V_D$까지 충전하고, 정(+)의 반주기 동안에는 교류신호전압 V_m과 C_1에 충전되었던 $V_m - V_D$가 다이오드 D_2를 통하여 C_2를 $2V_m - 2V_D$까지 충전하여 부하저항 R_L에 걸리는 출력전압은 $2(V_m - V_D)$이 된다.

3 실험

[실험 부품 및 재료]

번호	부품명	규격	단위	수량	비고(대체)
1	저항	10[$k\Omega$], 1/4W	개	1	
2	콘덴서	100[uF], 16V	개	2	
3	다이오드	1N914	개	2	1N4001
4	점퍼선	Φ 0.5mm	30cm	2	브레드보드용

[실험 장비]

번호	장 비 명	규 격	단위	수량	비고(대체)
1	디지털 멀티미터(DMM)	저항, 전압, 전류 측정	대	1	VOM
2	오실로스코프	2채널 이상	대	1	
3	신호발생기	정현파	대	1	함수발생기

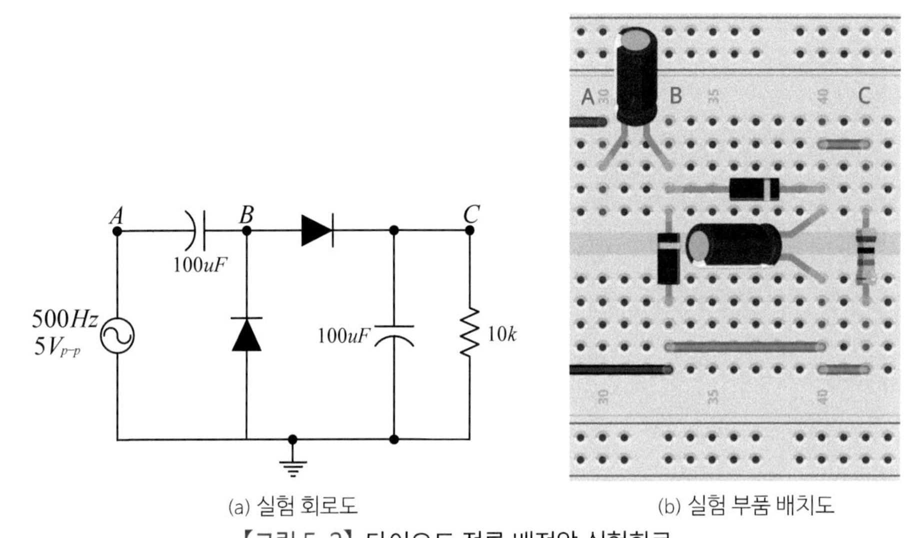

(a) 실험 회로도 (b) 실험 부품 배치도

【그림 5-2】 다이오드 정류 배전압 실험회로

(1) 【그림 5-2】의 회로를 브레드보드에 구성한다.

(2) 오실로스코프를 다음과 같이 설정한다.

CH_1 *Volts/Division*(Scale): 2*V/Division*, DC coupling

CH_2 *Volts/Division*(Scale): 2*V/Division*, DC coupling

CH_3 *Volts/Division*(Scale): 2*V/Division*, DC coupling

Time/Division(Scale): 500*us/Division*

(2채널 오실로스코프는 2채널만 설정)

(3) 오실로스코프의 채널 1을 A점에, 채널 2를 B점에, 채널 3를 C점에 연결한다.

(2채널 오실로스코프는 A, B를 측정한 후 B, C를 측정하여 B파형을 기준으로 기록)

(4) 신호발생기를 정현파 500Hz, 5V_{pp}로 설정하여 연결한다.

(5) 【그림 5-5】의 오실로스코프 화면 그림에 측정된 파형을 그리고, 오실로스코프에 설정된 전압과 시간 스케일($volt/div$, $time/div$)을 기록하고 출력전압의 최댓값을 기록한다.

(6) C점에 연결된 오실로스코프의 채널 설정을 *Volts/Division*(Scale): 2*mV/Division*, AC coupling으로 바꾸고 파형을 측정하여 【그림 5-6】의 오실로스코프 화면 그림에 파형을 그린다.

4 결과 및 결론

이 실험을 통하여 반파정류와 전파정류 회로를 이용한 배전압 회로의 동작 특성에 대하여 설명하였다. 반파정류를 이용한 배전압 회로는 피크 검출기로 작용하는 반파정류기와 콘덴서 입력형 필터가 수반되는 실질적인 정(−)의 클램퍼이다.

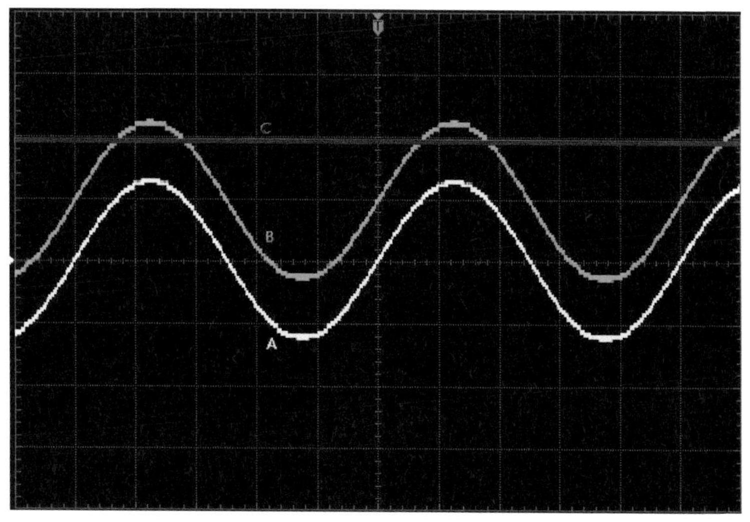

【그림 5-3】 실험의 A점, B점, C점의 측정 파형

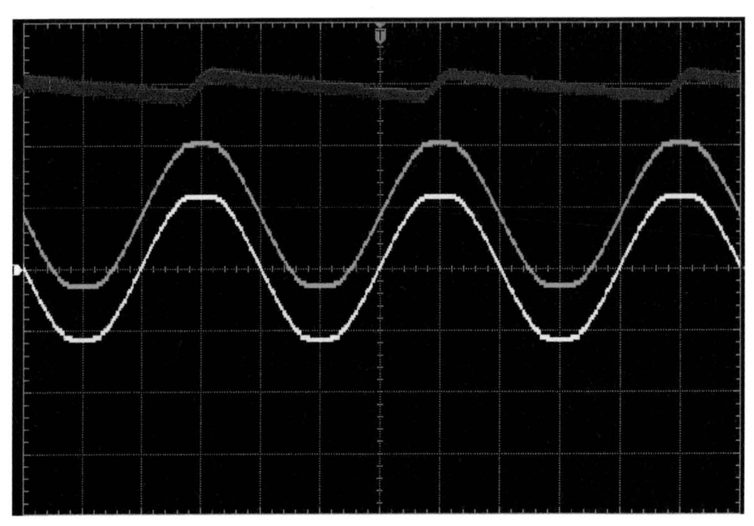

【그림 5-4】 C점 파형의 리플을 보기 위해 채널 설정을 바꾼 경우
(결합-교류, 스케일 - $20mV$로 한 경우)

5 실험 결과 보고서

학번		이름		실험일시		제출일시	

■ 실험 제목:

■ 실험 회로도

■ 실험 내용

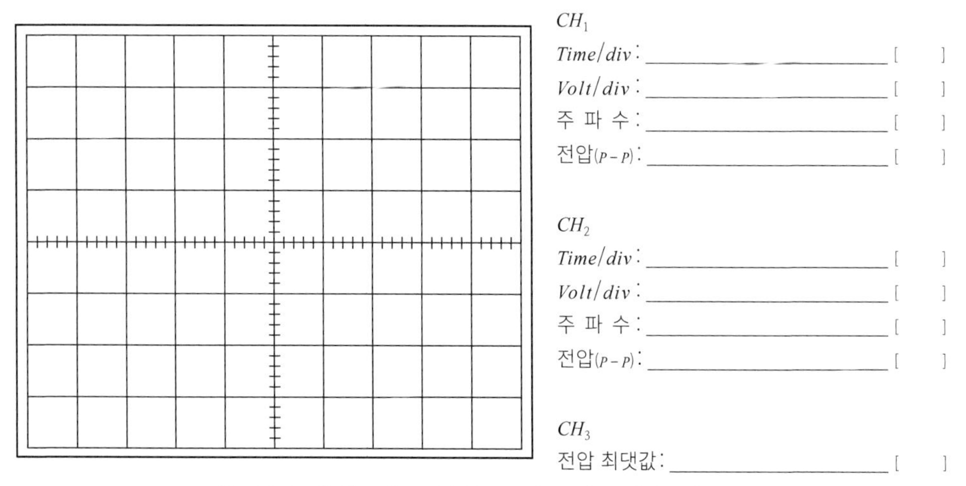

【그림 5-5】【그림 5-2】 회로 A점, B점, C점의 파형

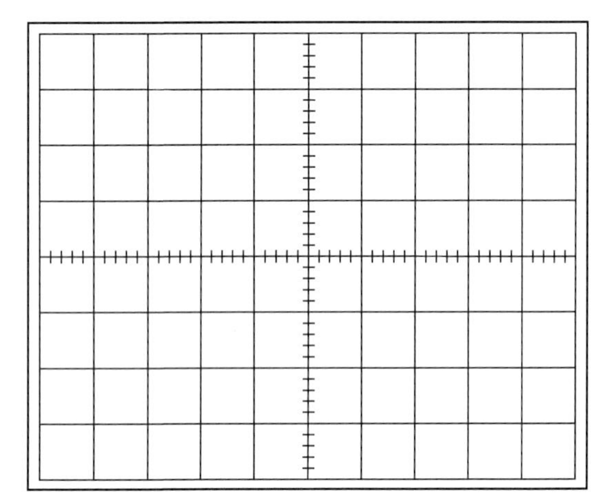

Time/div : ________________ [ ]
Volt/div : ________________ [ ]
주 파 수 : ________________ [ ]
전압$(p-p)$: ________________ [ ]

【그림 5-6】【그림 5-2】 회로 C점 파형

1 실험 개요

이 실험의 목적은 제너다이오드의 일반적인 동작 특성을 살펴보고 간단한 전압안정화회로를 실험을 통하여 이해하고자 한다. 제너다이오드는 정류용 다이오드와 달리 정상적으로 역방향 바이어스되어 일정한 전류 범위에 걸쳐서 일정한 전압을 유지하는 특징을 갖고 있는 소자이다. 따라서 전압안정화회로로 사용될 경우 제너다이오드는 부하전류가 변화되더라도 일정한 직류 출력전압을 유지하게 된다.

2 관련 이론

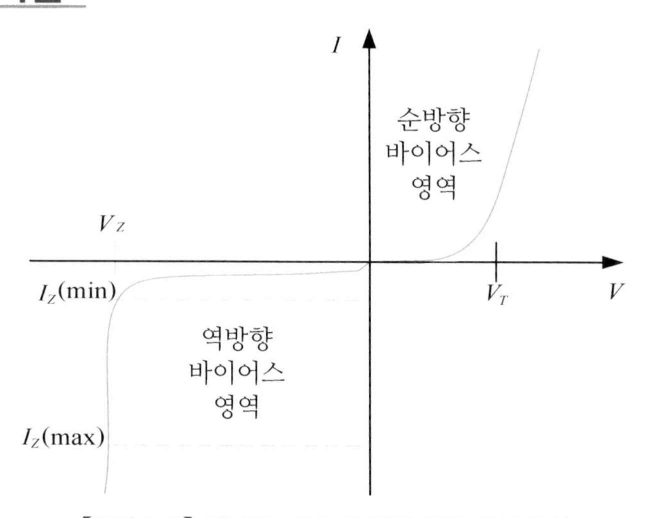

【그림 6-1】 제너다이오드의 전압-전류 특성 곡선

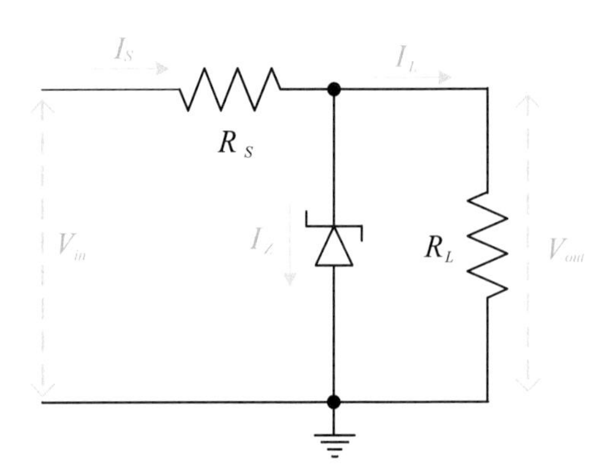

【그림 6-2】 제너다이오드를 이용한 전압안정화회로

제너다이오드는 정전압 소자로서 광범위하게 활용된다. 일반적으로 제너다이오드는 【그림 6-1】과 【그림 6-2】에서 알 수 있듯이 역방향 바이어스 영역에서 제너전압 V_Z를 활용하는 것으로 입력전압 V_{in}이 일정한 범위 내에서 변동되어도 출력전압 V_{out}을 항상 일정하게 유지하는 특성을 갖는다.

출력전압은 이상적으로는 V_Z이지만 실제로는 다이오드 내부저항에 전류를 곱한 값을 더한 $V_Z + I_Z R_Z$이 실제 출력전압이다.

- $V_{out} = V_Z$(이상적인 경우)
- $V_{out} = V_Z + I_Z R_Z$(실제적인 경우)

입력전압이 변화하면 제너다이오드를 통해 흐르는 제너전류 I_Z도 비례하여 변화되며, 입력 변화에 대한 제한 동작의 범위는 제너다이오드의 최소전류와 최대전류 값에 의하여 결정된다.

전압원과 직렬로 연결된 저항 R_S는 전류를 제한하기 위하여 사용한다.

제너다이오드에 의하여 조정될 수 있는 최소 및 최대입력전압은 다음과 같이 구할 수 있다. 최소제너전류 $I_{Z(min)}$가 $1mA$, 최대제너전류 $I_{Z(max)}$가 $20mA$, 제너전압 V_Z는 $6V$, 제너 다이오드의 내부저항 R_Z가 10Ω, 전류 제한저항 R_S가 300Ω이라 가정할 때 최소 및 최대입력전압은

$V_{out(min)} = V_Z + I_{Z(min)} R_Z = 6V + 1mA \times 10\Omega = 6.01V$

$$V_{in(min)}=I_{Z(min)}R_s+V_{out(min)}=1mA\times300\Omega+6.01V=6.31V$$

$$V_{out(max)}=V_Z+I_{Z(max)}R_Z=6V+20mA\times10\Omega=6.2V$$

$$V_{in(max)}=I_{Z(max)}R_s+V_{out(max)}=20mA\times300\Omega+6.2V=12.2V$$

부하의 변화에 따라 출력전압도 변하게 되는데 출력단이 개방되었을 때, 즉 부하저항 $R_L=\infty$이면 부하에 흐르는 전류는 0이므로 모든 전류는 제너다이오드를 통해 흐른다. 그러나 부하저항이 연결되면 전체 전류 중 일부는 제너다이오드를 통하여 흐르게 되고 나머지는 부하저항을 통해 흐른다. 일반적으로 부하저항 R_L이 감소하면 부하저항에 흐르는 전류(I_L)는 증가하고 제너다이오드를 통해 흐르는 제너전류 I_Z는 감소한다. 따라서 제너다이오드는 I_Z가 최소인 $I_{Z(min)}$에 도달되기 전까지는 계속해서 전압을 일정하게 유지한다.

전압 변동률은 정전압원의 안정도 성능을 나타내는 성능지수로 부하가 없는 경우 출력전압을 V_{NL}, 부하가 있는 경우 출력전압을 V_{FL}이라 하면 다음과 같이 구할 수 있다.

- 부하 전압 변동률 $=\dfrac{V_{NL}-V_{FL}}{V_{FL}}\times100\%$
- 제너다이오드 내부저항: $R_Z=\dfrac{\Delta V_Z}{\Delta I_Z}$(제너전압 V_Z와 제너전류 I_Z의 변화비)
- 출력전압: $V_{out}=V_Z+I_Z\cdot R_Z$
- 입력전류: $I_S=\dfrac{V_{in}-V_{out}}{R_S}$
- 다이오드 전류: $I_Z=I_S-I_L$

3 실험

[실험 부품 및 재료]

번호	부품명	규격	단위	수량	비고(대체)
1	저항	300[Ω], 1/4W	개	2	
2	제너다이오드	1N751(5.1V, 500mW)	개	1	1N4733
3	점퍼선	ϕ 0.5mm	30cm	2	브레드보드용

[실험 장비]

번호	장 비 명	규 격	단위	수량	비고(대체)
1	전원공급기	DC 가변 0~15[V]	대	1	
2	디지털 멀티미터(DMM)	저항, 전압, 전류 측정	대	1	VOM
3	오실로스코프	2채널 이상	대	1	
4	신호발생기	정현파	대	1	함수발생기

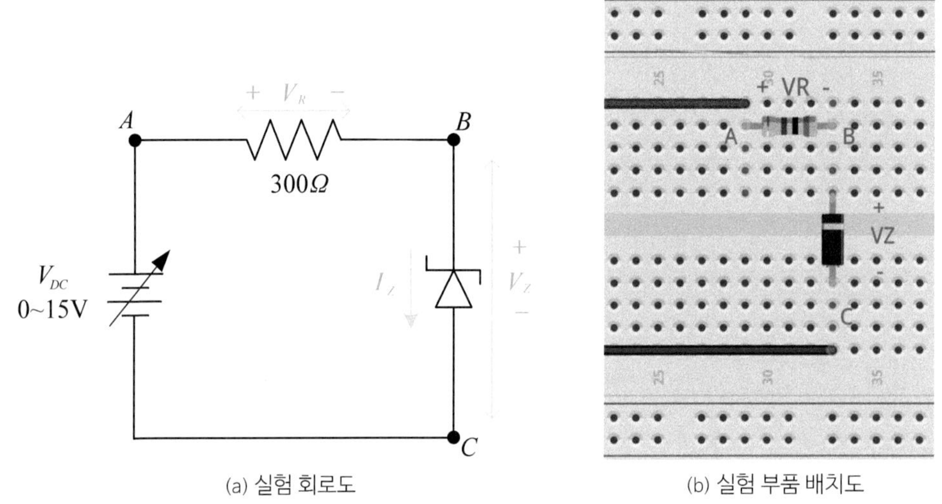

(a) 실험 회로도 (b) 실험 부품 배치도

【그림 6-3】 제너다이오드의 전류-전압 특성 실험회로

〈제너다이오드 전류-전압 특성〉

(1) 【그림 6-3(a)】의 회로를 브레드보드에 구성한다.

(2) DC 전원공급기 전압을 $0V$로 하고 회로에 연결한다.

(3) 【표 6-1】에 V_{DC} 값이 되도록 전원공급기를 조절하고 저항 양단에 걸리는 전압 V_R과 제너다이오드 양단에 걸리는 전압 V_Z를 측정하여 기록한다. 전류 I_Z는 전압 V_R을 저항값으로 나눈 값을 기록한다.

(4) 전류계를 사용하여 제너다이오드에 흐르는 전류 I_Z를 측정하는 경우는 저항 양단에 걸리는 전압 V_R을 측정하지 않고 V_Z과 I_Z를 측정하여 【표 6-1】에 기록한다.

(5) I_Z=20mA에서 V_Z를 구하여 【표 6-2】에 기록한다.(1N751은 20mA에서 5.1V이다.)

(6) 【표 6-1】의 측정 결과의 V_Z과 I_Z를 이용하여 다이오드 내부저항 $R_Z=\frac{\Delta V_Z}{\Delta I_Z}$를 구하여 【표 6-2】에 기록한다.

(7) 【표 6-1】의 측정된 값 V_Z과 I_Z를 이용하여 제너다이오드 특성곡선을 그래프에 그린다.

(8) DC 전원공급기를 제거하고 신호발생기를 연결한다. 신호발생기를 정현파, 300 Hz, 20 V_{p-p}로 설정한다.

(9) 오실로스코프를 다음과 같이 설정한다.

Time/Division(Mode): $X-Y$ Plot Function

$CH_1(X)$ *Volts/Division*(Scale): 1 V/*Division*, DC coupling

$CH_2(Y)$ *Volts/Division*(Scale): 1 V/*Division*, DC coupling, 반전

(10) 오실로스코프의 채널1을 C점에 연결하고 채널 2를 A점에 연결한다. 오실로스코프의 접지는 B점에 연결한다. 채널 2의 위상을 반전시키고, 특성곡선이 잘 보이도록 위치를 이동한다.

(11) 측정된 특성곡선을 【그림 6-6】의 그래프에 그리고, 제너다이오드 전압, 전류 측정 결과로 그린 곡선과 비교한다.

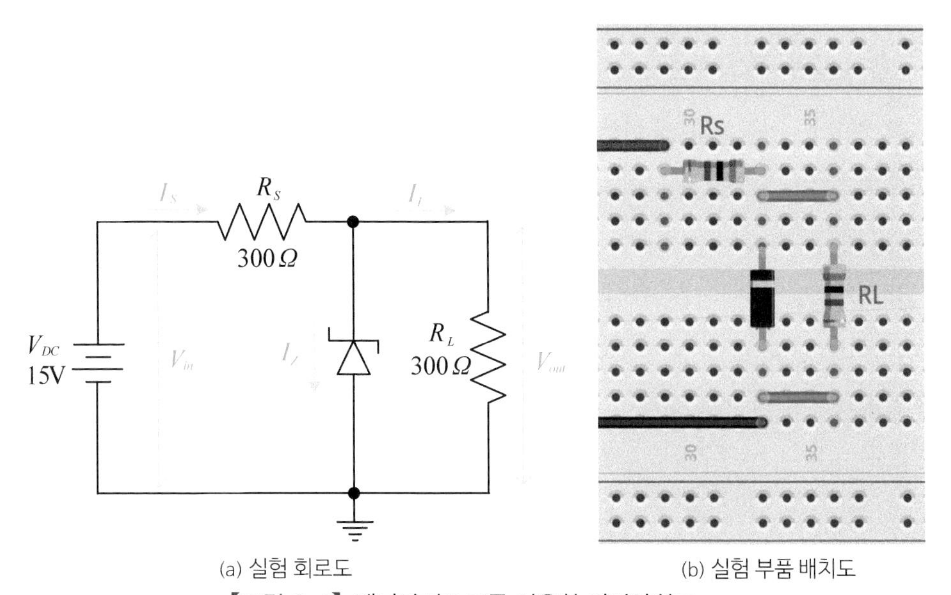

(a) 실험 회로도 (b) 실험 부품 배치도

【그림 6-4】 제너다이오드를 이용한 정전압회로

〈제너다이오드를 이용한 정전압회로〉

(12) 브레드보드에 【그림 6-4(a)】의 회로를 구성하고, 전원공급기를 15V로 놓고 회로에 연결하라.

(13) 부하저항 R_L이 있어 부하가 있는 경우로 입력전류 I_S, 제너다이오드 전류 I_Z, 부하전류 I_L, 출력전압 $V_{out}=V_{FL}$을 측정하여 【표 6-3】에 기록한다. 【표 6-2】의 내부저항과 제너전압을 사용하여 계산하여 【표 6-3】의 계산값에 기록하고 측정값과 비교한다.

(14) 부하저항 R_L을 제거하여 부하가 없는 경우로 입력전류 I_S, 제너다이오드 전류 I_Z, 출력전압 $V_{out}=V_{NL}$을 측정하여 【표 6-4】에 기록한다. 【표 6-2】의 내부저항과 제너전압을 사용하여 계산하여 【표 6-4】의 계산 값에 기록하고 측정값과 비교한다. 【표 6-3】의 V_{FL}와 【표 6-4】의 V_{NL}을 이용하여 % 전압 변동률을 계산하고 【표 6-4】에 기록한다.

4 결과 및 결론

이 실험을 통하여 제너다이오드의 역방향 바이어스에 대하여 제너전압에서 전류가 급격히 흐르는 전류전압 특성을 확인할 수 있었다. 또한, 이러한 특성을 이용하여 전압을 일정하게 유지하는 전압안정화회로에 응용할 수 있음을 알 수 있다.

(1) 제너전압 이하에서는 다이오드는 거의 개방 상태, 제너전압 이상에서는 다이오드는 거의 단락 상태로 전류의 급격한 증가, 일정 전압 유지

(2) 입력전압의 변화에 대하여 제너전압 이상을 입력할 때 일정한 출력전압의 유지

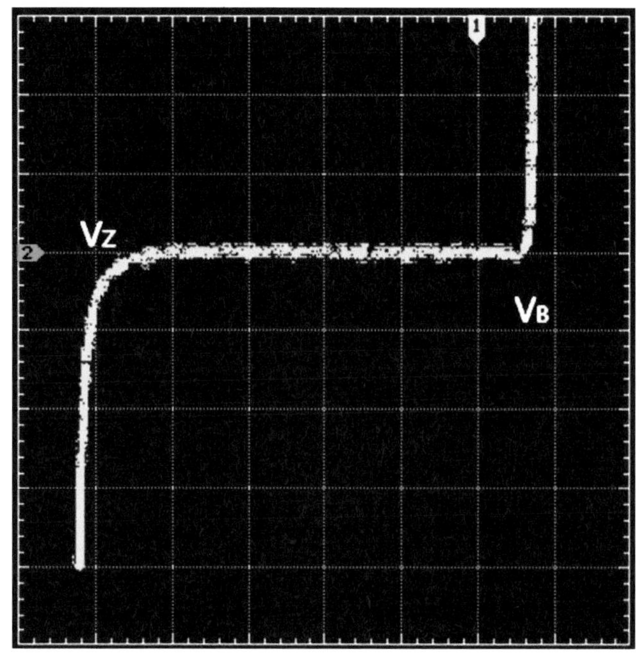

【그림 6-5】 제너다이오드의 전압-전류 특성

5 실험 결과 보고서

학번		이름		실험일시		제출일시	

■ 실험 제목:

■ 실험 회로도

■ 실험 내용

【표 6-1】

$V_{DC}[V]$	V_R	I_Z	V_Z	$V_{DC}[V]$	V_R	I_Z	V_Z
0				8			
1				9			
2				10			
3				11			
4				12			
5				13			
6				14			
7				15			

【표 6-2】

제너다이오드 내부저항 R_Z	
제너전압 V_Z	

【표 6-3】

항목	계산값	측정값	오차(%)
I_S			
I_Z			
I_L			
V_{FL}			

【표 6-4】

항목	계산값	측정값	오차(%)
I_S			
I_Z			
V_{NL}			
%전압변동률			

[그래프]

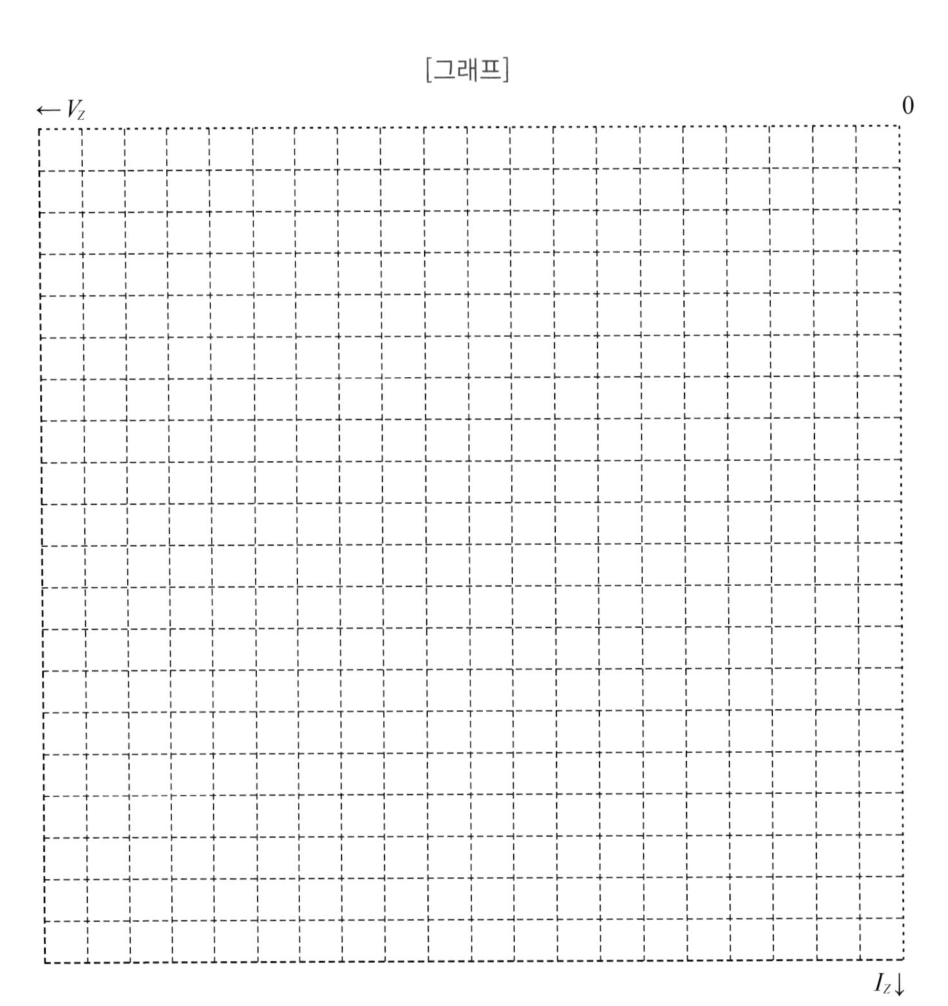

【그림 6-6】 제너다이오드의 전압-전류 특성

03

트랜지스터 회로 실험

실험 07 접합트랜지스터(BJT)의 특성

1 실험 개요

이 실험은 접합트랜지스터(BJT)의 특성을 측정하는 것으로, 트랜지스터의 특성 중 베이스 전류에 따른 컬렉터 전류의 값을 측정하여 전류 이득 β_{DC}를 구하는 데 있다. 전류 이득 β_{DC}는 트랜지스터를 이용한 회로에서 이득 및 전류 전압 등 계산값을 구하는데 사용될 수 있다.

2 관련 이론

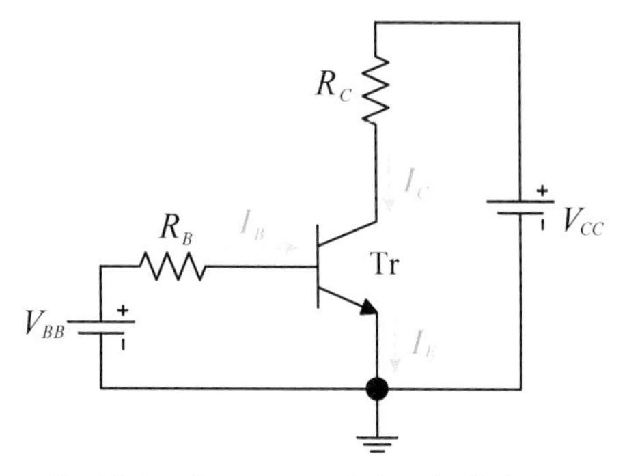

【그림 7-1】 NPN 트랜지스터 바이어스

트랜지스터가 활성 영역에서 적절히 동작하기 위해서는 두 개의 PN 접합이 외부 전압에 의해 올바르게 바이어스가 되어야 한다. NPN과 PNP 타입 모두 전류와 전압의 방향이 반대라는 것을 제외하고 베이스-이미터 간 접합은 순방향 바이어스를 걸고, 베이스-컬렉터간 접합은 역방향 바이어스를 걸어 주어야 한다.

이미터 전류 I_E는 베이스 전류 I_B와 컬렉터 전류 I_C의 합이다.

- $I_E = I_C + I_B$

  직류 전류 이득 β_{DC}는 베이스 전류 I_B에 대한 컬렉터 전류 I_C의 비이다.
- $\beta_{DC} = I_C / I_B$

  α_{DC}는 컬렉터 전류 I_C와 이미터 전류 I_E의 비이다.
- $\alpha_{DC} = I_C / I_E = \beta_{DC} / (\beta_{DC} + 1)$

3 실험

[실험 부품 및 재료]

번호	부품명	규격	단위	수량	비고(대체)
1	저항	100[Ω], 1/4W	개	1	
2	저항	10[$k\Omega$], 1/4W	개	1	
3	트랜지스터	2N3904	개	1	2N4401
4	점퍼선	ϕ 0.5mm	30cm	2	브레드보드용

[실험 장비]

번호	장비명	규격	단위	수량	비고(대체)
1	전원공급기	DC 가변 0~15[V] 2채널	대	1	
2	디지털 멀티미터(DMM)	저항, 전압, 전류 측정	대	1	VOM

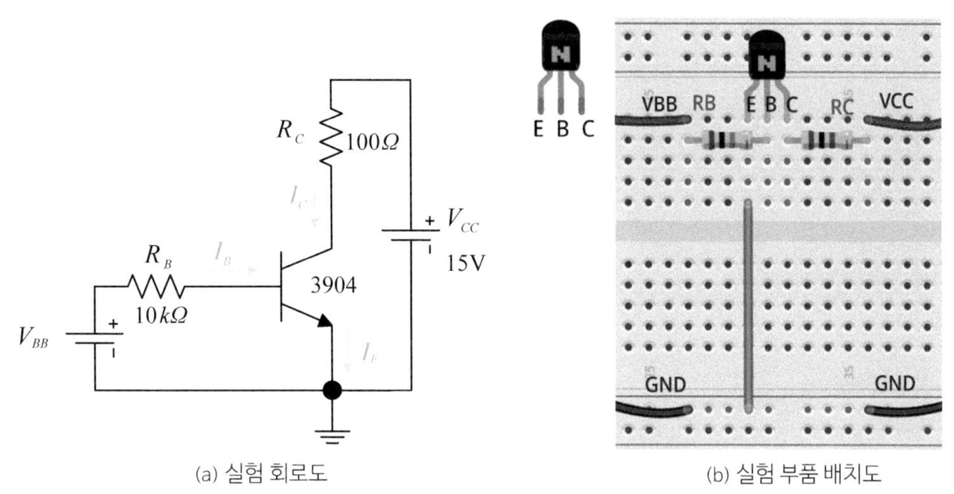

(a) 실험 회로도 (b) 실험 부품 배치도

【그림 7-2】 트랜지스터의 특성 실험 회로

(1) R_B와 R_C에 사용할 저항을 측정하여 【표 7-1】에 기록한다.

(2) 【그림 7-2(a)】의 회로를 브레드보드에 구성한다.

(3) DC 전원공급기 전압을 $0V$로 하고 V_{BB}에 연결한다. V_{CC}에 DC 전원공급기를 연결하고 전압을 $15V$로 조정한다.

(4) R_B 양단에 걸리는 전압 V_{RB}값이 【표 7-2】(0.5V, 1V, 1.5V)와 같이 되도록 V_{BB} 전원공급기를 천천히 증가시키고, 각각의 값에 대하여 R_C저항 양단에 걸리는 전압 V_{RC} 값을 측정하여 【표 7-2】에 기록한다. 【표 7-1】의 R_B와 R_C 값을 이용하여 전류 $I_B=V_{RB}/R_B$, 전류 $I_C=V_{RC}/R_C$를 계산하여 【표 7-2】에 기록한다.

(5) 【표 7-2】의 I_B와 I_C를 이용하여 β_{DC}를 계산하여 【표 7-2】에 기록한다.

4 결과 및 결론

이 실험을 통하여 트랜지스터의 전류와 직류전류 이득 특성 β_{DC} 알 수 있다.

(1) I_B의 증가에 따라 I_C 값이 일정 비율로 증가함을 알 수 있다.

(2) 트랜지스터 2N3904의 β_{DC} 값은 약 180~220 정도임을 확인할 수 있다.

(3) β_{DC} 값을 이용하여 트랜지스터의 바이어스 회로를 계산하는 데 사용할 수 있다.

5 실험 결과 보고서

학번		이름		실험일시		제출일시	

■ 실험 제목:

■ 실험 회로도

■ 실험 내용

【표 7-1】

저항	표시값	측정값
R_B	10[$k\Omega$]	
R_C	100[Ω]	

【표 7-2】

V_{RB}(측정값)	I_B(계산값)	V_{RC}(측정값)	I_C(계산값)	β_{DC}(계산값)
0.5V				
1.0V				
1.5V				

실험 08 BJT의 베이스 바이어스

1 실험 개요

이 실험의 목적은 고정 바이어스된 트랜지스터(BJT) 회로에서 전압과 전류를 구하여 직류부하선(DC Load-Line)을 구하고 동작점을 알아보기 위한 것이다. 일반적으로 베이스 고정 바이어스 회로는 간단한 구조를 갖고 있지만, 트랜지스터의 동작점 Q가 불안정하며, Q점은 트랜지스터의 전류 이득에 β와 온도의 영향을 받는다.

2 관련 이론

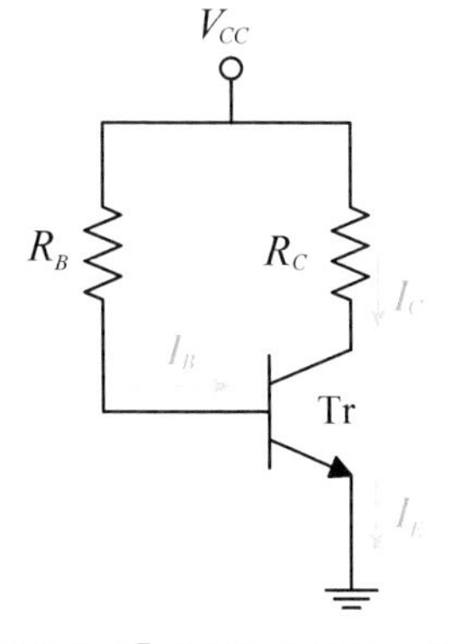

【그림 8-1】 고정 바이어스 회로

트랜지스터가 원하는 동작을 하기 위해서는 바이어스가 적절히 되어야 한다. 소신호 증폭기로 선형 동작을 위해서는 직류부하선 중앙이 적당하며, 효율을 고려하는 전력

증폭기인 경우는 비선형 특성을 갖더라도 효율을 높이기 위하여 차단 영역 근처 또는 부하선 밖의 영역에 동작점을 가지도록 바이어스 회로를 구성해야 한다.

직류부하선은 인가되는 컬렉터 전압과 컬렉터 저항에 의해서 결정되며, 동작점 Q는 컬렉터 전류I_C와 컬렉터-이미터 간 전압 V_{CE}에 의해 결정된다. 【그림 8-1】의 회로에 대한 직류부하선과 동작점을 구하는 식은 다음과 같다.

직류부하선을 구하기 위하여 트랜지스터에 의해 컬렉터 전류 I_c가 0으로 차단될 때 $V_{CE(off)}$ 전압과 트랜지스터의 컬렉터 전류가 최대로 포화될 때 컬렉터 전류값 $I_{C(sat)}$을 구하여 V-I 그래프에 $V_{CE(off)}$와 $I_{C(sat)}$을 표시하고 두 점을 연결하는 직선을 그리면 이 직선이 부하선이 된다.

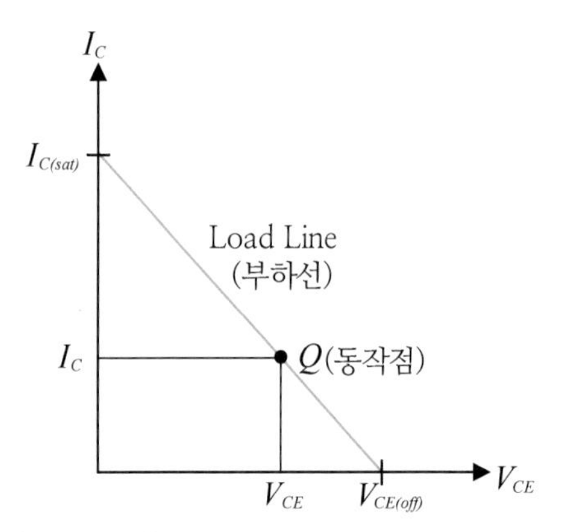

【그림 8-2】 트랜지스터의 부하선과 동작점

- 직류부하선

$V_{CE(off)} = V_{CC}$(차단)

$I_{C(sat)} \simeq \frac{V_{CC}}{R_C}$(포화)

- Q점의 베이스 전압

$V_B = V_{CC} - I_B R_B$

$V_{BE} = V_B - V_E = V_B$

- Q점의 베이스 전류

$$I_B = \frac{V_{CC} - V_{BE}}{R_B}$$

- 컬렉터 전류

$$I_C = \frac{V_{RC}}{R_C} = \beta I_B$$

- 컬렉터-이미터 전압

$$V_{CE} = V_{CC} - I_C R_C$$

3 실험

[실험 부품 및 재료]

번호	부 품 명	규 격	단위	수량	비고(대체)
1	저항	1.2[$k\Omega$], 1/4W	개	1	
2	저항	560[$k\Omega$], 1/4W	개	1	
3	트랜지스터	2N3904	개	1	2N4401
4	점퍼선	ϕ 0.5mm	30cm	2	브레드보드용

[실험 장비]

번호	장 비 명	규 격	단위	수량	비고(대체)
1	전원공급기	DC 가변 0~30[V]	대	1	
2	디지털 멀티미터(DMM)	저항, 전압, 전류 측정	대	1	VOM

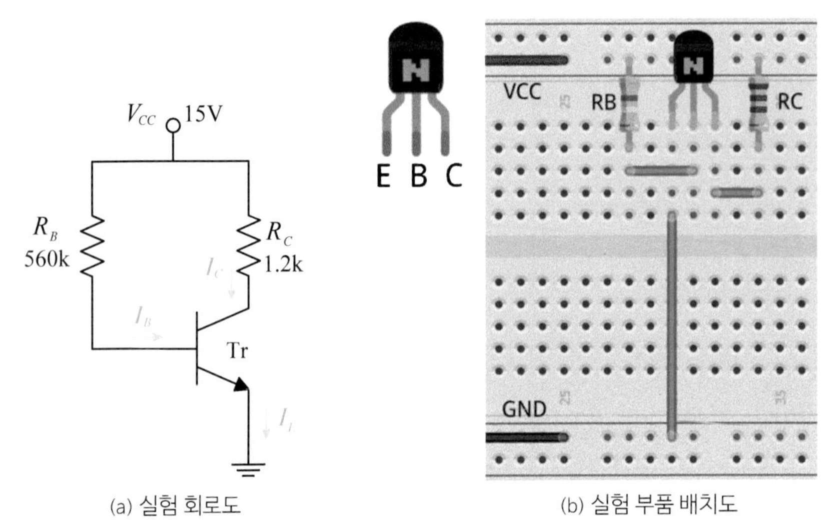

(a) 실험 회로도 (b) 실험 부품 배치도

【그림 8-3】 고정 바이어스 실험 회로

〈β값 구하기〉

(1) R_B와 R_C에 사용할 저항을 측정하여 【표 8-1】에 기록한다.

(2) 【그림 8-3(a)】의 회로를 브레드보드에 구성한다.

(3) V_{CC}에 DC 전원공급기를 연결하고 전압을 15V로 조정한다.

(4) 베이스-이미터 전압 V_{BE}와 저항 R_C에 걸리는 전압 V_{RC}를 측정하여 【표 8-2】에 기록한다.

(5) 측정한 R_B와 R_C, V_{BE}와 V_{RC}를 이용하여 I_B와 I_C, β를 계산하여 【표 8-2】에 기록한다. 여기서 구한 β 값은 이 실험 끝까지 트랜지스터 2N3904의 β 값으로 사용한다.

〈부하선 구하기〉

(6) $V_{CE(off)}$와 $I_{C(sat)}$를 계산하여 【표 8-3】에 기록한다.

(7) $V_{CE(off)}$와 $I_{C(sat)}$ 두 값을 【그림 8-4】의 그래프에 표시하고 두 점을 연결하는 직선을 그린다. (직류부하선)

〈동작점 구하기〉

(8) 컬렉터-이미터 전압 V_{CE}를 측정하여 【표 8-3】에 기록한다.

(9) I_C와 V_{CE} 값을 【그림 8-4】의 그래프에 표시하여 동작점을 구하고, 동작점이 부하선 위에 표시되는가를 확인한다.

4 결과 및 결론

이 실험을 통하여 트랜지스터(BJT)의 직류전류 이득과 고정 바이어스 회로에 의한 부하선, 동작점에 대하여 알 수 있다.

(1) 트랜지스터의 직류전류 이득을 구하는 방법을 알 수 있다. (2N3904의 β_{DC}는 약 200)

(2) 부하선을 구하는 방법을 알 수 있다.

(3) 동작점은 부하선 위에 위치하며, 베이스 전류에 따라 부하선 위에서 움직인다는 것을 알 수 있다.

5 실험 결과 보고서

학번		이름		실험일시		제출일시	

■ 실험 제목:

■ 실험 회로도

■ 실험 내용

【표 8-1】

저항	표시값	측정값
R_B	560[$k\Omega$]	
R_C	1.2[$k\Omega$]	

【표 8-2】

V_{BE}(측정값)	V_{RC}(측정값)	I_B(계산값)	I_C(계산값)	β_{DC}(계산값)

【표 8-3】

$V_{CE(off)}$(계산값)	$I_{C(sat)}$(계산값)	V_{CE}(측정값)

【그래프】

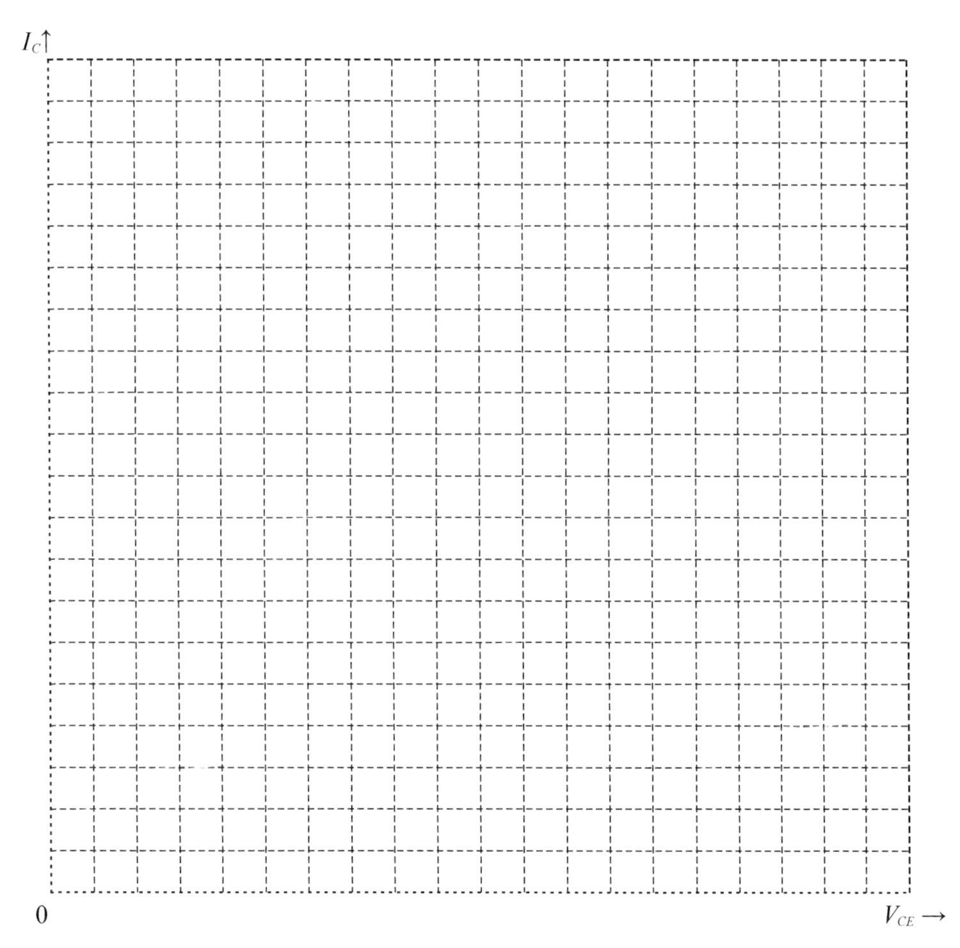

【그림 8-4】 고정 바이어스의 부하선과 동작점

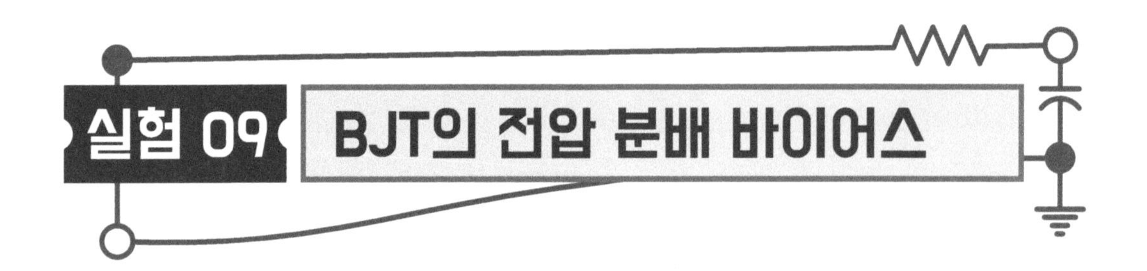

1 실험 개요

이 실험의 목적은 트랜지스터(BJT)의 전압 분배 바이어스 회로에 대하여 직류 부하선(DC Load-line)을 그리고, 전압과 전류를 구하여 동작점을 구하는 것이다. 이 전압 분배 바이어스 회로는 베이스에 연결된 두 개의 저항에 전압이 분배되고 베이스로 흐르는 전류도 나누어 흐르고, 이미터에 연결된 저항이 자기 바이어스 역할을 하기 때문에 온도나 전류 증폭률(β)의 변화에 안정적으로 동작하여 많이 사용된다.

2 관련 이론

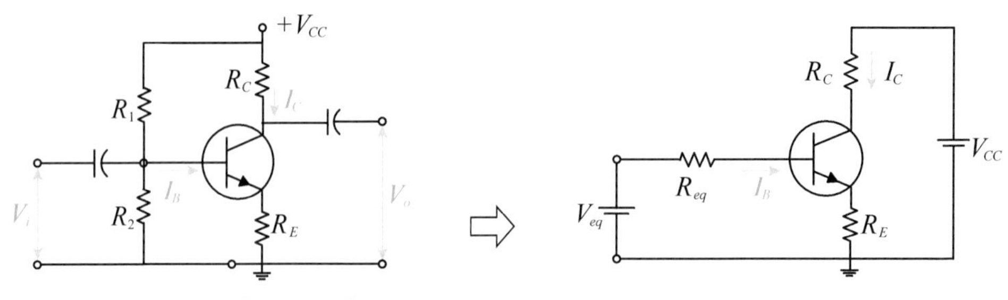

【그림 9-1】 전압 분배 바이어스 회로와 등가회로

전압 분배 바이어스 회로의 베이스 전류가 저항 R_2를 통하여 흐르는 전류보다 훨씬 적을 경우 이 바이어스 회로는 R_1과 R_2가 직렬인 형태로 볼 수 있을 것이다. 그러나 베이스 전류가 저항 R_2를 통하여 흐르는 전류와 비교할 때 무시할 수 없는 정도라면 베이스 단자에서 바라본 입력저항(R_{IN_BASE})은 R_2 저항과 병렬로 보아야 한다.

- 등가회로의 등가전압과 등가저항

$$V_{eq}=\left(\frac{R_2}{R_1+R_2}\right)V_{CC}$$

$$R_{eq}=R_1 \parallel R_2=\frac{R_1R_2}{R_1+R_2}$$

- 직류부하선

$$V_{CE(off)}=V_{CC}(\text{차단})$$

$$I_{C(sat)} \simeq \frac{V_{CC}}{R_C+R_E}(\text{포화})$$

- 베이스 전압(단 $\beta_{DC}R_E \gg R_2$인 경우)

$$V_B \simeq V_{eq}$$

- 이미터 전압

$$V_E=V_B-V_{BE}$$

- 컬렉터 전류($I_C \gg I_B$로 β_{DC}가 클 경우)

$$I_C \simeq I_E=\frac{V_E}{R_E}$$

- 컬렉터 전압

$$V_C=V_{CC}-I_CR_C$$

- 컬렉터-이미터 전압

$$V_{CE}=V_C-V_E=V_{CC}-I_CR_C-I_ER_E \simeq V_{CC}-I_C(R_C+R_E)$$

3 실험

[실험 부품 및 재료]

번호	부품명	규격	단위	수량	비고(대체)
1	저항	510[Ω], 1/4W	개	1	
2	저항	860[Ω], 1/4W	개	1	
3	저항	3[kΩ], 1/4W	개	1	
4	저항	10[kΩ], 1/4W	개	1	
5	트랜지스터	2N3904	개	1	2N4401

[실험 장비]

번호	장비명	규격	단위	수량	비고(대체)
1	전원공급기	DC 가변 0~30[V]	대	1	
2	디지털 멀티미터(DMM)	저항, 전압, 전류 측정	대	1	VOM

〈부하선 그리기〉

(1) 【그림 9-2】의 R_1, R_2, R_C, R_E에 사용될 저항을 측정하여 【표 9-1】에 기록한다.

(2) 【표 9-1】의 저항값과 식을 사용하여 $V_{CE(off)}$와 $I_{C(sat)}$를 계산하고 【표 9-3】에 기록한다.

(3) $V_{CE(off)}$와 $I_{C(sat)}$ 두 값을 【그림 9-3】의 그래프에 표시하고 두 점을 연결하는 직선을 그린다. (직류부하선)

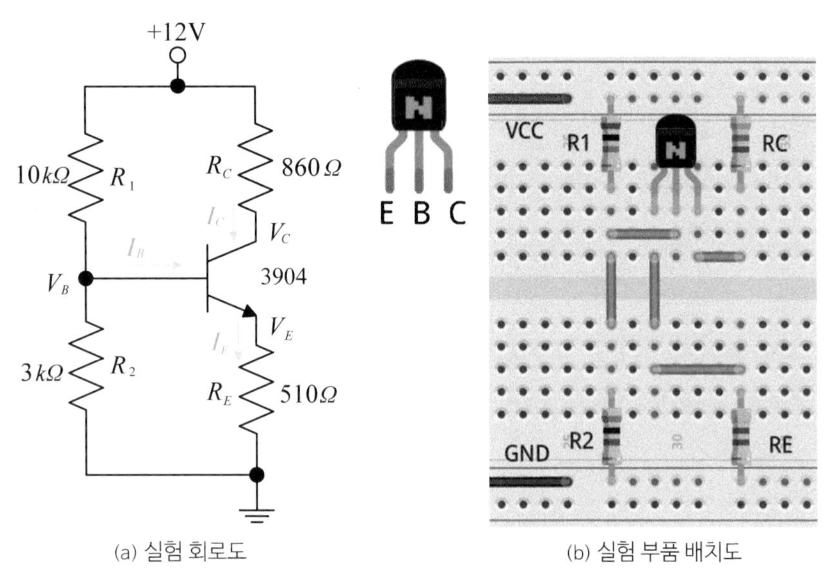

(a) 실험 회로도 (b) 실험 부품 배치도

【그림 9-2】 전압 분배 바이어스 실험회로

〈동작점 구하기〉

(4) 【그림 9-2(a)】의 회로에 대하여 V_{BE}=0.7V로 가정하고 【표 9-1】의 저항값을 사용하여 V_B, V_E, I_C, V_C, V_{CE}를 계산하여 【표 9-3】에 기록한다.

(5) 【그림 9-2(a)】의 회로를 브레드보드에 구성한다.

(6) DC 전원공급기를 연결하고 전압을 12V로 조정한다.

(7) V_B, V_E, V_C, V_{CE}를 측정하여 【표 9-3】에 기록한다.

(8) 식 $I_C \simeq \frac{V_E}{R_E}$와 측정된 V_E를 이용하여를 계산하고, 【표 9-3】의 I_C의 측정값에 기록한다.

(9) I_C와 V_{CE} 값을 【그림 9-3】의 그래프의 부하선 위에 동작점을 표시하고, 계산값과 측정값의 차이를 비교한다.

4 결과 및 결론

이 실험을 통하여 전압 분배 바이어스 회로에서의 전압과 전류를 측정하고, 고정 바이어스에 비하여 직류전류이득의 변화와 온도 변화에 대하여 직류부하선상의 동작점 Q의 안정도가 높다는 사실을 알 수 있다.

일반적으로 전압 분배 바이어스 회로는 선형 트랜지스터 회로에서 가장 널리 이용되는 회로로서 간단히 구성할 수 있다는 장점과 단일 전원으로 높은 안정도를 얻을 수 있어 실제로 적용하기에 편리하다는 특징을 갖고 있다.

5 실험 결과 보고서

학번		이름		실험일시		제출일시	

■ 실험 제목:

■ 실험 회로도

■ 실험 내용

【표 9-1】

저항	표시값	측정값
R_1	10[$k\Omega$]	
R_2	3[$k\Omega$]	
R_C	860[Ω]	
R_E	510[Ω]	

【표 9-2】

$V_{CE(off)}$(계산값)	$I_{C(sat)}$(계산값)

【표 9-3】

파라미터	V_B	V_E	I_C	V_C	V_{CE}
계산값					
측정값					

【그래프】

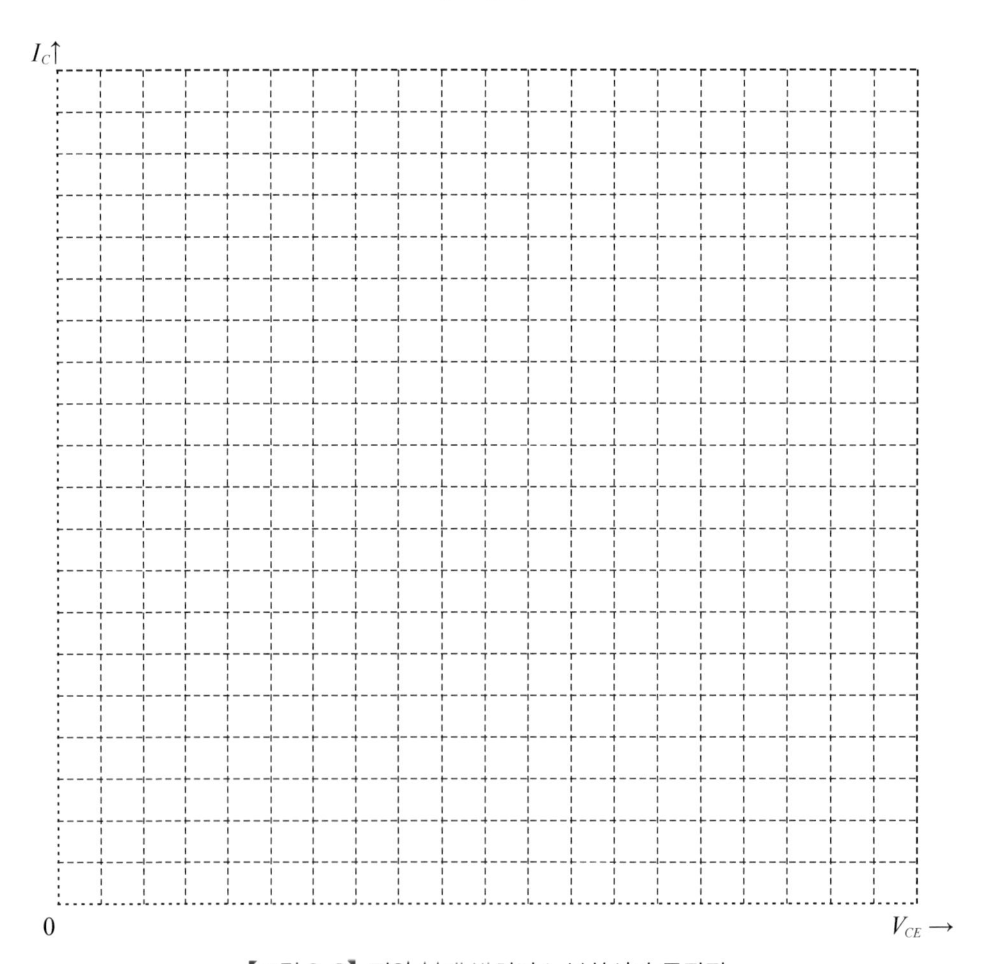

【그림 9-3】 전압 분배 바이어스 부하선과 동작점

실험 10 공통 이미터 증폭기

1 실험 개요

이 실험의 목적은 공통 이미터 증폭기(Common Emitter Amplifier)의 동작 특성을 이해하고, 어떤 파라미터가 증폭기의 전압 이득에 영향을 주는지 확인한다. 공통 이미터 증폭기는 입력신호를 베이스 단자에 인가하고 출력은 컬렉터 단자에서 얻고, 입력과 출력 전압의 위상차는 180°의 위상차를 갖는다.

2 관련 이론

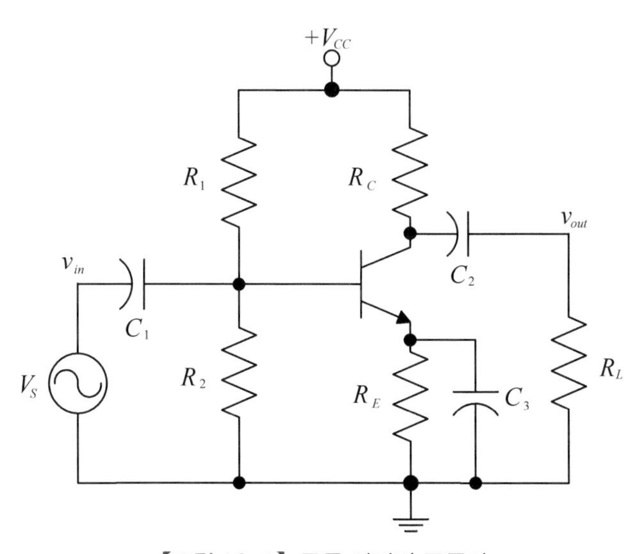

【그림 10-1】 공통 이미터 증폭기

【그림 10-1】은 공통 이미터 증폭기로 신호 입력 단자는 베이스이고 출력 단자는 컬렉터이다.

증폭기의 특성은 전압 이득 및 전류 이득이 높으며, 입력과 출력은 180° 위상차로 위상반전된다. 바이어스 형태는 전압 분배 바이어스이고 C_1, C_2는 입력과 출력의 결합 커패시터이고, C_3는 바이패스 커패시터이다.

(1) 직류에 대한 회로 해석

직류 바이어스 값을 결정하기 위하여 직류 등가회로를 그려 회로를 해석하는데, 직류에 대하여 커패시터들을 모두 개방회로로 대체하여 회로를 다시 그리면, 직류 등가회로에는 트랜지스터와 R_1, R_2, R_C, R_E만 남는다.

- 직류 베이스 전압

$$V_B=\left(\frac{R_2}{R_1+R_2}\right)V_{CC}$$

- 직류 이미터 전압

$$V_E=V_B-V_{BE}$$

- 직류 이미터 전류

$$I_E=\frac{V_E}{R_E}\simeq I_C(\beta_{DC}\text{가 클 경우})$$

- 직류 컬렉터 전압

$$V_C=V_{CC}-I_C R_C$$

(2) 교류 신호에 대한 해석

교류 해석에서 커패시터 C_1, C_2, C_3와 직류전원은 신호주파수에 대해 $X_C=\frac{1}{\omega C}\cong 0$으로 가정한다. 즉 유효 단락(effective short)으로 간주한다.

교류 등가회로를 그리면, 이미터는 접지되고 R_1과 R_2 그리고 R_C과 R_L은 각각 병렬 연결된 것과 같다.

- 트랜지스터의 교류 이미터 저항

$$r_e \simeq \frac{25mV}{I_E}$$

- 부하가 있는 경우 전압 이득

$$A_v \simeq \frac{v_{out}}{v_{in}} = \frac{R_C \parallel R_L}{r_e}$$

- 부하가 없는 경우 전압 이득

$$A_v \simeq \frac{v_{out}}{v_{in}} = \frac{R_C}{r_e}$$

(3) 바이패스 커패시터가 없는 경우의 전압 이득

바이패스 콘덴서 C_3를 제거한 경우의 전압 이득은 C_3가 없으므로 교류신호에 대하여 이미터는 접지가 아니고 R_E에 의한 신호의 부귀환이 존재하여 이득이 감소한다.

- 바이패스 콘덴서가 없는 경우 전압 이득

$$A_v \simeq \frac{v_{out}}{v_{in}} = \frac{R_C \parallel R_L}{R_E + r_e}$$

3 실험

[실험 부품 및 재료]

번호	부품명	규격	단위	수량	비고(대체)
1	저항	300[Ω], 1/4W	개	1	
2	저항	860[Ω], 1/4W	개	1	
3	저항	3[kΩ], 1/4W	개	1	

4	저항	10[$k\Omega$], 1/4W	개	1	
5	콘덴서	15[uF], 16V	개	2	
6	콘덴서	100[uF], 16V	개	1	
7	트랜지스터	2N3904	개	1	2N4401

[실험 장비]

번호	장 비 명	규 격	단위	수량	비고(대체)
1	전원공급기	DC 가변 0~30[V]	대	1	
2	디지털 멀티미터(DMM)	저항, 전압, 전류 측정	대	1	VOM
3	오실로스코프	2채널 이상	대	1	
4	신호발생기	정현파	대	1	함수발생기

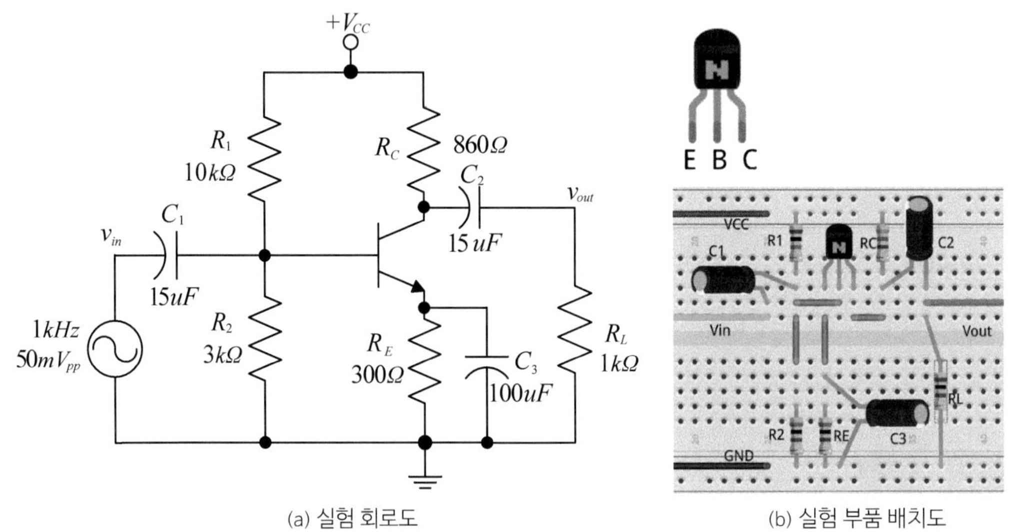

(a) 실험 회로도 (b) 실험 부품 배치도

【그림 10-2】 다이오드의 전류-전압 특성 실험 회로

(1) 【그림 10-2(a)】의 실험 회로도에 R_1, R_2, R_C, R_E, R_L 저항을 측정하여 【표 10-1】에 기록한다.

(2) V_{BE}=0.7V로 가정하고, 【표 10-1】의 측정된 저항값과 식을 이용하여 V_B, V_C, V_E를 계

산하여 【표 10-2】에 기록한다.

(3) 신호발생기는 연결하지 말고 【그림 10-2(a)】의 회로를 브레드보드에 구성한다.

(4) DC 전원공급기 전압을 $15V(V_{CC})$로 설정하고 회로에 연결한다.

(5) V_B, V_C, V_E를 측정하여 【표 10-2】에 기록한다.

(6) 【표 10-2】의 측정한 이미터 전압과 식을 이용하여 이미터 전류 I_E와 교류 이미터 저항 r_e를 계산하여 【표 10-3】에 기록한다.

(7) 【표 10-1】의 측정한 저항값과 【표 10-3】의 교류 이미터 저항 r_e 값을 가지고 식을 이용하여 3가지 경우의 전압 이득을 계산하여 【표 10-4】의 A_v(계산값)에 기록한다.

(8) 신호발생기를 $1kHz$, $50mV_{p-p}$로 설정하고 회로에 연결한다. (필요한 경우 입력신호의 크기를 조절한다.)

(9) 오실로스코프를 다음과 같이 설정한다.

$CH_1(X)$ Volts/Division(Scale): 20*mV/Division*, AC coupling

$CH_2(Y)$ Volts/Division(Scale): 1*V/Division*, AC coupling

Time/Division(Scale): 250*us/Division*

(10) 오실로스코프의 채널 1을 v_{in}에 연결하고 채널 2를 v_{out}에 연결한다.

(11) 【그림 10-6】의 오실로스코프 화면 그림에 측정된 파형을 그리고, 오실로스코프에 설정된 전압과 시간 스케일(*volt/div, time/div*)을 기록하고, 파형의 주파수와 전압(V_{p-p})를 계산하여 기록한다.

(12) 측정된 파형의 v_{in}과 v_{out}의 전압(V_{p-p})을 【표 10-4】의 부하가 있는 경우에 기록한다.

(13) 【그림 10-2(a)】의 회로에서 R_L을 제거하고 오실로스코프로 입력과 출력을 측정한다.

(14) 【그림 10-7】의 오실로스코프 화면 그림에 측정된 파형을 그리고, 오실로스코프에 설정된 전압과 시간 스케일(*volt/div, time/div*)을 기록하고, 파형의 주파수와 전압(V_{p-p})를 계산하여 기록한다.

(15) 측정된 파형의 v_{in}과 v_{out}의 전압(V_{p-p})을 【표 10-4】의 부하가 없는 경우에 기록한다.

(16) 【그림 10-2(a)】의 회로에서 R_L을 다시 연결하고 바이패스 콘덴서 C_3를 제거하고 오실로스코프로 입력과 출력을 측정한다. 이득이 작아 파형 측정이 잘 안 되는 경우

채널 2의 스케일을 조정한다.

($CH_2(Y)$ *Volts/Division*(Scale): 50*mV/Division*, AC coupling)

(17) 【그림 10-8】의 오실로스코프 화면 그림에 측정된 파형을 그리고, 오실로스코프에 설정된 전압과 시간 스케일(*volt/div*, *time/div*)을 기록하고, 파형의 주파수와 전압(V_{p-p})를 계산하여 기록한다.

(18) 측정된 파형의 v_{in}과 v_{out}의 전압(V_{p-p})을 【표 10-4】의 바이패스 콘덴서가 없는 경우에 기록한다.

(19) 【표 10-4】의 v_{in}과 v_{out}을 이용하여 3가지 경우의 전압 이득을 계산하여 A_v(측정값)에 기록한다.

4 결과 및 결론

이 실험을 통하여 소신호 공통 이미터 증폭기의 동작과 특성을 실험을 통하여 알 수 있다. 이미터 바이패스 콘덴서와 부하저항이 증폭기에 어떻게 영향을 미치는지 알 수 있었다.

(1) 증폭기는 베이스에 입력이 연결되고 출력은 컬렉터에 연결되며, 입력과 출력의 위상차는 180°의 위상차를 갖는다.

(2) 이미터 바이패스 콘덴서에 의하여 교류에 대하여 이미터가 접지되어 이득이 증가한다.

(3) 부하저항이 공통 이미터 증폭기의 전압 이득을 감소시킨다.

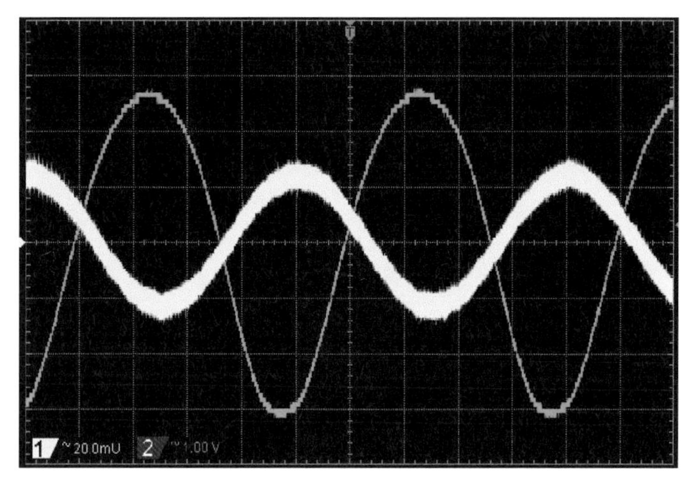

【그림 10-3】 부하가 있는 경우 증폭기의 v_{in}과 v_{out} 파형

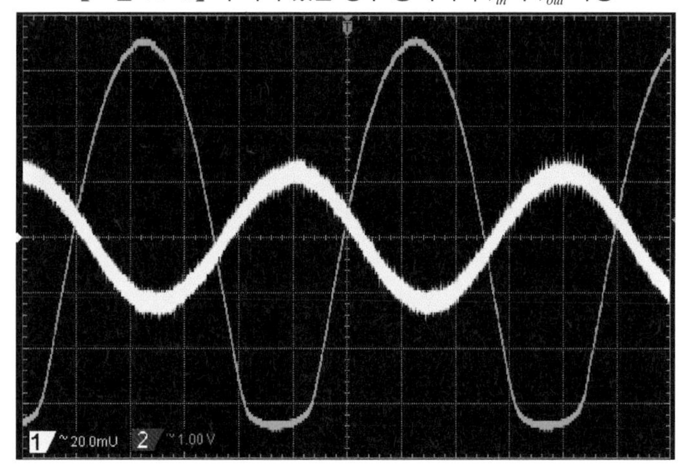

【그림 10-4】 부하가 없는 경우 증폭기의 v_{in}과 v_{out} 파형

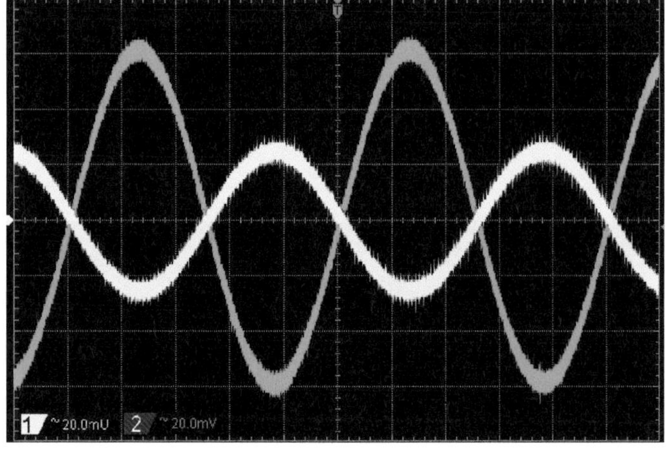

【그림 10-5】 바이패스 콘덴서를 제거한 경우 증폭기의 v_{in}과 v_{out} 파형

5 실험 결과 보고서

학번		이름		실험일시		제출일시	

■ 실험 제목:

■ 실험 회로도

■ 실험 내용

【표 10-1】

저항	표시값	측정값
R_1	10[$k\Omega$]	
R_2	3[$k\Omega$]	
R_C	860[Ω]	
R_E	300[Ω]	
R_L	1[$k\Omega$]	

【표 10-2】

파라미터	V_B	V_C	V_E
계산값			
측정값			

【표 10-3】

I_E(계산값)	r_e(계산값)

【표 10-4】

파라미터	A_v(계산값)	$v_{in}[V_{p-p}]$	$v_{out}[V_{p-p}]$	A_v(측정값)
부하(R_L)가 있는 경우				
부하(R_L)가 없는 경우				
바이패스 콘덴서(C_3)가 없는 경우				

⟨CH_1⟩ v_{in}
Time/div : ______________ [ ]
Volt/div : ______________ [ ]
주 파 수 : ______________ [ ]
전압(P – P) : ______________ [ ]

⟨CH_2⟩ v_{out}
Time/div : ______________ [ ]
Volt/div : ______________ [ ]
주 파 수 : ______________ [ ]
전압(P – P) : ______________ [ ]

【그림 10-6】 부하가 있는 경우 v_{in}과 v_{out}의 파형

$\langle CH_1 \rangle$ v_{in}
$Time/div$: ______________________ [ ]
$Volt/div$: ______________________ [ ]
주 파 수 : ______________________ [ ]
전압$(P-P)$: ______________________ [ ]

$\langle CH_2 \rangle$ v_{out}
$Time/div$: ______________________ [ ]
$Volt/div$: ______________________ [ ]
주 파 수 : ______________________ [ ]
전압$(P-P)$: ______________________ [ ]

【그림 10-7】 부하가 없는 경우 v_{in}과 v_{out}의 파형

$\langle CH_1 \rangle$ v_{in}
$Time/div$: ______________________ [ ]
$Volt/div$: ______________________ [ ]
주 파 수 : ______________________ [ ]
전압$(P-P)$: ______________________ [ ]

$\langle CH_2 \rangle$ v_{out}
$Time/div$: ______________________ [ ]
$Volt/div$: ______________________ [ ]
주 파 수 : ______________________ [ ]
전압$(P-P)$: ______________________ [ ]

【그림 10-8】 바이패스 콘덴서가 없는 경우 v_{in}과 v_{out}의 파형

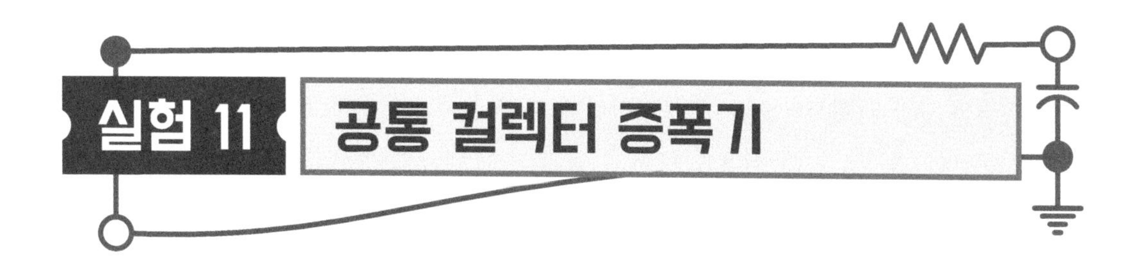

실험 11 공통 컬렉터 증폭기

1 실험 개요

이 실험의 목적은 이미터 폴로워(Emitter Follower)라 불리는 공통 컬렉터 증폭기(Common Collector Amplifier)의 동작 특성을 이해하기 위한 것이다. 소신호 공통 컬렉터 증폭기의 전압 이득에 영향을 주는 파라미터가 무엇인지 확인하고, 증폭기의 입력신호를 베이스 단자에 인가하고 출력을 이미터에서 얻으며, 출력신호 레벨은 입력신호보다 크지 않아 전압 이득은 1에 가깝고 위상은 동상이 되며 전류는 증폭되는 것을 알 수 있다. 결과적으로 출력은 입력에 따라 결정되는 '이미터 폴로워' 특성을 갖게 된다.

2 관련 이론

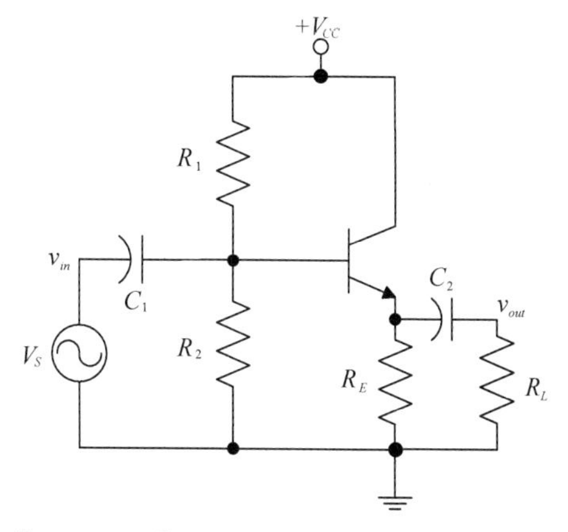

【그림 11-1】 공통 컬렉터 증폭기(이미터 폴로워)

【그림 11-1】은 입력은 결합 커패시터를 통해 베이스 단자에 인가되고 출력은 이미터에 연결된 결합 커패시터를 통해 부하저항에 출력되는 전압 분배 바이어스를 사용한 이미터 폴로워 증폭기를 나타낸다.

공통 컬렉터 증폭기의 특성은 입력임피던스가 다른 BJT 트랜지스터 증폭기 보다 훨씬 크고, 전압이득은 1에 가까우며, 전류이득이 매우 크다. 입력과 출력의 위상차는 0°로 동상이 된다.

(1) 직류에 대한 회로 해석

직류 바이어스 값을 결정하기 위하여 직류 등가회로를 그려 회로를 해석하는데, 커패시터들은 모두 개방회로로 대치하고 회로를 다시 그리면 트랜지스터와 R_1, R_2, R_E만 남는다.

- 직류 베이스 전압

$$V_B \simeq \left(\frac{R_2}{R_1+R_2}\right)V_{CC}$$

- 직류 베이스 전류

$$I_B \simeq \frac{V_{CC}-V_B}{R_1} - \frac{V_B}{R_2}$$

- 직류 이미터 전압

$$V_E = V_B - V_{BE}$$

- 직류 이미터 전류

$$I_E = \frac{V_E}{R_E} \simeq I_C$$

- 직류 전류 이득

$$\beta \simeq \frac{I_C}{I_B}$$

(2) 교류 신호에 대한 해석

교류 해석에서 커패시터 C_1, C_2와 직류전원은 신호 주파수에 대하여 $X_C=\frac{1}{\omega C}\simeq 0$으로 가정한다. 즉 유효 단락(effective short)으로 간주한다.

교류등가회로를 그리면 컬렉터는 접지되고, R_1과 R_2 그리고 R_E과 R_L은 각각 병렬연결된 것과 같다.

- 트랜지스터의 교류 이미터 저항

$$r_e \simeq \frac{25mV}{I_E}$$

- 전압 이득

$$A_v \simeq \frac{v_{out}}{v_{in}} = \frac{R_E \parallel R_L}{(R_E \parallel R_L)+r_e}$$

- 전류 이득

$$A_i \simeq \frac{i_o}{i_i} = \frac{\beta(R_1 \parallel R_2)}{(R_1 \parallel R_2)+\beta R_E}$$

- 입력 임피던스

$$Z_i=\beta(R_E \parallel R_L+r_e) \parallel (R_1 \parallel R_2)$$

3 실험

[실험 부품 및 재료]

번호	부 품 명	규 격	단위	수량	비고(대체)
1	저항	1[$k\Omega$], 1/4W	개	2	
2	저항	15[$k\Omega$], 1/4W	개	1	
3	저항	27[$k\Omega$], 1/4W	개	1	
4	콘덴서	22[uF], 16V	개	2	
5	트랜지스터	2N3904	개	1	2N4401

[실험 장비]

번호	장 비 명	규 격	단위	수량	비고(대체)
1	전원공급기	DC 가변 0~30[V]	대	1	
2	디지털 멀티미터(DMM)	저항, 전압, 전류 측정	대	1	VOM
3	오실로스코프	2채널 이상	대	1	
4	신호발생기	정현파	대	1	함수발생기

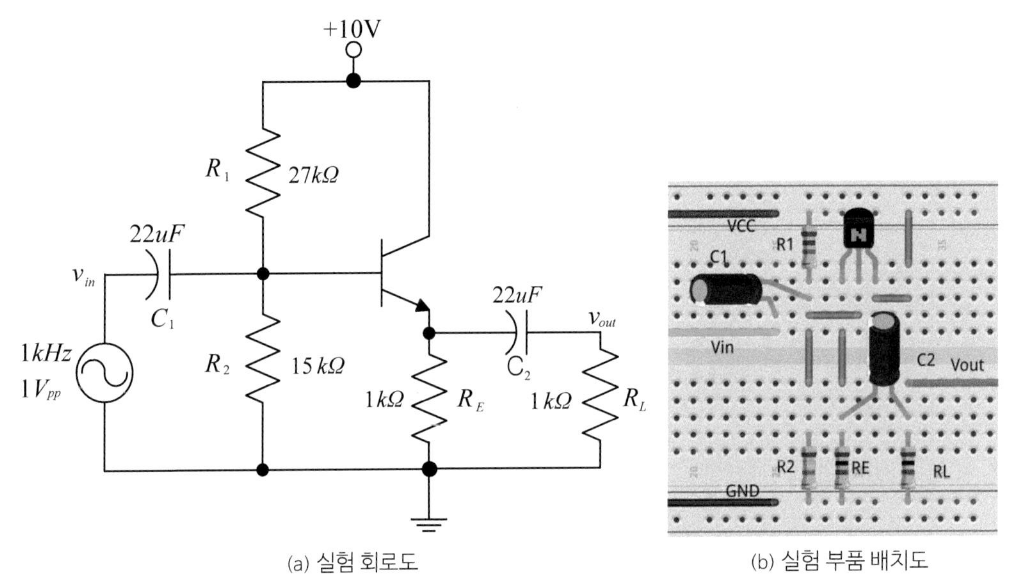

(a) 실험 회로도 (b) 실험 부품 배치도

【그림 11-2】 공통 컬렉터 증폭기 특성 실험 회로

(1) 【그림 11-2(a)】의 회로 실험에 사용될 R_1, R_2, R_E, R_L 저항을 측정하여 【표 11-1】에 기록한다.

(2) V_{BE}=0.7V로 가정하고, 【표 11-1】의 측정된 저항값과 식을 이용하여 V_B, I_B, V_E, I_C를 계산하여 【표 11-2】의 계산값에 기록한다.

(3) 신호발생기는 연결하지 않고 【그림 11-2(a)】의 회로를 브레드보드에 구성한다.

(4) DC 전원공급기 전압을 10V(V_{CC})로 설정하고 회로에 연결한다.

(5) V_B, V_E를 측정하여 【표 11-2】의 측정값에 기록한다.

(6) 【표 11-2】의 측정한 V_B, V_E 전압과 식을 이용하여 I_B, I_E, I_C를 계산하여 【표 11-2】의 측정값에 기록한다.

(7) 측정값 전류 I_E를 사용하여 교류 이미터 저항 r_e를 계산하여 【표 11-3】에 기록한다.

(8) 【표 11-1】의 측정한 저항값과 【표 11-2】의 직류 전류이득 β, 【표 11-3】의 교류 이미터 저항 r_e 값을 가지고 식을 이용하여 전압 이득과 전류 이득을 계산하여 【표 11-4】의 A_v, A_i의 계산값에 기록한다.

(9) 신호발생기를 $1kHz$, $1V_{p-p}$로 설정하고 회로에 연결한다. (필요한 경우 입력 신호의 크기를 조절한다.)

(10) 오실로스코프를 다음과 같이 설정한다.

$CH_1(X)$ *Volts/Division*(Scale): 500*mV/Division*, AC coupling

$CH_2(Y)$ *Volts/Division*(Scale): 500*mV/Division*, AC coupling

Time/Division(Scale): 250*us/Division*

(11) 오실로스코프의 채널 1을 v_{in}에 연결하고 채널 2를 v_{out}에 연결한다.

(12) 측정된 파형의 v_{in}과 v_{out}의 전압(V_{p-p})을 【표 11-4】의 측정값에 기록하고, 이 값을 이용하여 A_v를 계산하고 측정값에 기록한다.

(13) 【그림 11-4】에 측정된 파형을 그리고, 오실로스코프에 설정된 전압과 시간 스케일(*volt/div*, *time/div*)을 기록하고, 파형의 주파수와 전압(V_{p-p})를 계산하여 기록한다.

4 결과 및 결론

이 실험을 통하여 위상편이가 없는 소신호 공통 컬렉터 증폭기(이미터 폴로워)의 동작 특성을 실험을 통하여 살펴보았으며, 또한 입력신호는 트랜지스터의 베이스 단자에 가해지는 반면 출력신호는 이미터 단자에서 얻는다는 사실을 알 수 있었다. 출력신호는 베이스-이미터 사이의 전압 강하로 인하여 전압 이득은 거의 1에 가까운 값으로, 이미터 출력신호가 베이스의 입력신호를 따라가는 형태로 이를 이미터 폴로워라 한다. 이미터 폴로워는 높은 입력 임피던스와 낮은 출력 임피던스로 임피던스 매칭을 위해 자주 사용된다.

공통 컬렉터 증폭기는 다음과 같은 특징을 갖고 있다.

- 전압 증폭 이득값이 1보다 작다.
- 높은 전류 이득 증폭을 나타낸다.
- 큰 입력 임피던스와 낮은 출력 임피던스를 갖고 있다.

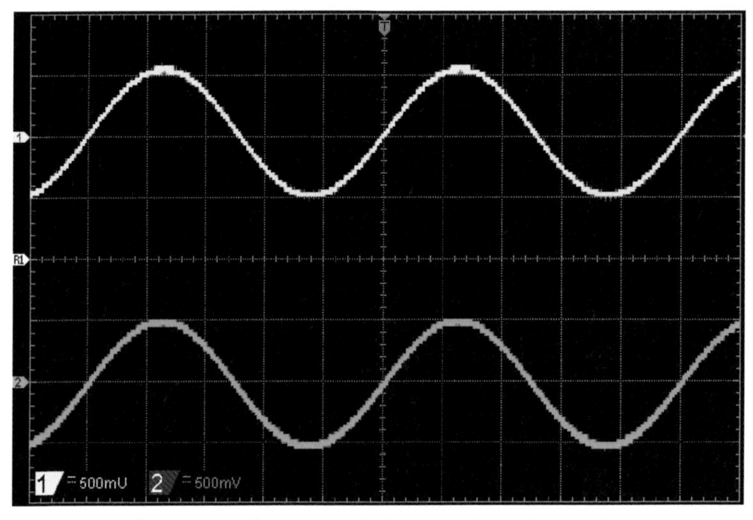

【그림 11-3】 공통 컬렉터 증폭기의 v_{in}과 v_{out} 파형

5 실험 결과 보고서

학번		이름		실험일시		제출일시	

■ 실험 제목:

■ 실험 회로도

■ 실험 내용

【표 11-1】

저항	표시값	측정값
R_1	27[$k\Omega$]	
R_2	15[$k\Omega$]	
R_E	1[$k\Omega$]	
R_L	1[$k\Omega$]	

【표 11-2】

파라미터	V_B	I_B	V_E	I_E	I_C	β
계산값						
측정값						

【표 11-3】

r_e(계산값)

【표 11-4】

파라미터	$v_{in}[V_{p-p}]$	$v_{out}[V_{p-p}]$	A_v	A_i
계산값	╳	╳		
측정값				╳

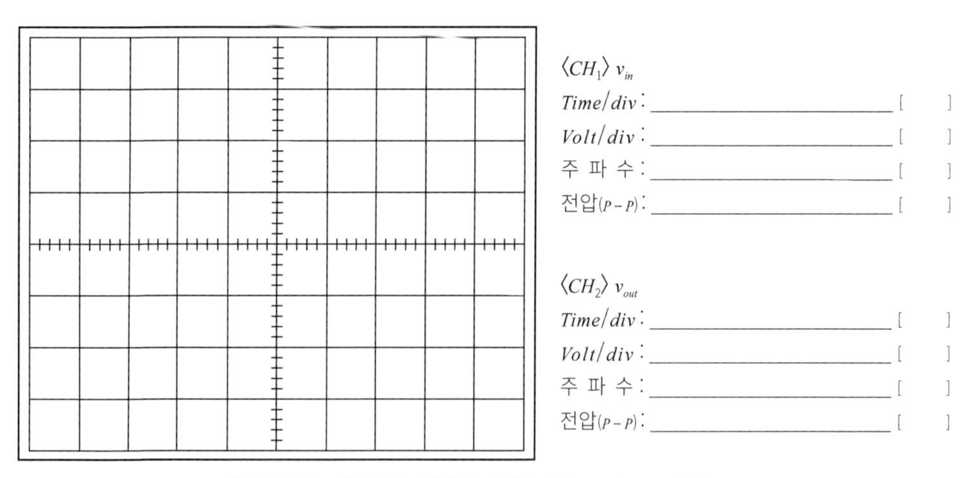

【그림 11-4】 공통 컬렉터 증폭기의 v_{in}과 v_{out} 파형

실험 12 공통 베이스 증폭기

1 실험 개요

이 실험에서는 공통 베이스 증폭기(Common Base Amplifier)의 일반적인 동작 특성을 실험을 통하여 이해하고, 높은 전압 이득에 영향을 미치는 파라미터가 무엇인지 실험을 통하여 확인하고자 한다. 공통 베이스 증폭기는 이미터에 입력을 가하고 컬렉터에서 출력을 얻는 구조로 전류 이득은 거의 없다. 전압 이득은 공통 이미터 증폭기와 유사하나 입력과 출력의 위상은 동상이다.

2 관련 이론

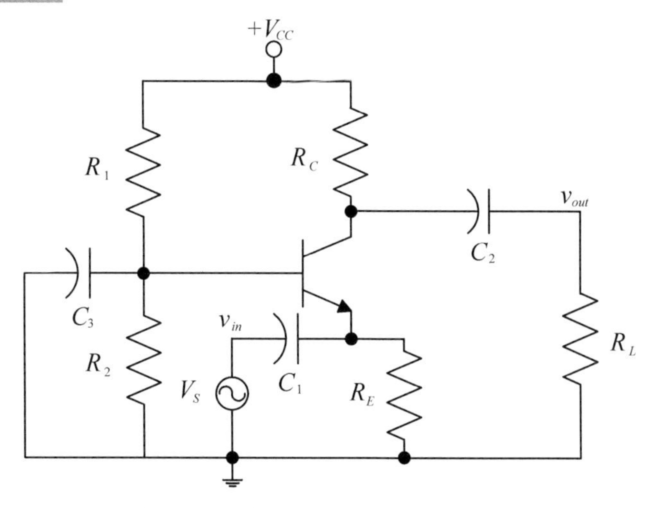

【그림 12-1】 공통 베이스 증폭기

【그림 12-1】은 전압 분배 바이어스 회로의 공통 베이스 증폭기로 입력신호는 결합 콘덴서 C_1을 통하여 이미터로 입력되고 출력은 컬렉터에서 C_2를 통하여 부하로 출력된다. 공통 베이스 증폭기의 특징은 공통 컬렉터 증폭기와 달리 전류 이득이 1에 가깝고 전압 이득이 크며, 입력저항이 작지만 출력저항이 크다.

(1) 직류에 대한 회로 해석

직류 바이어스 값을 결정하기 위하여 직류 등가회로를 그려 회로를 해석하는데 커패시터들은 모두 개방회로로 대치하고 회로를 다시 그리면 트랜지스터와 R_1, R_2, R_C, R_E만 남는다.

- 직류 베이스 전압

$$V_B \simeq \left(\frac{R_2}{R_1+R_2}\right)V_{CC}$$

- 직류 이미터 전압

$$V_E = V_B - V_{BE}$$

- 직류 이미터 전류

$$I_E = \frac{V_E}{R_E} \simeq I_C$$

- 직류 컬렉터 전압

$$V_C = V_{CC} - I_C R_C$$

(2) 교류 신호에 대한 해석

교류 해석에서 커패시터 C_1, C_2와 C_3, 직류전원은 신호 주파수에 대해 $X_C = \frac{1}{\omega C} \simeq 0$으로 가정한다. 즉 유효 단락(effective short)으로 간주한다.

교류등가회로를 그리면 베이스는 접지되고, R_1과 R_2 그리고 R_C와 R_L은 각각 병렬 연결된 것과 같다.

- 트랜지스터의 교류 이미터 저항

$$r_e \simeq \frac{25mV}{I_E}$$

- 전압 이득

$$A_v \simeq \frac{v_{out}}{v_{in}} = \frac{R_C \| R_L}{R_E \| r_e}$$

- 전류 이득

$$A_i = \frac{i_o}{i_i} \simeq 1$$

- 출력 임피던스

$$Z_o \simeq R_C$$

3 실험

[실험 부품 및 재료]

번호	부품명	규격	단위	수량	비고(대체)
1	저항	1[$k\Omega$], 1/4W	개	2	
2	저항	3[$k\Omega$], 1/4W	개	1	
3	저항	10[$k\Omega$], 1/4W	개	1	
4	저항	33[$k\Omega$], 1/4W	개	1	
5	콘덴서	15[uF], 16V	개	2	
6	콘덴서	100[uF], 16V	개	1	
7	트랜지스터	2N3904	개	1	2N4401

[실험 장비]

번호	장 비 명	규 격	단위	수량	비고(대체)
1	전원공급기	DC 가변 0~30[V]	대	1	
2	디지털 멀티미터(DMM)	저항, 전압, 전류 측정	대	1	VOM
3	오실로스코프	2채널 이상	대	1	
4	신호발생기	정현파	대	1	함수발생기

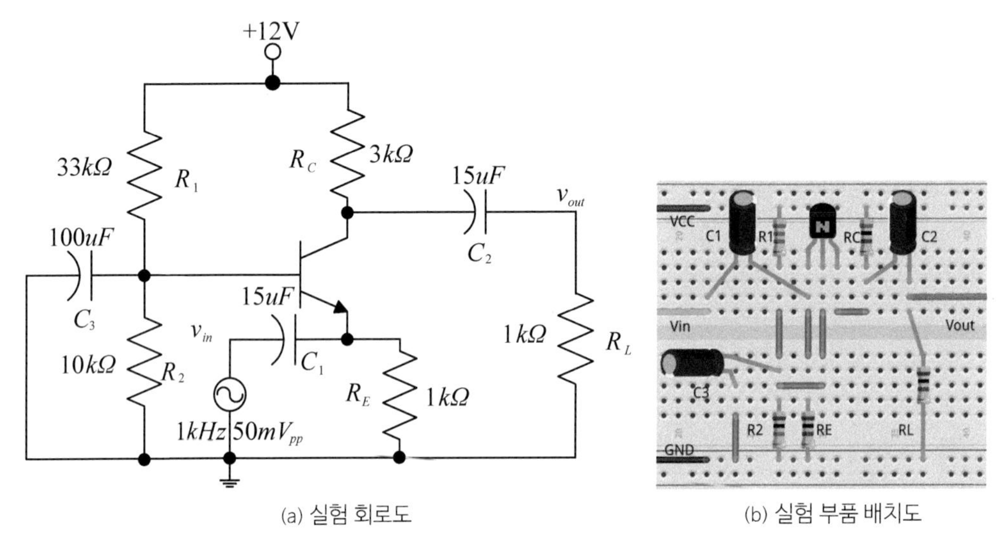

(a) 실험 회로도　　　　(b) 실험 부품 배치도

【그림 12-2】 공통 컬렉터 증폭기 특성 실험 회로

(1) 【그림 12-2(a)】의 실험 회로도에 R_1, R_2, R_E, R_C, R_L 저항을 측정하여 【표 12-1】에 기록한다.

(2) V_{BE}=0.7V로 가정하고, 【표 12-1】의 측정된 저항값과 식을 이용하여 V_B, V_E, V_C, I_E, r_e를 계산하여 【표 12-2】의 계산값에 기록한다.

(3) 신호발생기는 연결하지 말고 【그림 12-2(a)】의 회로를 브레드보드에 구성한다.

(4) DC 전원공급기 전압을 12V(V_{CC})로 설정하고 회로에 연결한다.

(5) V_B, V_E, V_C를 측정하여 【표 12-2】의 측정값에 기록한다.

(6) 【표 12-2】의 측정한 V_B, V_E, V_C 전압과 식을 이용하여 I_E, I_C, r_e를 계산하여 【표 12-2】의 측정값에 기록한다.

(7) 【표 12-1】의 측정한 저항값과 【표 12-2】의 교류 이미터 저항 r_e 측정값을 가지고 식을 이용하여 전압 이득을 계산하여 【표 12-3】의 A_v의 계산값에 기록한다.

(8) 신호 발생기를 $1kHz$, $100mV_{p-p}$로 설정하고 회로에 연결한다. (필요한 경우 입력신호의 크기를 조절한다. 입력 임피던스가 작아 입력신호가 낮아지는 것을 고려해야 한다.)

(9) 오실로스코프를 다음과 같이 설정한다.

$CH_1(X)$ $Volts/Division$(Scale): $20mV/Division$, AC coupling

$CH_2(Y)$ $Volts/Division$(Scale): $1V/Division$, AC coupling

$Time/Division$(Scale): $250us/Division$

(10) 오실로스코프의 채널 1을 v_{in}에 연결하고 채널 2를 v_{out}에 연결한다.

(11) 측정된 파형의 v_{in}과 v_{out}의 전압(V_{p-p})을 【표 12-3】의 부하저항이 있을 때 측정값에 기록하고, 이 값을 이용하여 A_v를 계산하고 측정값에 기록한다.

(12) 【그림 12-5】의 오실로스코프 화면 그림에 측정된 파형을 그리고, 오실로스코프에 설정된 전압과 시간 스케일(volt/div, time/div)을 기록하고, 파형의 주파수와 전압(V_{p-p})를 계산하여 기록한다.

(13) 부하저항 R_L을 제거하고 파형을 측정한다.

(14) 측정된 파형의 v_{in}과 v_{out}의 전압(V_{p-p})을 【표 12-3】의 부하저항이 없을 때 측정값에 기록하고, 이 값을 이용하여 A_v를 계산하고 측정값에 기록한다.

(15) 【그림 12-6】의 오실로스코프 화면 그림에 측정된 파형을 그리고, 오실로스코프에 설정된 전압과 시간 스케일(volt/div, time/div)을 기록하고, 파형의 주파수와 전압(V_{p-p})를 계산하여 기록한다.

4 결과 및 결론

이 실험을 통하여 위상편이(Phase Shift)가 없으며 낮은 입력저항과 높은 전압 이득을 갖는 소신호 공통 베이스 증폭기의 동작 특성을 설명하였다. 이때 입력신호는 트랜지스터의 이미터 단자에 가해지는 반면에 출력신호는 컬렉터 단자로부터 얻을 수 있다.

이 실험에서는 또한 부하저항이 어떻게 전압 이득에 영향을 미치는지를 보여 주었다.

공통 베이스 증폭기는 다음과 같은 특징을 갖고 있다.

- 전류 증폭 이득값이 1보다 작다.
- 높은 전압 이득 증폭을 나타낸다.
- 큰 출력 임피던스와 작은 입력 임피던스를 갖고 있다.

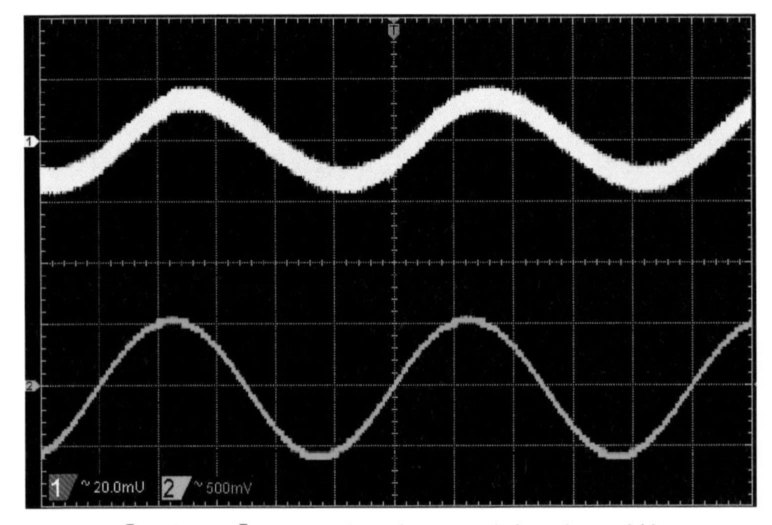

【그림 12-3】 부하가 있는 경우 증폭기의 v_{in}과 v_{out} 파형

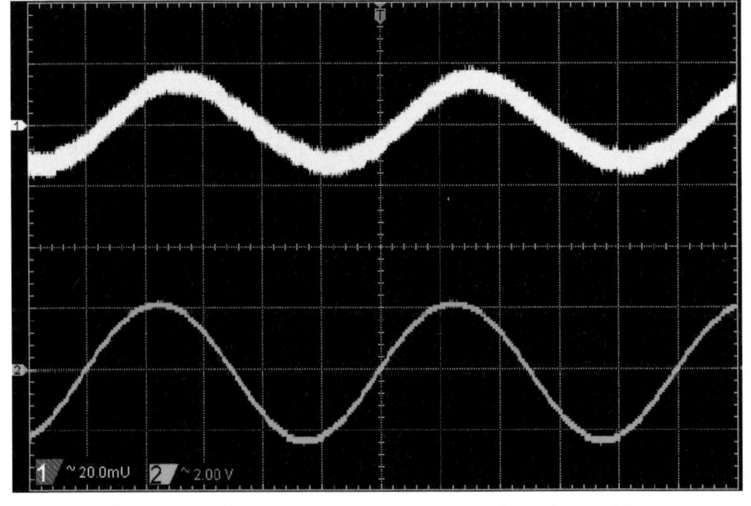

【그림 12-4】 부하가 없는 경우 증폭기의 v_{in}과 v_{out} 파형

5 실험 결과 보고서

학번		이름		실험일시		제출일시	

■ 실험 제목:

■ 실험 회로도

■ 실험 내용

【표 12-1】

저항	표시값	측정값
R_1	33[$k\Omega$]	
R_2	10[$k\Omega$]	
R_C	3[$k\Omega$]	
R_E	1[$k\Omega$]	
R_L	1[$k\Omega$]	

【표 12-2】

파라미터	V_B	V_C	V_E	I_E	I_C	r_e
계산값						
측정값						

【표 12-3】

파라미터	$v_{in}[V_{p-p}]$	$v_{out}[V_{p-p}]$	A_v
계산값			
부하저항이 있을 때(측정값)			
부하저항이 없을 때(측정값)			

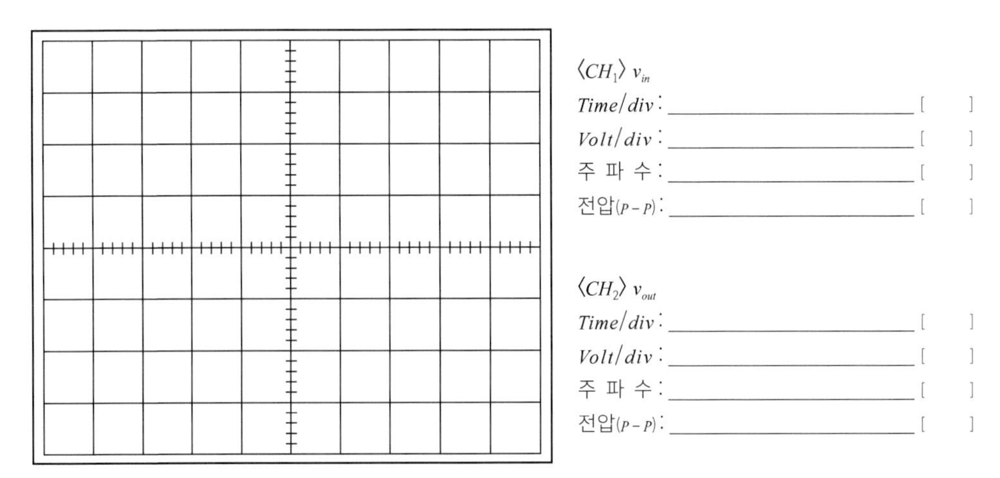

【그림 12-5】 부하저항이 있을 때의 v_{in}과 v_{out} 파형

〈CH_1〉 v_{in}
Time/div : [ ]
Volt/div : [ ]
주 파 수 : [ ]
전압(P−P) : [ ]

〈CH_2〉 v_{out}
Time/div : [ ]
Volt/div : [ ]
주 파 수 : [ ]
전압(P−P) : [ ]

【그림 12-6】 부하저항이 없을 때의 v_{in}과 v_{out} 파형

1 실험 개요

이 실험에서는 전계 효과 트랜지스터(FET)의 동작 원리를 이해하고, 게이트-소스 전압 V_{GS}에 의한 드레인 전류 I_D의 변화를 측정하여 전압제어 소자로서 드레인 특성곡선을 결정하며, V_{GS}=0일 때 I_{DSS}와 차단전압 $V_{GS(off)}$와 같은 파라미터를 평가하는 것이 가능하다.

특정한 게이트 전압 V_{GS}에 대한 FET의 전달 컨덕턴스 특성을 실험하여 확인함으로써 FET 활용하여 증폭기, 발진기 등 전자회로를 설계하는 데 활용할 수 있다.

2 관련 이론

FET의 증폭기로의 응용은 포화 영역을 이용하며, 포화 영역에서 I_D와V_{GS}의 관계를 전달 특성이라 한다. 게이트-소스 전압 V_{GS}=0 일 때 드레인 전류는 I_D=I_{DSS}이다.

- 드레인 전류
  $$I_D=I_{DSS}\left(1-\frac{V_{GS}}{V_{GS(off)}}\right)^2$$

- V_{GS}=0 일 때 순방향 전달 컨덕턴스(g_{m0})
  $$g_{m0}=\frac{2I_{DSS}}{|V_{GS(off)}|}$$

- 순방향 전달 컨덕턴스(g_m)

$$g_m = \frac{\Delta I_D}{\Delta V_{GS}}, \text{ 또는 } g_m = g_{m0}\left[1 - \frac{V_{GS}}{V_{GS(off)}}\right]$$

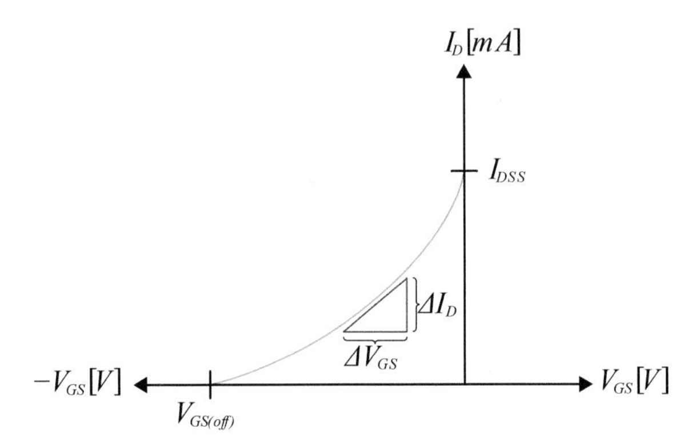

【그림 13-1】 JFET의 전달 특성 곡선

3 실험

[실험 부품 및 재료]

번호	부품명	규격	단위	수량	비고(대체)
1	저항	100[Ω], 1/4W	개	1	
2	다이오드	1N4001	개	1	1N914
3	트랜지스터	MPF102(n 채널 FET)	개	1	

[실험 장비]

번호	장비명	규격	단위	수량	비고(대체)
1	전원공급기	DC 가변 0~15[V], 2채널	대	1	
2	디지털 멀티미터(DMM)	저항, 전압, 전류 측정	대	1	VOM
3	오실로스코프	2채널(X-Y 플롯)	대	1	
4	신호발생기	톱니파	대	1	함수발생기

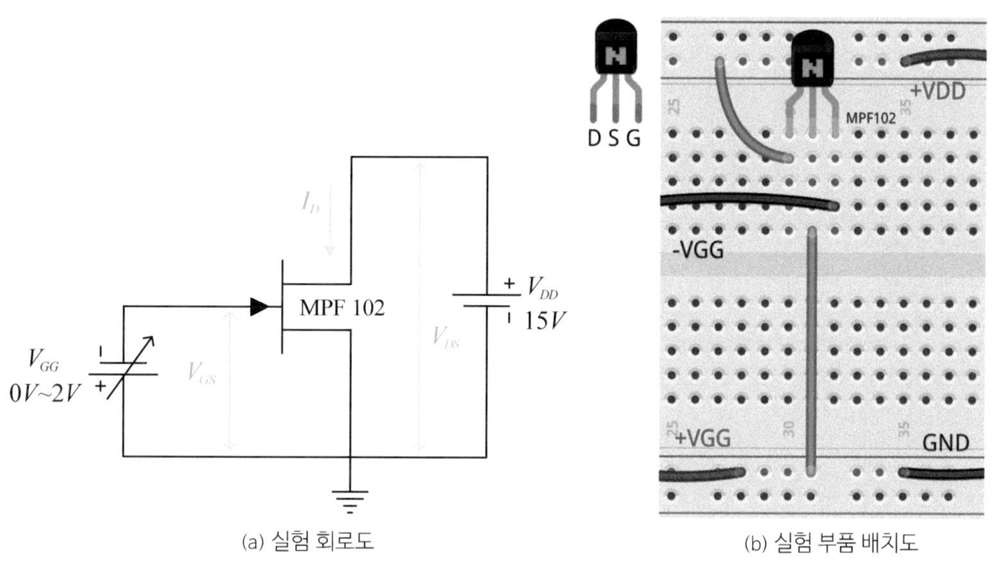

(a) 실험 회로도 (b) 실험 부품 배치도

【그림 13-2】 JFET의 전달 특성 실험 회로

(1) 【그림 13-2(a)】의 회로를 브레드보드에 구성한다.

(2) DC 전원공급기 전압을 0V로 하고 회로의 V_{DD}에 연결하고, 다른 공급기를 V_{GG}에 연결한다. (연결 시 전원 극성에 주의한다.)

(3) V_{DD} 전압을 15V로 조정한다.

(4) 【표 13-1】의 V_{GS} 값이 되도록 V_{GG} 값을 조절하고 I_D 값을 측정하여 【표 13-1】에 기록한다.

(5) 【표 13-1】의 V_{GS}=0일 때 I_D 값을 【표 13-2】의 I_{DSS}에 기록하고, I_D=0이 될 때 V_{GS}값을 $V_{GS(off)}$에 기록한다.

(6) 식을 이용하여 전달 컨덕턴스 g_{m0}와 g_m를 계산하여 【표 13-2】에 기록한다. (약 V_{GS}=−0.8V 일 때 gm 값을 계산)

(7) 【표 13-1】의 V_{GS}와 I_D 값에 대하여 【그림 13-5】의 그래프에 그린다.

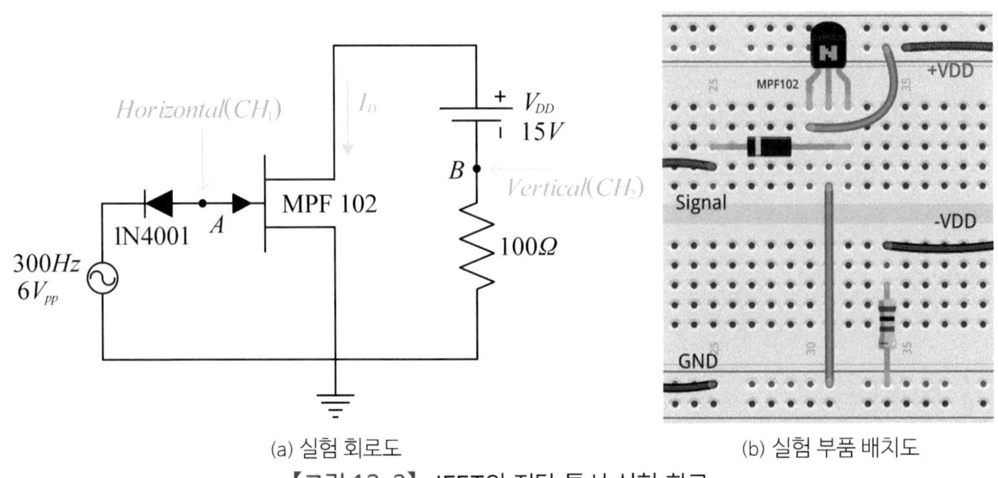

(a) 실험 회로도 (b) 실험 부품 배치도

【그림 13-3】 JFET의 전달 특성 실험 회로

(8) 【그림 13-3(a)】의 회로를 구성하고, DC 전원공급기 전압을 15V로 하고 회로에 연결한다.

(9) 회로의 A점을 오실로스코프의 채널 1(CH_1) 단자에, B점을 오실로스코프의 채널 2(CH_2) 단자에 연결한다.

(10) 오실로스코프를 다음과 같이 조정한다.

Time/Division(Mode): X-Y Plot Function

$CH_1(X)$ *Volts/Division*(Scale): 500*mV/Division*, DC coupling

$CH_2(Y)$ *Volts/Division*(Scale): 200*mV/Division*, DC coupling, 반전

(11) 중심이 오실로스코프 화면의 하측 중앙에 놓이도록 하고 신호발생기의 주파수는 300[Hz], 신호 레벨 $6V_{pp}$로 설정한다. 오실로스코프의 화면상의 그래프가 보기에 적절하지 않으면 스케일을 조정하여 화면이 잘 보이는 상태로 변경하여 조정한다. 채널 2의 감도가 200mV, 즉 *Volts/Division*(Scale): 200*mV/Division*라면 B점의 전압파형은 100[Ω] 저항에 걸리는 전압파형을 나타내므로 수직축에 대하여 1칸당 2 mA를 나타낸다.

$$\text{수직축 스케일} = \frac{200mV}{100\Omega} = 2mA/Division$$

(12) 오실로스코프 화면의 결과로부터 전류가 최대인 위치(수직축)가 I_{DSS}이고, 최소인 위치(I_D=0, 수평축)가 $V_{GS(off)}$이다.

(13) 오실로스코프로 측정한 전달 특성곡선을 【그림 13-5】의 그래프에 그리고 【표 13-1】의 결과와 비교한다.

4 결과 및 결론

이 실험을 통하여 FET의 전달 특성곡선을 실험으로 확인하였다. 그 결과 FET에 대한 다음과 같은 특성을 알 수 있었다.

(1) FET의 드레인 전류는 게이트-소스 전압의 함수로 포물선형의 비선형함수임을 알 수 있다.

(2) 실험 결과 곡선으로부터 JFET의 I_{DSS}, $V_{GS(off)}$를 알 수 있다.

(3) 전달 컨덕턴스 g_{m0}와 g_m를 구할 수 있으며, 추가적인 JFET의 파라미터를 구할 수 있다.

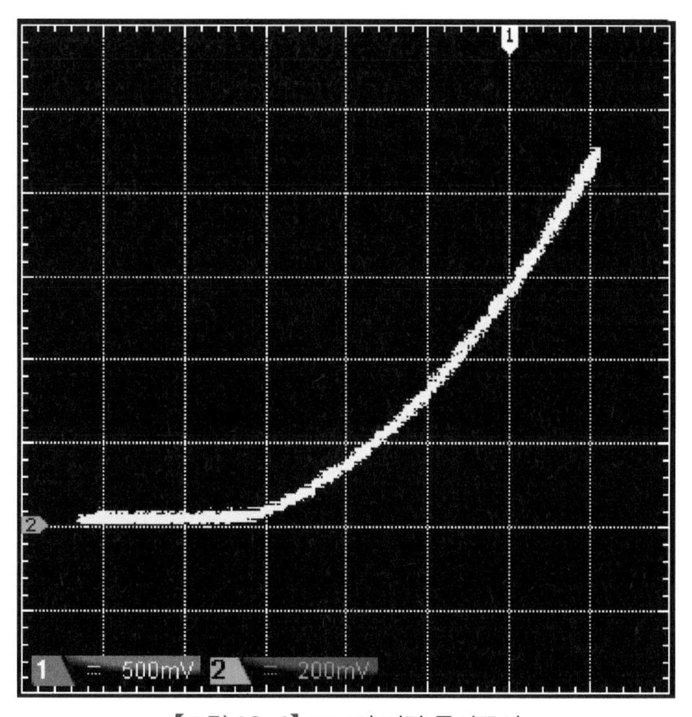

【그림 13-4】 FET의 전달 특성곡선

5 실험 결과 보고서

학번		이름		실험일시		제출일시	

■ 실험 제목:

■ 실험 회로도

■ 실험 내용

【표 13-1】

$V_{GS}[V]$	0	-0.2	-0.4	-0.6	-0.8	-1.0	-1.2	-1.4	-1.6	-1.8	-2.0
$I_D[mA]$											
$V_{GS}[V]$	-2.2	-2.4	-2.6	-2.8	-3.0	-3.2	-3.4	-3.6	-3.8	-4.0	-4.2
$I_D[mA]$											

【표 13-2】

파라미터	표 1의 측정값	오실로스코프 측정값
I_{DSS}	mA	mA
$V_{GS(off)}$	V	V
g_{m0}	mS	
g_m	mS	

【그래프】

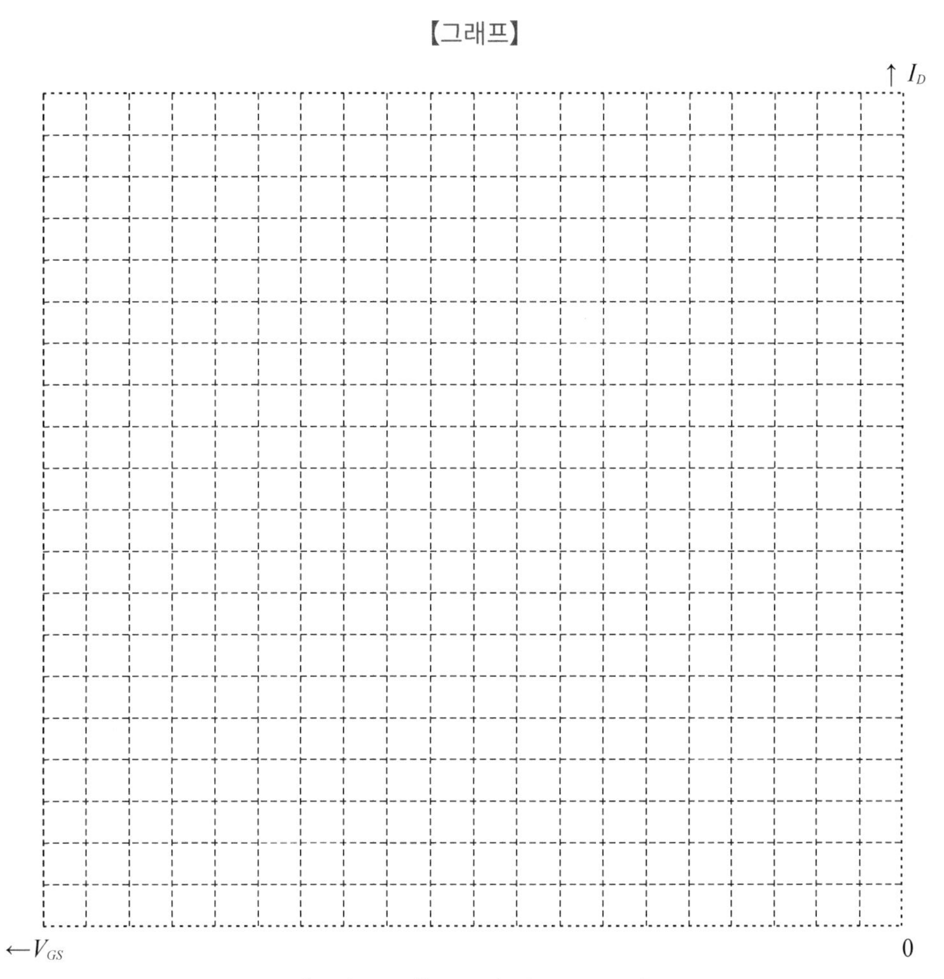

【그림 13-5】 FET의 전달 특성곡선

실험 14 FET 자기 바이어스

1 실험 개요

이 실험의 목적은 DC 전압에 대하여 FET의 전압과 전류를 확인하는 것이다. 증폭기 등의 회로에 적용되는 바이어스는 FET를 동작시키는 데 필요한 전력을 공급하고 원하는 동작점을 얻을 수 있도록 바이어스 회로를 구성해야 한다. 이 실험에서는 자기 바이어스(self bias) 회로를 구성하여 소스 저항 양단에 나타나는 전압 강하가 게이트에 역으로 걸리게 되는 원리와 바이어스 회로를 이해하고, FET의 바이어스 회로 각 점의 전압을 관찰하고 전류를 측정하여 동작점을 이해하고, V_{GS} 변화에 대하여 I_D의 변화를 관찰하여 전달 컨덕턴스 곡선상에서 동작점이 바뀌는 것을 이해한다.

2 관련 이론

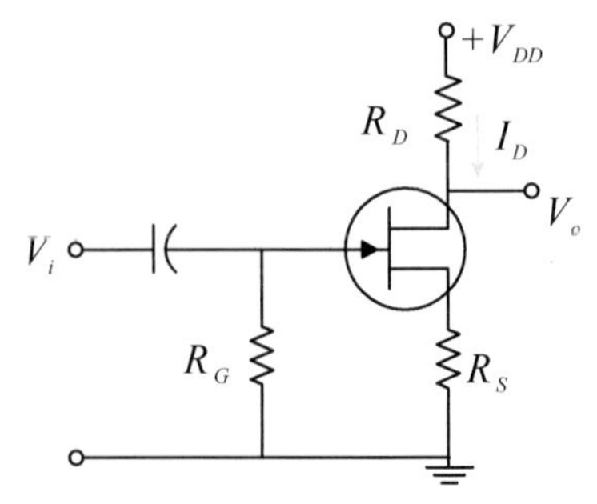

【그림 14-1】 FET 자기 바이어스 회로

FET 자기 바이어스 회로는 고정 바이어스와 달리 2개의 직류전원을 사용하지 않아도 된다는 장점이 있다. 게이트-소스 전압은 소스 저항 R_s와 소스 전류 I_S의해 결정된다. 소스 저항을 흐르는 소스 전류는 드레인 전류 I_D와 같다.

- 드레인 전류

$$I_D=I_{DSS}\left(1-\frac{V_{GS}}{V_{GS(off)}}\right)^2$$

- 소스 전압

$$V_S=I_DR_S, \quad (I_D=I_S)$$

- 게이트-소스 전압

$$V_{GS}=V_G-V_S=-I_DR_S, \quad (V_G\simeq 0)$$

- 드레인 전압

$$V_D=V_{DD}-I_DR_D$$

- 드레인-소스 전압

$$V_{DS}=V_{DD}-I_D(R_D+R_S)$$

바이어스 회로에 의한 드레인 전류와 게이트-소스 전압이 나타내는 식 $V_{GS}=-I_DR_S$의 직선을 자기 바이어스 선 또는 부하선이라 한다.

$I_D=0$일 때 $V_{GS}=0$이고, $I_D=I_{DSS}$일 때 $V_{GS}=-I_{DSS}R_S$이 두 점을 연결한 선이다.

동작점은 【그림 14-2】와 같이 FET 전달 특성곡선과 바이어스에 의한 직선이 만나는 점이 동작점이 된다.

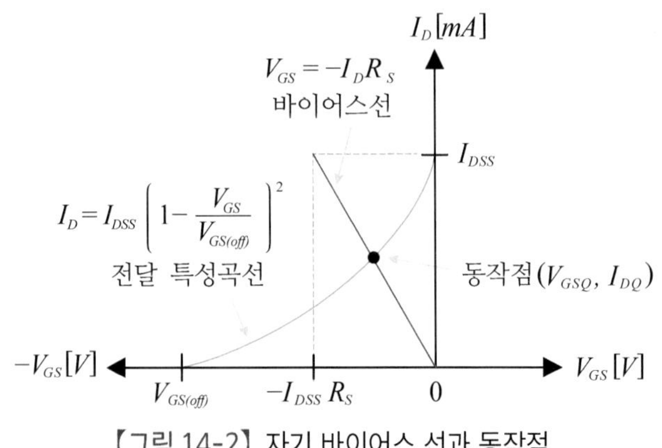

【그림 14-2】 자기 바이어스 선과 동작점

3 실험

[실험 부품 및 재료]

번호	부품명	규격	단위	수량	비고(대체)
1	저항	1[$k\Omega$], 1/4W	개	2	
2	저항	1[MΩ], 1/4W	개	1	
3	트랜지스터	MPF102	개	1	N채널 FET

[실험 장비]

번호	장비명	규격	단위	수량	비고(대체)
1	전원공급기	DC 가변 0~30[V]	대	1	
2	디지털 멀티미터(DMM)	저항, 전압, 전류 측정	대	1	VOM

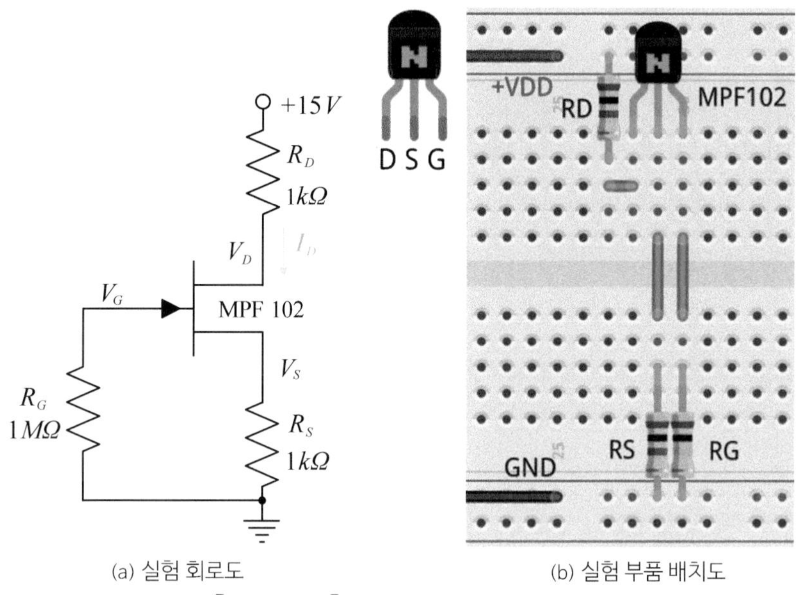

(a) 실험 회로도 (b) 실험 부품 배치도

【그림 14-3】 자기 바이어스 실험회로

〈바이어스선(부하선) 그리기〉

(1) FET 특성 실험에서 측정된 $V_{GS(off)}$와 I_{DSS}를 【표 14-1】에 기록한다. 트랜지스터가 바뀌었으면 FET 특성 실험에서 사용한 방법으로 $V_{GS(off)}$와 I_{DSS}를 측정하여 【표 14-1】에 기록한다.

(2) 【그림 14-3】의 R_G, R_D, R_S에 사용될 저항을 측정하여 【표 14-2】에 기록한다.

(3) 【표 14-2】의 저항값과 식 $V_{GS}=-I_D R_S$을 사용하여 【그림 14-4】의 그래프에 $I_D=0$일 때 $V_{GS}=0$과 $I_D=I_{DSS}$일 때 $V_{GS}=-I_{DSS}R_S$의 두 점을 표시하고, 이 두 점을 연결한 직선을 그리고 바이어스선이라 표시한다.

〈전달 특성곡선 그리기〉

(4) $I_D=I_{DSS}\left(1-\dfrac{V_{GS}}{V_{GS(off)}}\right)^2$의 식을 이용하여 【표 14-3】의 V_{GS}에 대하여 I_D를 계산하여 【표 14-3】에 기록한다. V_{GS} 값은 $V_{GS(off)}$ 값 까지만 계산한다.

(5) 【표 14-3】의 V_{GS}와 I_D에 대하여 【그림 14-4】의 그래프에 각각의 점을 표시하고, 점을 선으로 연결한 곡선을 그리고 전달 특성곡선이라 표시한다.

〈동작점 구하기〉

(6) 바이어스선과 전달 특성곡선이 만나는 점을 표시하고 그 점의 전압과 전류를 V_{GSQ}와 I_{DQ}에 【표 14-4】의 계산값에 기록한다.

(7) 【그림 14-3(a)】의 회로를 브레드보드에 구성한다.

(8) 직류전원을 연결하고 전압을 15*V*로 조정한다.

(9) V_{GS}와 I_D 값을 측정하여 V_{GSQ}와 I_{DQ}에 【표 14-4】의 측정값에 기록하고, 【그림 14-4】의 그래프에 동작점을 표시하고, 계산값과 측정값의 차이를 비교한다.

4 결과 및 결론

이 실험을 통하여 FET의 자기 바이어스 회로에서 게이트 소스 간 전압 V_{GS}는 드레인 전류 I_D와 소스 저항 R_S의 곱으로 결정됨을 알 수 있다.

식 $V_{GS}=-I_{DSS}R_S$는 전압-전류 그래프에서 원점에서 시작하는 직선으로 나타나고 Shockley 방정식으로 표현되는 전달 특성곡선과 동작점에서 교차한다는 사실을 알 수 있다.

5 실험 결과 보고서

학번		이름		실험일시		제출일시	

■ 실험 제목:

■ 실험 회로도

■ 실험 내용

【표 14-1】

I_{DSS}	mA
$V_{GS(off)}$	V

【표 14-2】

저항	표시값	측정값
R_G	1[$M\Omega$]	
R_D	1[$k\Omega$]	
R_S	1[$k\Omega$]	

【표 14-3】

$V_{GS}[V]$	0	-0.2	-0.4	-0.6	-0.8	-1.0	-1.2	-1.4	-1.6	-1.8	-2.0
$I_D[mA]$											
$V_{GS}[V]$	-2.2	-2.4	-2.6	-2.8	-3.0	-3.2	-3.4	-3.6	-3.8	-4.0	-4.2
$I_D[mA]$											

【표 14-4】

파라미터	V_{GSQ}	I_{DQ}
계산값		
측정값		

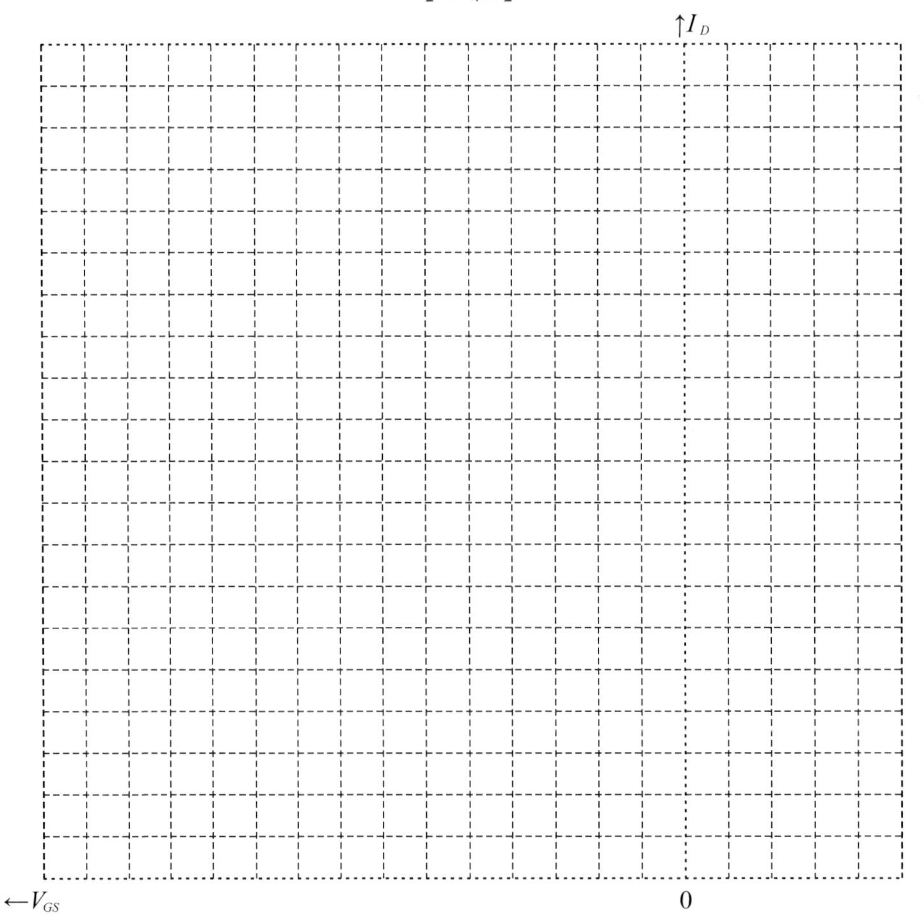

【그림 14-4】 FET의 전달 특성곡선과 바이어스선

실험 15 FET 전압 분배 바이어스

1 실험 개요

이 실험에서는 게이트의 DC 전압을 전압 분배 바이어스로 하고, 이러한 구조에 대하여 FET의 전압과 전류를 확인하는 것이다. 증폭기 등의 회로에 적용되는 바이어스는 FET를 동작시키는 데 필요한 전력을 공급하고 원하는 동작점을 얻을 수 있도록 바이어스 회로를 구성해야 한다. 이 실험에서는 전압 분배 바이어스 회로를 구성하여 게이트 전압이 저항의 전압 분배 전압과 소스 저항 양단에 나타나는 전압의 차이로 V_{GS}을 구성하는 바이어스 회로를 이해하고, FET의 바이어스 회로의 전압과 전류를 측정하여 동작점을 이해하고, V_{GS} 변화에 대하여 I_D의 변화를 관찰하여 전달특성 곡선상에서 동작점이 형성되는 것을 이해한다.

2 관련 이론

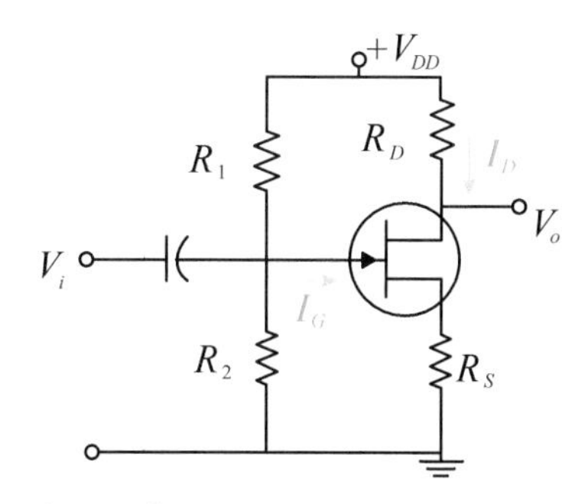

【그림 15-1】 FET 전압 분배 바이어스 회로

FET 전압 분배 바이어스 회로의 게이트 전압은 R_1, R_2에 의하여 결정되고 소스 전압은 소스 저항 R_s와 소스 전류 I_S에 의해 결정된다. 소스 저항을 흐르는 소스 전류는 드레인 전류 I_D와 같다.

- 소스 전압

  $V_S = I_D R_S$, $(I_D = I_S)$

- 게이트 전압

  $V_G = \frac{R_2}{R_1 + R_2} V_{DD}$

- 게이트-소스 전압

  $V_{GS} = V_G - V_S$

- 드레인 전압

  $V_D = V_{DD} - I_D R_D$

- 드레인 전류

  $I_D = \frac{V_{DD} - V_D}{R_D}$

- 드레인-소스 전압

  $V_{DS} = V_{DD} - I_D(R_D + R_S)$

바이어스 회로에 의한 드레인 전류와 게이트-소스 전압이 나타내는 식 $V_{GS} = V_G - I_D R_S$의 직선을 바이어스선 또는 부하선이라 한다. 부하선은 I_D=0일 때 $V_{GS} = V_G$인 점과 V_{GS}=0일 때 드레인 전류 $I_D = \frac{V_G}{R_S}$의 두 점을 연결한 선이다. (또는 $V_{GS(off)}$ 값 이내의 임의의 V_{GS} 값에 대한 I_D 값인 점)

동작점은 【그림 14-2】와 같이 FET 전달 특성곡선과 바이어스에 의한 직선이 만나는 점이 동작점이 된다.

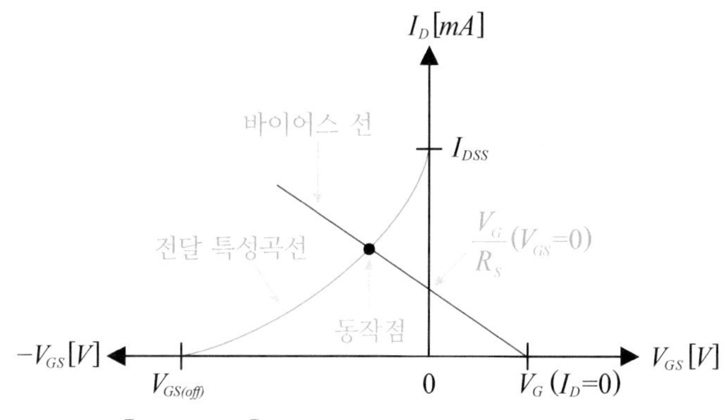

【그림 15-2】 전압 분배 바이어스 선과 동작점

3 실험

[실험 부품 및 재료]

번호	부품명	규격	단위	수량	비고(대체)
1	저항	1.5[$k\Omega$], 1/4W	개	1	
2	저항	2.2[$k\Omega$], 1/4W	개	1	
3	저항	390[$k\Omega$], 1/4W	개	1	
4	저항	2[MΩ], 1/4W	개	1	
5	트랜지스터	MPF102	개	1	N채널 FET

[실험 장비]

번호	장비명	규격	단위	수량	비고(대체)
1	전원공급기	DC 가변 0~30[V]	대	1	
2	디지털 멀티미터(DMM)	저항, 전압, 전류 측정	대	1	VOM

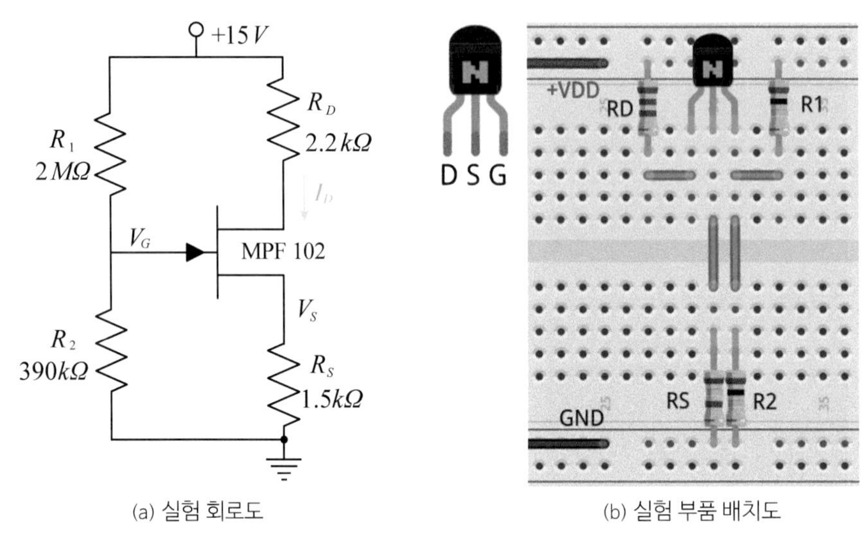

(a) 실험 회로도 (b) 실험 부품 배치도

【그림 15-3】 전압 분배 바이어스 실험회로

〈바이어스선(부하선) 그리기〉

(1) FET 특성 실험에서 측정된 $V_{GS(off)}$와 I_{DSS}를 【표 15-1】에 기록한다. 트랜지스터가 바뀌었으면 FET 특성 실험에서 사용한 방법으로 $V_{GS(off)}$와 I_{DSS}를 측정하여 【표 15-1】에 기록한다.

(2) 【그림 15-3】의 R_1, R_2, R_S, R_D에 사용될 저항을 측정하여 【표 15-2】에 기록한다.

(3) 【표 15-2】의 저항값과 식 $V_{GS}=V_G-I_DR_S$을 사용하여 【그림 15-4】의 그래프에 $I_D=0$일 때 $V_{GS}=V_G$이고, $V_G=0$일 때 $I_D=-\frac{V_{GS}}{R_S}$의 두 점을 표시하고, 이 두 점을 연결한 직선을 그리고 바이어스선이라 표시한다.

〈전달 특성곡선 그리기〉

(4) $I_D=I_{DSS}\left(1-\frac{V_{GS}}{V_{GS(off)}}\right)^2$의 식을 이용하여 【표 15-3】의 V_{GS}에 대하여 I_D를 계산하여 【표 15-3】에 기록한다. V_{GS} 값은 $V_{GS(off)}$ 값까지만 계산한다.

(5) 【표 15-3】의 V_{GS}와 I_D에 대하여 【그림 15-4】의 그래프에 각각의 점을 표시하고, 점을 선으로 연결한 곡선을 그리고 전달 특성곡선이라 표시한다.

〈동작점 구하기〉

(6) 바이어스선과 전달 특성곡선이 만나는 점을 표시하고 그 점의 전압과 전류를 V_{GSQ}와 I_{DQ}에 【표 15-4】의 계산값에 기록한다.

(7) 【그림 15-3(a)】의 회로를 브레드보드에 구성한다.

(8) 직류전원을 연결하고 전압을 15V로 조정한다.

(9) V_{GS}와 I_D 값을 측정하여 V_{GSQ}와 I_{DQ}에 【표 15-4】의 측정값에 기록하고, 【그림 15-4】의 그래프에 동작점을 표시하고, 계산값과 측정값의 차이를 비교한다.

4 결과 및 결론

이 실험을 통하여 FET의 전압 분배 바이어스 회로에서 게이트 소스 간 전압 V_{GS}는 게이트의 저항에 의한 전압 분배, 드레인 전류 I_D와 소스 저항 R_S의 곱으로 결정됨을 알 수 있다.

식 $V_{GS}=V_G-I_{DSS}R_S$의 에 의해 표시되는 직선은 전압-전류 그래프에서 $I_D=0$일 때 $V_{GS}=V_G$인 점에서 시작하는 직선으로 $V_G=0$일 때 $\frac{V_G}{R_S}$에서 전류 I_D축과 만난다. 이 바이어스 부하선은 Shockley 방정식으로 표현되는 전달 특성곡선과 동작점에서 교차한다는 사실을 알 수 있다.

5 실험 결과 보고서

학번		이름		실험일시		제출일시	

■ 실험 제목:

■ 실험 회로도

■ 실험 내용

【표 15-1】

I_{DSS}	mA
$V_{GS(off)}$	V

【표 15-2】

저항	표시값	측정값
R_1	2[$M\Omega$]	
R_2	390[$k\Omega$]	
R_D	2.2[$k\Omega$]	
R_S	1.5[$k\Omega$]	

【표 15-3】

$V_{GS}[V]$	0	-0.2	-0.4	-0.6	-0.8	-1.0	-1.2	-1.4	-1.6	-1.8	-2.0
$I_D[mA]$											
$V_{GS}[V]$	-2.2	-2.4	-2.6	-2.8	-3.0	-3.2	-3.4	-3.6	-3.8	-4.0	-4.2
$I_D[mA]$											

【표 15-4】

파라미터	V_{GSQ}	I_{DQ}
계산값		
측정값		

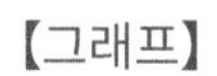

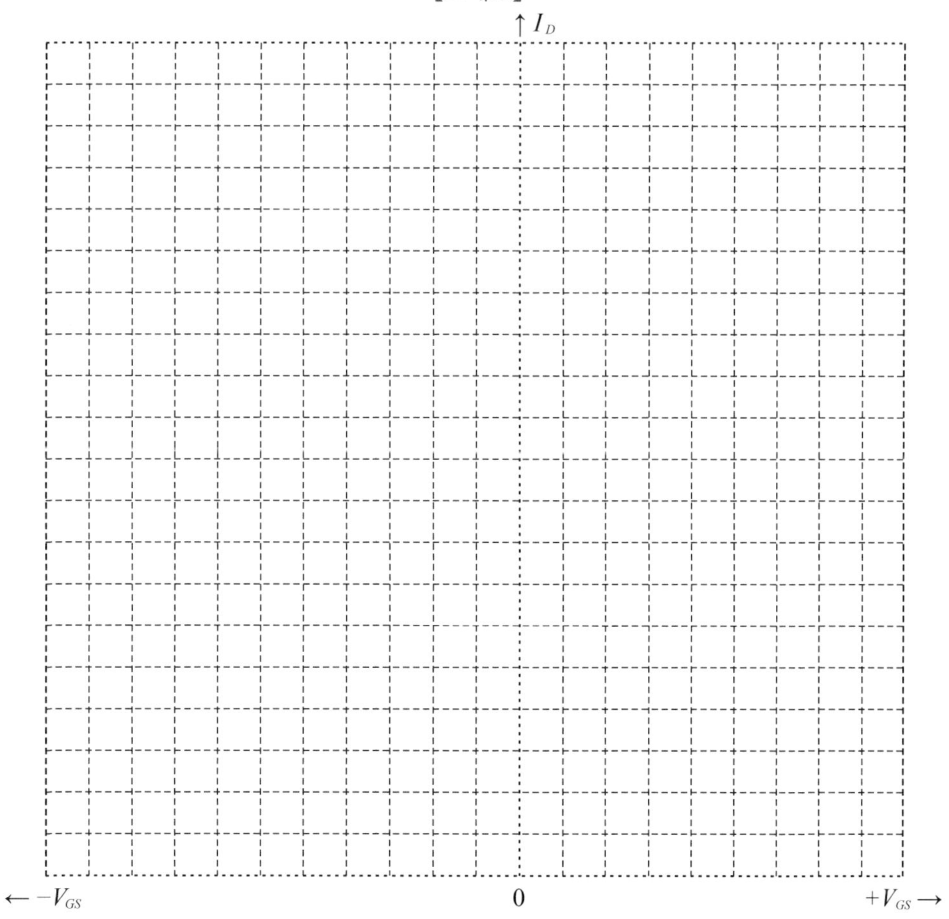

【그림 15-4】 FET의 전달 특성곡선과 바이어스선

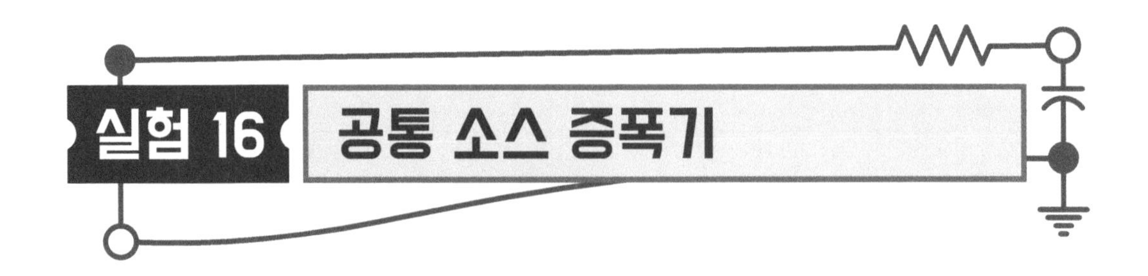

1 실험 개요

이 실험에서는 자기 바이어스 공통 소스 증폭기의 특성을 이해하고, 이득과 출력 위상관계를 실험과 이론을 비교함으로써 FET의 증폭기 응용 능력을 기르고 부하와 바이패스 콘덴서가 이득에 대하여 어떤 영향을 주는지 알아본다. 공통 소스 증폭기는 입력 신호를 게이트에 인가하고 출력을 드레인에서 얻는다. 입출력 위상은 공통 이미터 증폭기와 같이 180° 위상 편이를 가지며, 교류 전압이득은 전달 컨덕턴스와 같은 소자의 파라미터와 회로의 드레인 저항에 의해 결정된다.

2 관련 이론

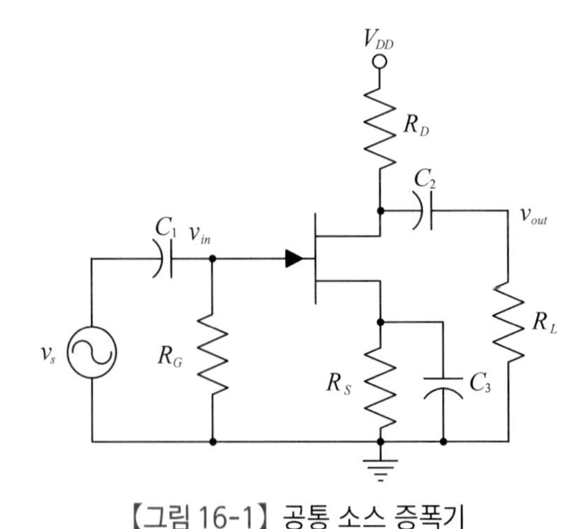

【그림 16-1】 공통 소스 증폭기

【그림 16-1】은 공통 소스 증폭기로 신호 입력 단자는 게이트이고, 출력 단자는 드레인이다.

증폭기의 특성은 입력과 출력은 180° 위상차로 위상 반전된다. 바이어스 형태는 자기 바이어스이고 C_1, C_2는 입력과 출력신호의 결합 커패시터이고, C_3는 바이패스 커패시터이다.

(1) 직류에 대한 회로 해석

직류 바이어스 값을 결정하기 위한 직류등가회로를 그려 회로를 해석하는데 커패시터들은 모두 개방회로로 대치하고 회로를 다시 그리면 트랜지스터와 R_G, R_D, R_S만 남는다.

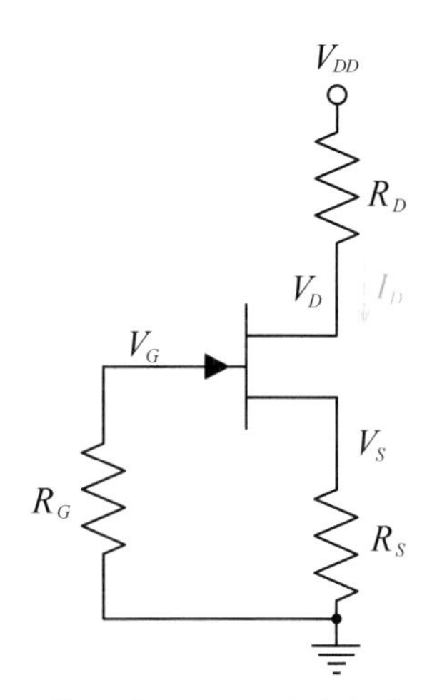

【그림 16-2】 공통 소스 증폭기의 직류등가회로

• 소스 전압

$V_S = I_D R_S$, $(I_D = I_S)$

• 게이트-소스 전압

$V_{GS} = V_G - V_S = -I_D R_S$, $(V_G \simeq 0)$

- 드레인 전압

$V_D = V_{DD} - I_D R_D$

- 드레인-소스 전압

$V_{DS} = V_{DD} - I_D(R_D + R_S)$

- 드레인 전류

$I_D = I_{DSS}\left(1 - \frac{V_{GS}}{V_{GS(off)}}\right)^2$

- 순방향 전달 컨덕턴스

$g_{m0} = \frac{2I_{DSS}}{|V_{GS(off)}|}$ 또는 $g_m = g_{m0}\left[1 - \frac{V_{GS}}{V_{GS(off)}}\right]$

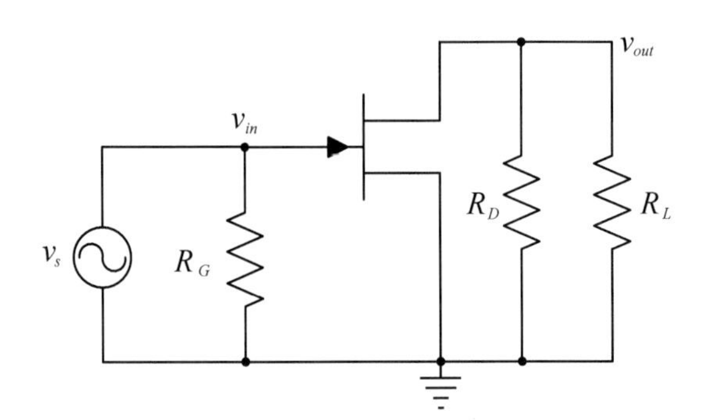

【그림 16-3】 공통 소스 증폭기의 교류 등가회로

(2) 교류 신호에 대한 해석

교류 해석에서 커패시터 C_1, C_2, C_3와 직류전원 V_{DD}는 신호 주파수에 대해 $X_C = \frac{1}{\omega C} \cong 0$으로 가정한다. 즉 유효단락(effective short)으로 간주한다.

교류등가회로를 그리면 소스는 접지되고 R_D와 R_L은 병렬연결된 것과 같다.

바이패스 콘덴서 C_3를 제거한 경우 소스는 교류에 대하여 접지가 아니고 R_S에 의한 신호의 부귀환이 존재하여 전압 이득이 감소한다.

• 신호원의 입력 전압

$v_s = v_{in} = v_{gs}$

• 부하가 있는 경우 전압 이득

$A_v = \frac{v_{out}}{v_{in}} = \frac{v_{out}}{v_{gs}} = g_m(R_D \parallel R_L)$

• 부하가 없는 경우 전압 이득

$A_v = \frac{v_{out}}{v_{in}} = g_m R_D$

• 바이패스 콘덴서가 없는 경우 전압 이득

$A_v = \frac{v_{out}}{v_{in}} = \frac{g_m(R_D \parallel R_L)}{1 + g_m R_S}$

3 실험

[실험 부품 및 재료]

번호	부품명	규격	단위	수량	비고(대체)
1	저항	510[Ω], 1/4W	개	1	
2	저항	1[kΩ], 1/4W	개	2	
3	저항	1[MΩ], 1/4W	개	1	
4	콘덴서	22[uF], 16V	개	2	
5	콘덴서	100[uF], 16V	개	1	
6	트랜지스터	MPF102	개	1	

[실험 장비]

번호	장 비 명	규 격	단위	수량	비고(대체)
1	전원공급기	DC 가변 0~30[V]	대	1	
2	디지털 멀티미터(DMM)	저항, 전압, 전류 측정	대	1	VOM
3	오실로스코프	2채널	대	1	
4	신호발생기	정현파	대	1	함수발생기

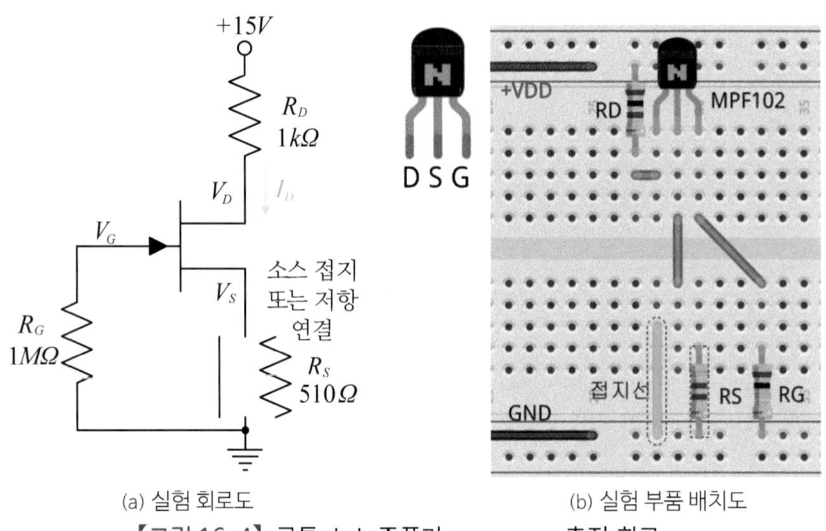

(a) 실험 회로도 (b) 실험 부품 배치도

【그림 16-4】 공통 소스 증폭기 I_{DSS}, $V_{GS(off)}$ 측정 회로

〈I_{DSS}, $V_{GS(off)}$ 구하기〉

(1) 실험에 사용될 저항 R_G, R_D, R_S, R_L을 측정하여 【표 16-1】에 기록한다.

(2) 【그림 16-4(a)】의 회로를 브레드보드에 구성하고 소스 저항 대신 선을 사용하여 소스를 접지에 연결한다.

(3) DC 전원공급기 전압을 15V(V_{DD})로 설정하고 회로에 연결한다.

(4) V_D를 측정하고 식 $I_D = \frac{V_{DD} - V_D}{R_D}$를 사용하여 I_D를 계산하고 【표 16-2】에 기록한다.

(5) 이 I_D값은 소스가 접지되었으므로 $V_{GS} = 0V$일 때로 I_{DSS}와 같다. $I_D = I_{DSS}$를 【표 16-4】에 기록한다.

(6) 【그림 16-4(a)】의 회로의 소스 접지선을 제거하고 소스 저항 R_S를 연결한다.

(7) V_{GS}와 V_D를 측정하여 【표 16-3】에 기록한다.

(8) 【표 16-3】의 V_D와 식 $I_D = \frac{V_{DD} - V_D}{R_D}$를 사용하여 I_D를 계산하고 【표 16-3】에 기록한다.

(9) 【표 16-3】의 I_D와 V_{GS}, 식 $V_{GS(off)} = \frac{V_{GS}}{1 - \sqrt{\frac{I_D}{I_{DSS}}}}$를 사용하여 $V_{GS(off)}$를 계산하고 【표 16-4】에 기록한다.

〈g_m, 교류전압 이득 구하기〉

(10) 식 $g_{m0} = \frac{2I_{DSS}}{|V_{GS(off)}|}$, $g_m = g_{m0}\left[1 - \frac{V_{GS}}{V_{GS(off)}}\right]$를 사용하여 두 값을 계산하고 【표 16-4】에 기록한다.

(11) 식을 이용하여 부하가 있는 경우, 부하가 없는 경우, 바이패스 콘덴서가 없는 경우의 세 가지 전압 이득을 계산하여 【표 16-5】의 A_v(계산값)에 기록한다.

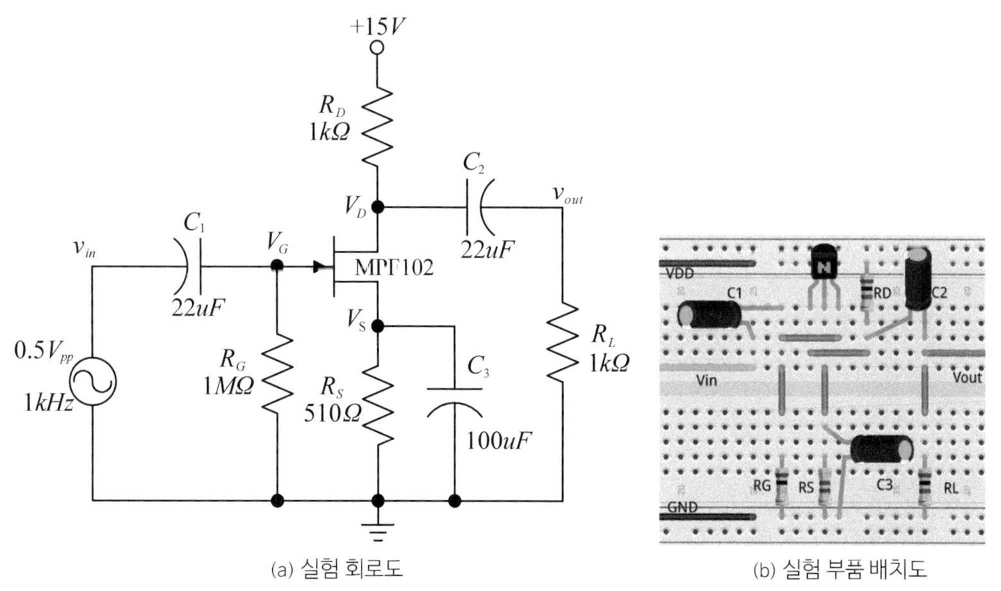

(a) 실험 회로도 (b) 실험 부품 배치도

【그림 16-5】 공통 소스 증폭기 실험 회로

〈교류전압 이득 측정하기〉

(12) 【그림 16-5(a)】의 회로를 브레드보드에 구성한다.

(13) 신호발생기를 $1kHz$, $500mV_{p-p}$로 설정하고 회로에 연결한다. (필요한 경우 입력신호의 크기를 조절한다.)

(14) 오실로스코프를 다음과 같이 설정한다.

$CH_1(X)$ *Volts/Division*(Scale): $200mV/Division$, AC coupling

$CH_2(Y)$ *Volts/Division*(Scale): $500mV/Division$, AC coupling

Time/Division(Scale): $200us/Division$

(15) 오실로스코프의 채널 1을 v_{in}에 연결하고 채널 2를 v_{out}에 연결한다.

(16) 【그림 16-9】의 오실로스코프 화면 그림에 측정된 파형을 그리고, 오실로스코프에 설정된 전압과 시간 스케일(*volt/div*, *time/div*)을 기록하고, 파형의 주파수와 전압(V_{p-p})을 계산하여 기록한다.

(17) 측정된 파형의 v_{in}과 v_{out}의 전압(V_{p-p})을 【표 16-5】의 부하가 있는 경우에 기록한다.

(18) 【그림 16-5(a)】의 회로에서 R_L을 제거하고 오실로스코프로 입력과 출력을 측정한다. (오실로스코프 설정을 파형이 적절히 보이도록 변경)

(19) 【그림 16-10】의 오실로스코프 화면 그림에 측정된 파형을 그리고, 오실로스코프에 설정된 전압과 시간 스케일(*volt/div*, *time/div*)을 기록하고, 파형의 주파수와 전압(V_{p-p})를 계산하여 기록한다.

(20) 측정된 파형의 v_{in}과 v_{out}의 전압(V_{p-p})을 【표 16-5】의 부하가 없는 경우에 기록한다.

(21) 【그림 16-5(a)】의 회로에서 R_L을 다시 연결하고 바이패스 콘덴서 C_3를 제거하고 오실로스코프로 입력과 출력을 측정한다. (오실로스코프 설정을 파형이 적절히 보이도록 변경)

(22) 【그림 16-11】의 오실로스코프 화면 그림에 측정된 파형을 그리고, 오실로스코프에 설정된 전압과 시간 스케일(*volt/dlv*, *time/div*)을 기록하고, 파형의 주파수와 전압(V_{p-p})를 계산하여 기록한다.

(23) 측정된 파형의 v_{in}과 v_{out}의 전압(V_{p-p})을 【표 16-5】의 바이패스 콘덴서가 없는 경우에 기록한다.

(24) 【표 16-5】의 v_{in}과 v_{out}을 이용하여 3가지 경우의 전압 이득을 계산하여 A_v(측정값)에 기록한다.

4 결과 및 결론

이 실험을 통하여 소신호 공통 소스 증폭기의 동작과 특성을 실험을 통하여 알 수 있다. 소스 바이패스 콘덴서와 부하저항이 증폭기에 어떻게 영향을 미치는지 알 수 있었다.

(1) 증폭기는 게이트에 입력이 연결되고 출력은 드레인에 연결되며, 입력과 출력의 위상차는 180°의 위상차를 갖는다.

(2) 소스 바이패스 콘덴서에 의하여 교류에 대하여 소스가 접지되어 부궤환이 없으므로 이득이 증가한다.

(3) 부하저항이 공통 소스 증폭기의 전압 이득을 감소시킨다.

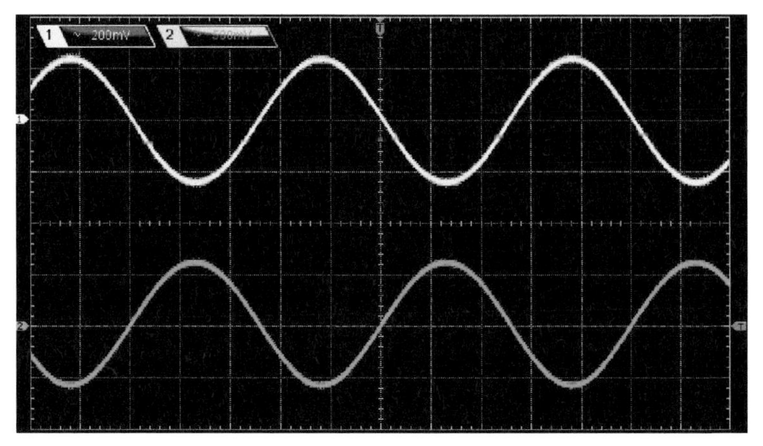

【그림 16-6】 부하가 있는 경우 증폭기의 v_{in}과 v_{out} 파형

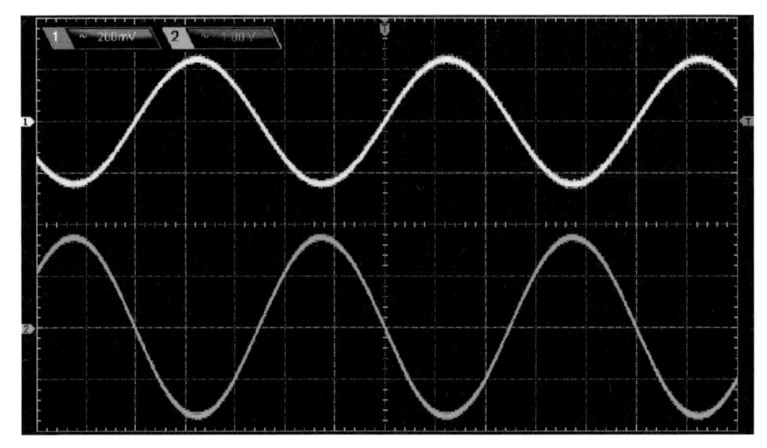

【그림 16-7】 부하가 없는 경우 증폭기의 v_{in}과 v_{out} 파형

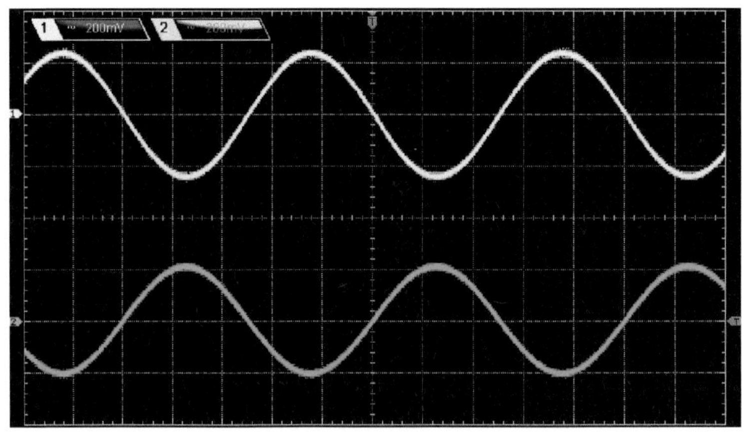

【그림 16-8】 바이패스 콘덴서를 제거한 경우 증폭기의 v_{in}과 v_{out} 파형

5 실험 결과 보고서

학번		이름		실험일시		제출일시	

■ 실험 제목:

■ 실험 회로도

■ 실험 내용

【표 16-1】

저항	표시값	측정값
R_G	1[$M\Omega$]	
R_D	1[$k\Omega$]	
R_L	1[$k\Omega$]	
R_S	510[Ω]	

【표 16-2】

V_D(측정값)	I_D(계산값)

【표 16-3】

V_{GS}(측정값)	V_D(측정값)	I_D(계산값)

【표 16-4】

I_{DSS}(계산값)	$V_{GS(off)}$(계산값)	g_m(계산값)	g_{m0}(계산값)

【표 16-5】

파라미터	A_v(계산값)	$V_{in}[V_{p-p}]$	$V_{out}[V_{p-p}]$	A_v(측정값)
부하(R_L)가 있는 경우				
부하(R_L)가 없는 경우				
바이패스 콘덴서(C_3)가 없는 경우				

⟨CH_1⟩ v_{in}

Time/div : ______________ [ ]

Volt/div : ______________ [ ]

주 파 수 : ______________ [ ]

전압($p-p$) : ______________ [ ]

⟨CH_2⟩ v_{out}

Time/div : ______________ [ ]

Volt/div : ______________ [ ]

주 파 수 : ______________ [ ]

전압($p-p$) : ______________ [ ]

【그림 16-9】 부하가 있는 경우 v_{in}과 v_{out}의 파형

⟨CH_1⟩ v_{in}

Time/div : ______________________ [ ]

Volt/div : ______________________ [ ]

주 파 수 : ______________________ [ ]

전압$(P-P)$: ______________________ [ ]

⟨CH_2⟩ v_{out}

Time/div : ______________________ [ ]

Volt/div : ______________________ [ ]

주 파 수 : ______________________ [ ]

전압$(P-P)$: ______________________ [ ]

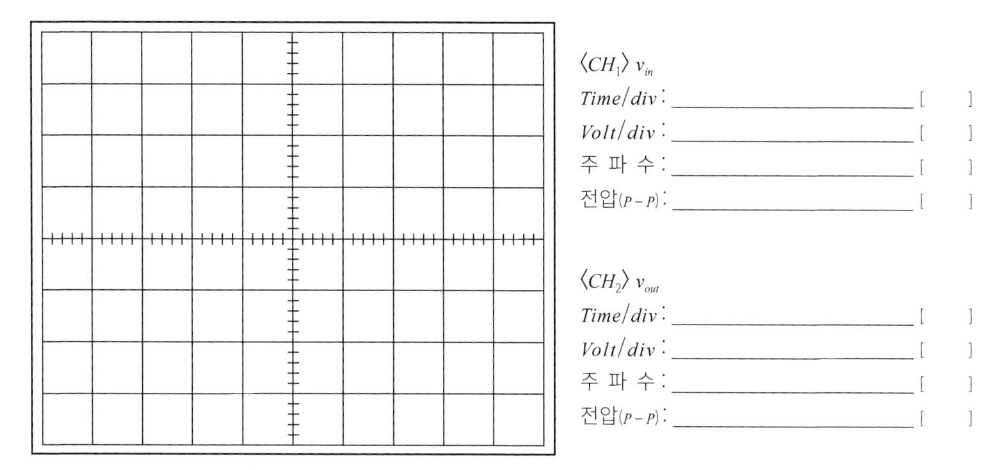

【그림 16-10】 부하가 없는 경우 v_{in}과 v_{out}의 파형

⟨CH_1⟩ v_{in}

Time/div : ______________________ [ ]

Volt/div : ______________________ [ ]

주 파 수 : ______________________ [ ]

전압$(P-P)$: ______________________ [ ]

⟨CH_2⟩ v_{out}

Time/div : ______________________ [ ]

Volt/div : ______________________ [ ]

주 파 수 : ______________________ [ ]

전압$(P-P)$: ______________________ [ ]

【그림 16-11】 바이패스 콘덴서가 없는 경우 v_{in}과 v_{out}의 파형

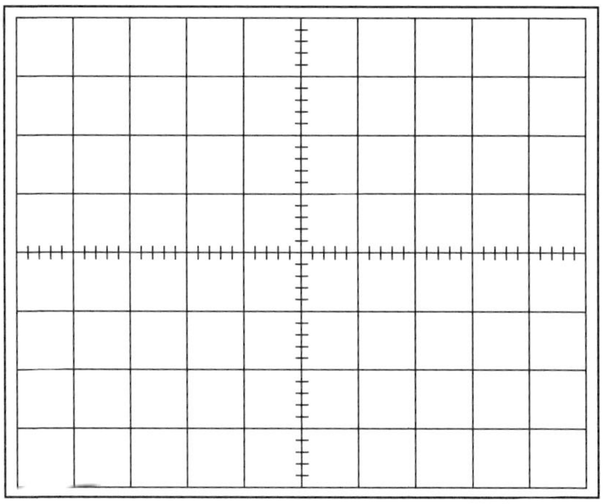

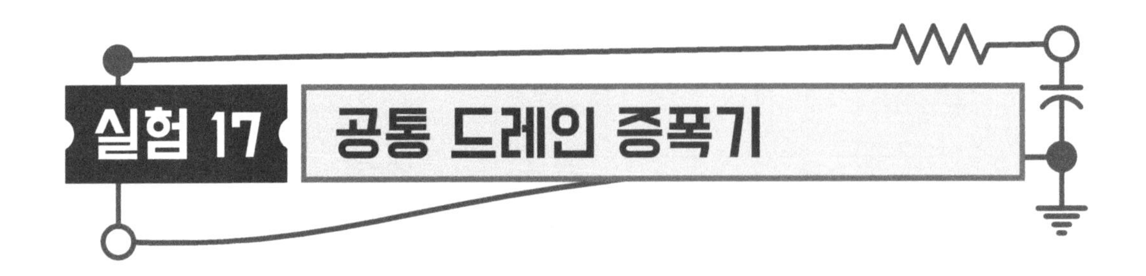

실험 17 공통 드레인 증폭기

1 실험 개요

이 실험에서는 자기 바이어스 공통 드레인 증폭기(Source Follower)의 특성을 이해하고, 이득과 출력 위상관계를 실험과 이론을 비교한다. 공통 드레인 증폭기는 입력신호를 게이트에 인가하고 출력을 소스에서 얻는다. 교류 전압 이득이 1보다 크지 않고 입력과 출력신호 위상은 공통 드레인 증폭기와 같이 위상 편이가 없어 출력은 입력신호에 따르게 된다.

2 관련 이론

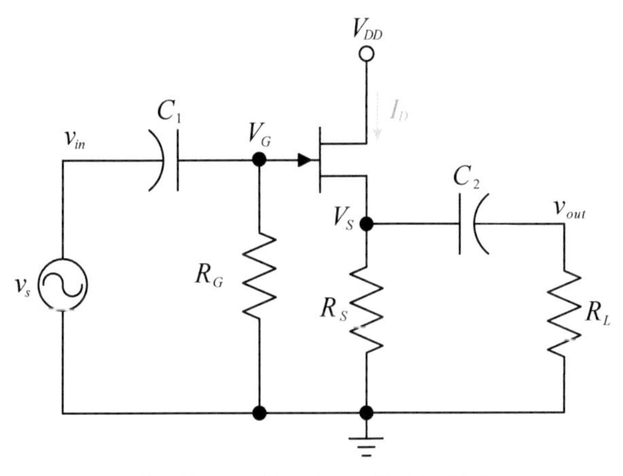

【그림 17-1】 공통 드레인 증폭기

【그림 17-1】은 공통 드레인 증폭기로 신호 입력 단자는 게이트이고, 출력 단자는 소스이다.

증폭기의 특성은 입력과 출력전압 이득은 1보다 크지 않으며, 위상차는 동상이다. 바이어스 형태는 자기 바이어스이고, C_1, C_2는 입력과 출력신호의 결합 커패시터다.

(1) 직류에 대한 회로 해석

직류 바이어스 값을 결정하기 위하여 직류 등가회로를 그려 회로를 해석하는데, 직류에 대하여 커패시터들을 모두 개방회로로 대체하여 회로를 다시 그리면, 직류등가회로에는 트랜지스터와 R_G, R_S만 남는다.

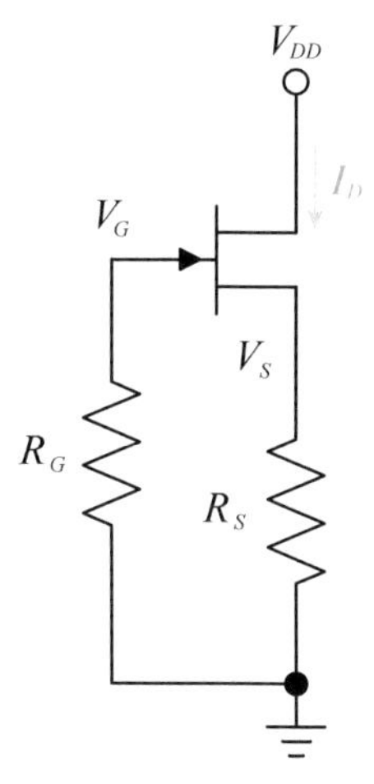

【그림 17-2】 공통 드레인 증폭기의 직류등가회로

- 게이트 전압

$V_G = I_G R_G \simeq 0$, $(I_G \simeq 0)$

- 소스 전압

$V_S = I_D R_S$, $(I_D = I_S)$

- 게이트-소스 전압

$V_{GS}=V_G-V_S=-I_DR_S, \quad (V_G \simeq 0)$

- 드레인-소스 전압

$V_{DS}=V_{DD}-I_DR_S$

- 드레인 전류

$I_D=I_{DSS}\left(1-\dfrac{V_{GS}}{V_{GS(off)}}\right)^2$

- 순방향 전달 컨덕턴스

$g_{m0}=\dfrac{2I_{DSS}}{|V_{GS(off)}|}, \quad g_m=g_{m0}\left[1-\dfrac{V_{GS}}{V_{GS(off)}}\right]$

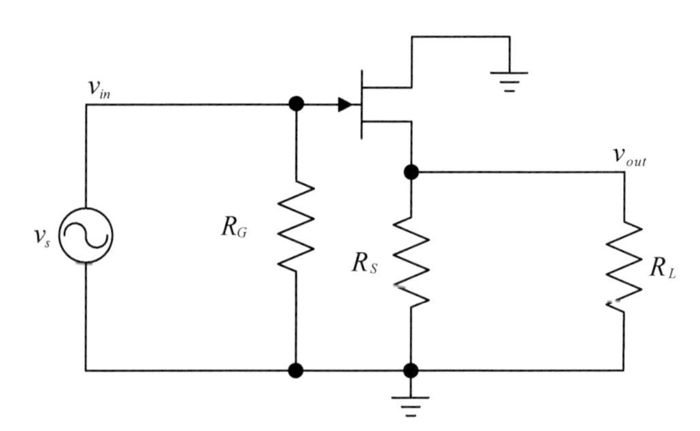

【그림 17-3】 공통 드레인 증폭기의 교류등가회로

(2) 교류 신호에 대한 해석

교류 해석에서 커패시터 C_1, C_2와 직류전원 V_{DD}는 신호주파수에 대해 $X_C=\dfrac{1}{\omega C}\simeq 0$으로 가정한다. 즉 유효 단락(effective short)으로 간주한다. 교류등가회로를 그리면 드레인은 접지되고 R_S와 R_L은 병렬연결된 것과 같다.

- 신호원의 입력전압

$v_s = v_{in}$

- 부하가 있는 경우 전압 이득

$$A_v = \frac{v_{out}}{v_{in}} = \frac{g_m(R_S \| R_L)}{1 + g_m(R_S \| R_L)}$$

- 부하가 없는 경우 전압 이득

$$A_v = \frac{v_{out}}{v_{in}} = \frac{g_m R_S}{1 + g_m R_S}$$

3 실험

[실험 부품 및 재료]

번호	부품명	규격	단위	수량	비고(대체)
1	저항	1[$k\Omega$], 1/4W	개	2	
2	저항	1[$M\Omega$], 1/4W	개	1	
3	콘덴서	22[uF], 16V	개	2	
4	트랜지스터	MPF102	개	1	

[실험 장비]

번호	장비명	규격	단위	수량	비고(대체)
1	전원공급기	DC 가변 0~30[V]	대	1	
2	디지털 멀티미터(DMM)	저항, 전압, 전류 측정	대	1	VOM
3	오실로스코프	2채널	대	1	
4	신호발생기	정현파	대	1	함수발생기

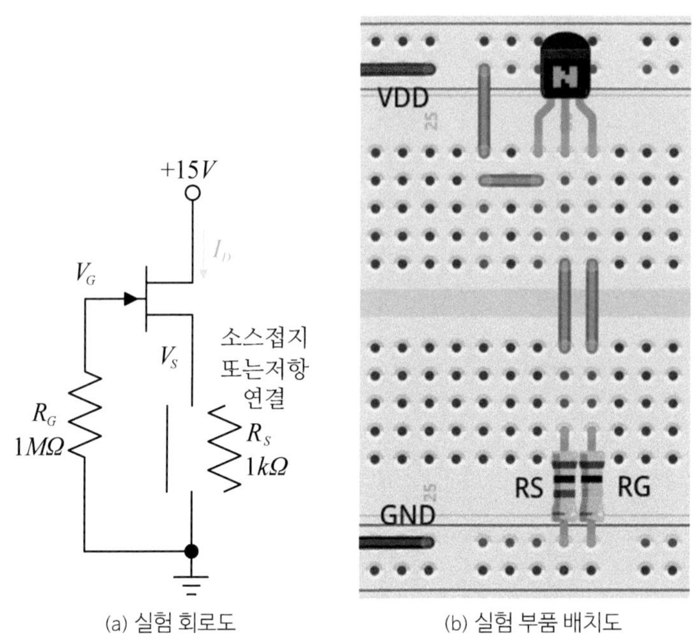

(a) 실험 회로도 (b) 실험 부품 배치도

【그림 17-4】 공통 드레인 증폭기 I_{DSS}, $V_{GS(off)}$ 측정 회로

〈I_{DSS}, $V_{GS(off)}$ 구하기〉

(1) 실험에 사용될 저항 R_G, R_S, R_L을 측정하여 【표 17-1】에 기록한다.

(2) 【그림 17-4(a)】의 회로에서 소스 저항 대신 선을 사용하여 소스가 접지되도록 회로를 브레드보드에 구성한다.

(3) DC 전원공급기 전압을 $15V(V_{DD})$로 설정하고 회로에 연결한다.

(4) I_D를 측정한다. 이 I_D값은 소스가 접지되었으므로 $V_{GS}=0V$일 때로 I_{DSS}와 같다. 이 값을 【표 17-3】의 I_{DSS}에 기록한다.

(5) 회로의 소스 접지 연결선을 제거하고 소스 저항 R_S를 연결한다.

(6) V_S, V_{GS}를 측정하여 【표 17-2】에 기록한다.

(7) 식 $I_D=\frac{V_S}{R_S}$를 사용하여 I_D를 계산하여 【표 17-2】에 기록한다.

(8) 식 $V_{GS(off)}=\frac{V_{GS}}{1-\sqrt{\frac{I_D}{I_{DSS}}}}$를 사용하여 $V_{GS(off)}$를 계산하여 【표 17-3】에 기록한다.

〈g_m, 교류전압 이득 구하기〉

(9) 식 $g_{m0}=\frac{2I_{DSS}}{|V_{GS(off)}|}$, $g_m=g_{m0}\left[1-\frac{V_{GS}}{V_{GS(off)}}\right]$를 사용하여 두 값을 계산하고 【표 17-3】에 기록한다.

(10) 이론 식을 이용하여 부하가 있는 경우, 부하가 없는 경우의 두 가지 전압 이득을 계산하여 【표 17-4】의 A_v(계산값)에 기록한다.

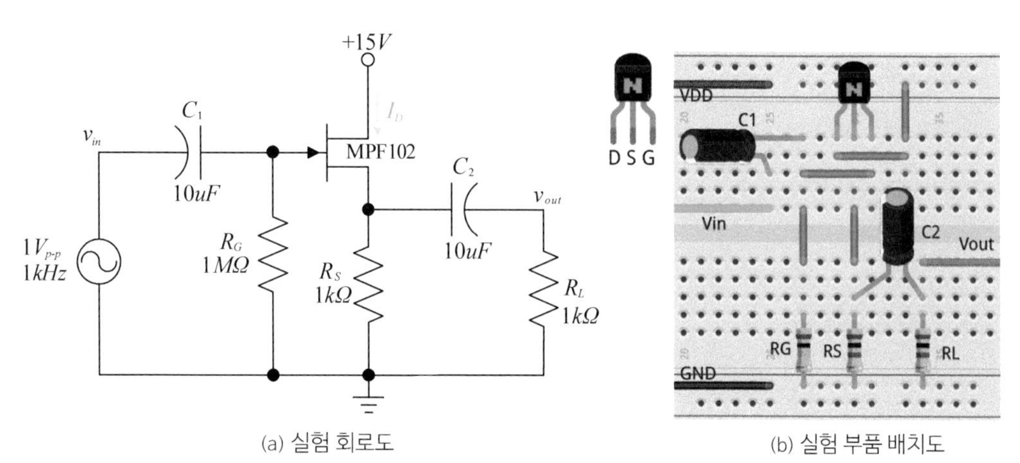

(a) 실험 회로도 (b) 실험 부품 배치도

【그림 17-5】 공통 소스 증폭기 실험 회로

〈교류전압 이득 측정하기〉

(11) 【그림 17-5(a)】의 회로를 브레드보드에 구성한다.

(12) 신호발생기를 $1kHz$, $1V_{p-p}$로 설정하고 회로에 연결한다. (필요한 경우 입력신호의 크기를 조절한다.)

(13) 오실로스코프를 다음과 같이 설정한다.

$CH_1(X)$ *Volts/Division*(Scale): 250*mV/Division*, AC coupling

$CH_2(Y)$ *Volts/Division*(Scale): 250*mV/Division*, AC coupling

Time/Division(Scale): 200*us/Division*

(14) 오실로스코프의 채널 1을 v_{in}에 연결하고, 채널 2를 v_{out}에 연결한다.

(15) 측정된 파형을 【그림 17-8】의 오실로스코프 화면 그림에 그리고, 오실로스코프에 설정된 전압과 시간 스케일(*volt/div*, *time/div*)을 기록하고, 파형의 주파수와 전압(V_{p-p})을

계산하여 기록한다.

(16) 측정된 파형의 v_{in}과 v_{out}의 전압(V_{p-p})을 【표 17-5】의 부하가 있는 경우에 기록한다.

(17) 【그림 17-5(a)】의 회로에서 R_L을 제거하고 오실로스코프로 입력과 출력을 측정한다. (오실로스코프 설정을 파형이 적절히 보이도록 변경)

(18) 【그림 17-9】의 오실로스코프 화면 그림에 측정된 파형을 그리고, 오실로스코프에 설정된 전압과 시간 스케일(*volt/div*, *time/div*)을 기록하고, 파형의 주파수와 전압(V_{p-p})를 계산하여 기록한다.

(19) 측정된 파형의 v_{in}과 v_{out}의 전압(V_{p-p})을 【표 17-4】의 부하가 없는 경우에 기록한다.

(20) 【표 17-4】의 v_{in}과 v_{out}을 이용하여 2가지 경우의 전압 이득을 계산하여 A_v(측정값)에 기록한다.

4 결과 및 결론

이 실험을 통하여 소신호 공통 드레인 증폭기의 동작과 특성을 실험을 통하여 알 수 있다. 부하저항이 증폭기에 어떻게 영향을 미치는지 알 수 있었다.

(1) 증폭기는 게이트에 입력신호를 인가하고 출력은 소스에서 얻어지며, 입력과 출력의 위상차는 0° 으로 동상의 위상을 갖는다.

(2) 부하저항이 공통 드레인 증폭기의 전압 이득을 감소시킨다.

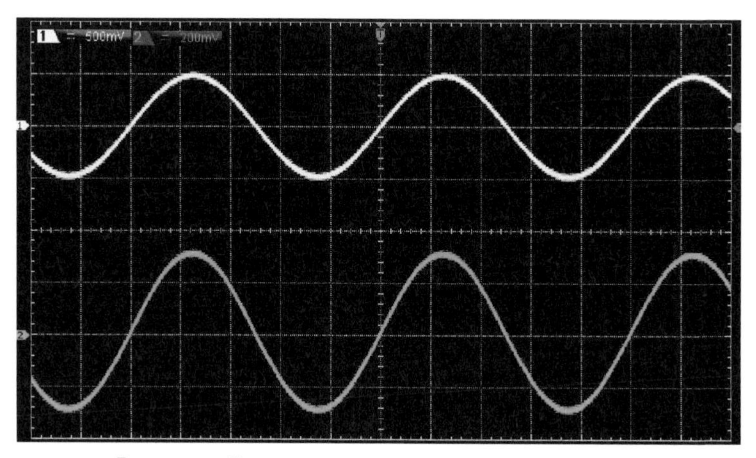

【그림 17-6】 부하가 있는 경우 증폭기의 v_{in}과 v_{out} 파형

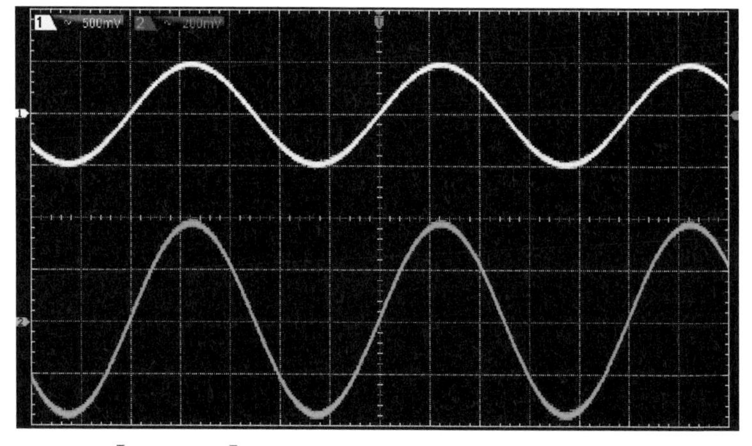

【그림 17-7】 부하가 없는 경우 증폭기의 v_{in}과 v_{out} 파형

5 실험 결과 보고서

학번		이름		실험일시		제출일시	

■ 실험 제목:

■ 실험 회로도

■ 실험 내용

【표 17-1】

저항	표시값	측정값
R_G	1[$M\Omega$]	
R_L	1[$k\Omega$]	
R_S	1[$k\Omega$]	

【표 17-2】

V_{GS}(측정값)	V_S(측정값)	I_D(계산값)

【표 17-3】

I_{DSS}(측정값)	$V_{GS(off)}$(계산값)	g_m(계산값)	g_{m0}(계산값)

【표 17-4】

파라미터	A_v(계산값)	$v_{in}[V_{p-p}]$	$v_{out}[V_{p-p}]$	A_v(측정값)
부하(R_L)가 있는 경우				
부하(R_L)가 없는 경우				

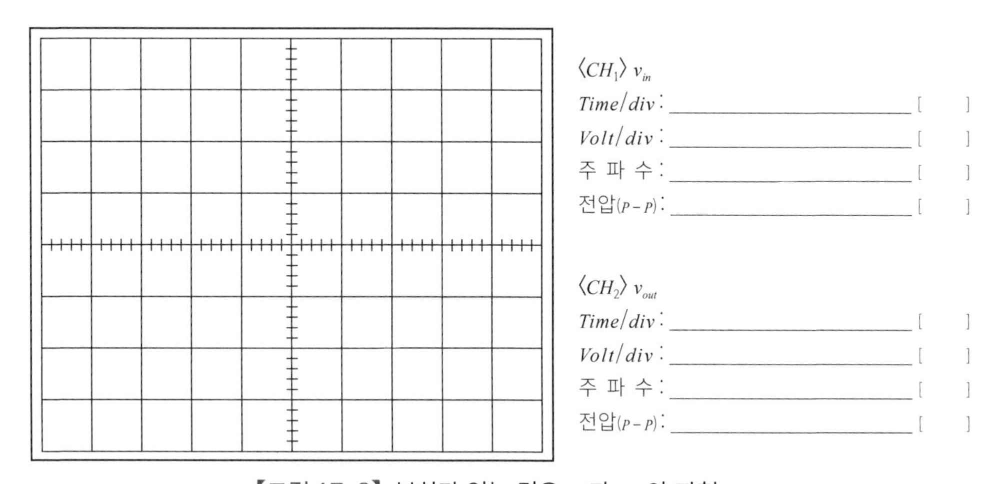

【그림 17-8】 부하가 있는 경우 v_{in}과 v_{out}의 파형

⟨CH_1⟩ v_{in}

Time/div : ______ [ ]

Volt/div : ______ [ ]

주 파 수 : ______ [ ]

전압(P-P) : ______ [ ]

⟨CH_2⟩ v_{out}

Time/div : ______ [ ]

Volt/div : ______ [ ]

주 파 수 : ______ [ ]

전압(P-P) : ______ [ ]

【그림 17-9】 부하가 없는 경우 v_{in}과 v_{out}의 파형

1 실험 개요

본 실험의 목적은 B급 푸시풀 이미터 폴로워 증폭기의 입력 신호에 대한 출력 파형과 효율 특성을 실험을 통하여 이해하고, B급으로 바이어스되었을 때 무신호 시 전력 소모가 없어 효율이 높지만 교차 왜곡(cross-over distortion)이 발생한다. 이 왜곡에 대하여 파형에 어떤 영향을 주는지 알아보고 원인과 해결 방법을 알아본다.

2 관련 이론

부하에 큰 신호 전력을 공급하는 목적으로 하는 증폭기를 전력 증폭기라 한다. 전력 증폭기회로는 동작점에 의하여 A급, B급, AB급, C급 증폭기로 분류된다.

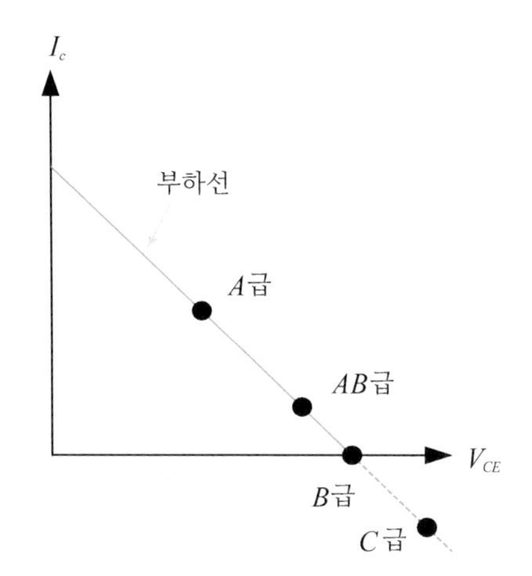

【그림 18-1】 동작점에 의한 증폭기의 분류

A급 증폭기는 부하선의 중앙에 바이어스 점을 선택한 증폭기로 정현파 출력을 얻을 수 있고, 왜곡이 가장 적은 선형 특성을 얻을 수 있으나 효율은 가장 나쁘다. 얻을 수 있는 이론적 최대 효율은 50[%]이다.

B급 증폭기는 무신호 상태에서는 트랜지스터에 전류가 흐르지 않도록 바이어스 점을 정하고 정현파 신호를 가했을 때 반 사이클만 전류가 흐르도록 설계된 방식이다. 무신호 시에는 트랜지스터에 전류가 흐르지 않고 최대 78.5%의 효율을 얻을 수 있는 증폭이지만 반쪽 파형만이 출력되므로 우수 고조파가 출력되어 이를 제거하는 회로나 나머지 반을 증폭하여 합성하는 회로가 필요하다.

C급 증폭기는 신호의 반 사이클 시간보다 짧은 시간만 전류가 흐르므로 출력 파형은 큰 왜곡을 농반하지만, 효율이 매우 높아 보통 고주파 전력 증폭에 널리 사용된다. 그러나 큰 출력을 얻을 경우 효율이 감소할 수도 있으며 고조파 제거를 위해 동조회로 및 필터 등을 이용해야 한다는 것과 대역폭이 좁은 단점이 있다.

B급 증폭기는 반 사이클만 증폭되는 증폭기로서 완전한 출력 파형을 얻을 수 없으므로 정과 부의 반 사이클씩을 각각 트랜지스터로 증폭하여 출력 측에서 합성하는 방식의 푸시풀(push-pull) 방식을 사용한다. 【그림 18-2】는 푸시풀 증폭기로 전기적 특성이 같은 트랜지스터를 서로 대칭(complementary)으로 접속하여 교대로 동작시킨 후 각각의 반파 출력 파형을 합하여 완전한 파형이 되게 하는 구조의 회로로 큰 출력을 얻을 수

있다.

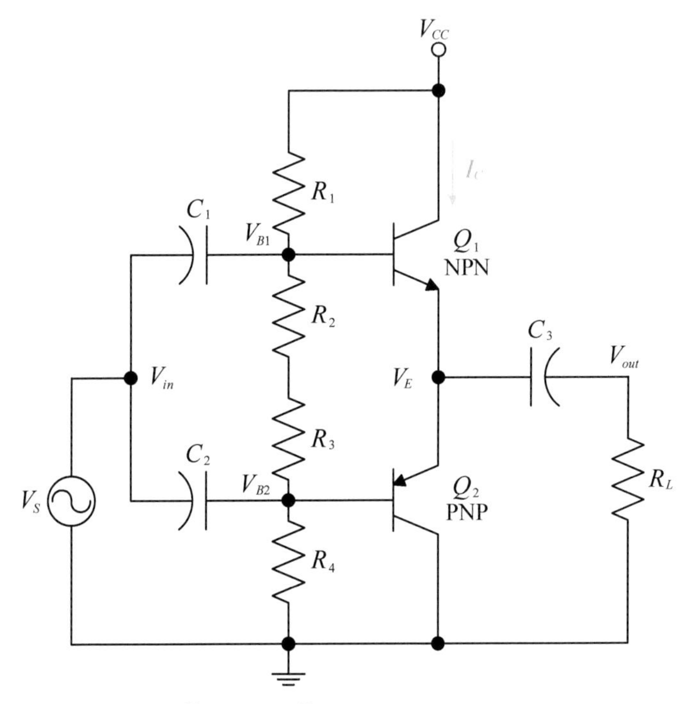

【그림 18-2】 B급 푸시풀 증폭기

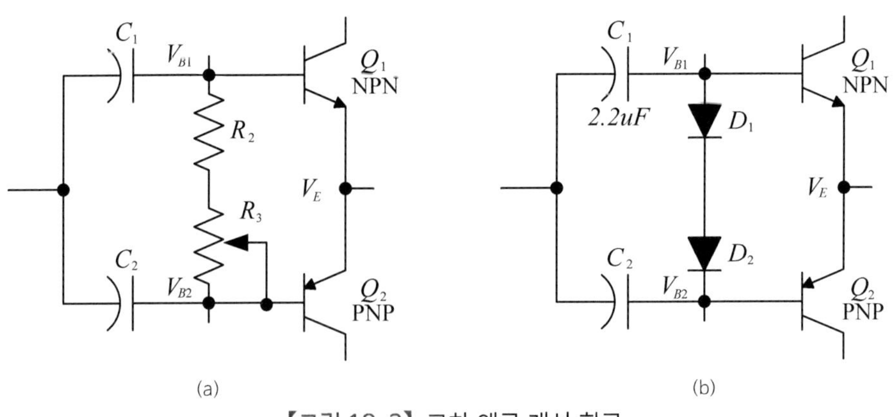

【그림 18-3】 교차 왜곡 개선 회로

【그림 18-3(a)】는 교차 왜곡을 개선하는 회로로 두 개의 트랜지스터 각각의 베이스와 이미터 사이의 전압이 되도록 한 것으로 R_2와 R_3에 걸리는 전압이 $2V_{BE}$가 되도록 회로를 구성한 것이다. 【그림 18-3(b)】는 다이오드를 이용하여 두 개의 트랜지스터 각각의 베이스와

이미터 사이의 전압이 $2V_{BE}$가 되도록 회로를 구성하여 교차 왜곡을 개선하는 회로이다.

- 직류 공급 전력

$$P_{dc}=V_{CC}I_C$$

- 교류 출력 전력

$$P_{ac}=\frac{V^2_{out(p-p)}}{8R_L}=\frac{V^2_{out(peak)}}{2R_L}=\frac{V^2_{out(s)}}{R_L}$$ (정현파 경우)

- 효율

$$\eta=\frac{P_{ac}}{P_{dc}}\times 100[\%]$$

3 실험

[실험 부품 및 재료]

번호	부품명	규격	단위	수량	비고(대체)
1	저항	510[Ω], 1/4W	개	2	
2	저항	1[$k\Omega$], 1/4W	개	1	
3	저항	10[$k\Omega$], 1/4W	개	2	
4	가변저항	5[$k\Omega$], B형	개	1	
5	콘덴서	10[uF], 16V	개	2	
6	콘덴서	100[uF], 16V	개	1	
7	다이오드	1N914	개	2	
8	트랜지스터	2N3904	개	1	2N4401
9	트랜지스터	2N3906	개	1	2N4403

[실험 장비]

번호	장 비 명	규 격	단위	수량	비고(대체)
1	전원공급기	DC 가변 0~30[V]	대	1	
2	디지털 멀티미터(DMM)	저항, 전압, 전류 측정	대	1	VOM
3	오실로스코프	2채널이상	대	1	
4	신호발생기	정현파	대	1	함수발생기

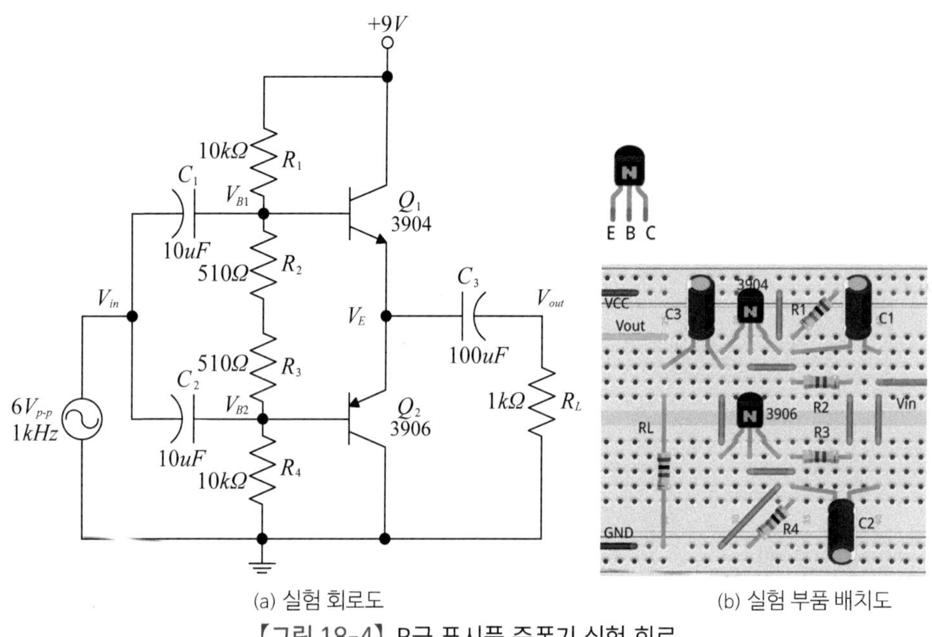

(a) 실험 회로도 (b) 실험 부품 배치도

【그림 18-4】 B급 푸시풀 증폭기 실험 회로

(1) 【그림 18-4(a)】의 실험 회로도에 R_1, R_2, R_3, R_4, R_L 저항을 측정하여 【표 18-1】에 기록한다.

(2) 측정된 저항값을 이용하여 V_{B1}, V_{B2}, V_E를 계산하여 【표 18-2】의 계산값에 기록한다.

(3) 신호발생기는 연결하지 않고 【그림 18-4(a)】의 회로를 브레드보드에 구성한다.

(4) DC 전원공급기 전압을 $9V(V_{CC})$로 설정하고 회로에 연결한다.

(5) V_{B1}, V_{B2}, V_E를 측정하여 【표 18-2】의 측정값(저항)에 기록한다.

(6) 신호발생기를 $1kHz, 6V_{p-p}$로 설정하고 회로에 연결한다. (필요한 경우 입력신호의 크기를 조절한다.)

(7) 오실로스코프를 다음과 같이 설정한다.

$CH_1(X)$ *Volts/Division*(Scale) : 2*V/Division*, DC coupling

$CH_2(Y)$ *Volts/Division*(Scale) : 2*V/Division*, DC coupling

Time/Division(Scale) : 250*us/Division*

(8) 오실로스코프의 채널 1을 v_{in}에 연결하고, 채널 2를 v_{out}에 연결한다.

(9) 【그림 18-10】의 오실로스코프 화면 그림에 측정된 파형을 그리고, 오실로스코프에 설정된 전압과 시간 스케일(*volt/div, time/div*)을 기록하고, 파형의 주파수와 전압(V_{p-p})를 계산하여 기록한다.

(10) 저항 R_3를 제거하고 【그림 18-5(a)】의 회로도와 같이 5$k\Omega$ 가변저항으로 바꾼다.

(11) 가변저항 값을 출력 파형에서 교차 왜곡이 사라질 때까지 서서히 증가시킨다. V_{B1}, V_{B2}, V_E를 측정하여 【표 18-2】의 측정값(가변저항)에 기록한다.

(12) 【그림 18-11】의 오실로스코프 화면 그림에 측정된 파형을 그리고, 오실로스코프에 설정된 전압과 시간 스케일(*volt/div, time/div*)을 기록하고, 파형의 주파수와 전압(V_{p-p})를 계산하여 기록한다.

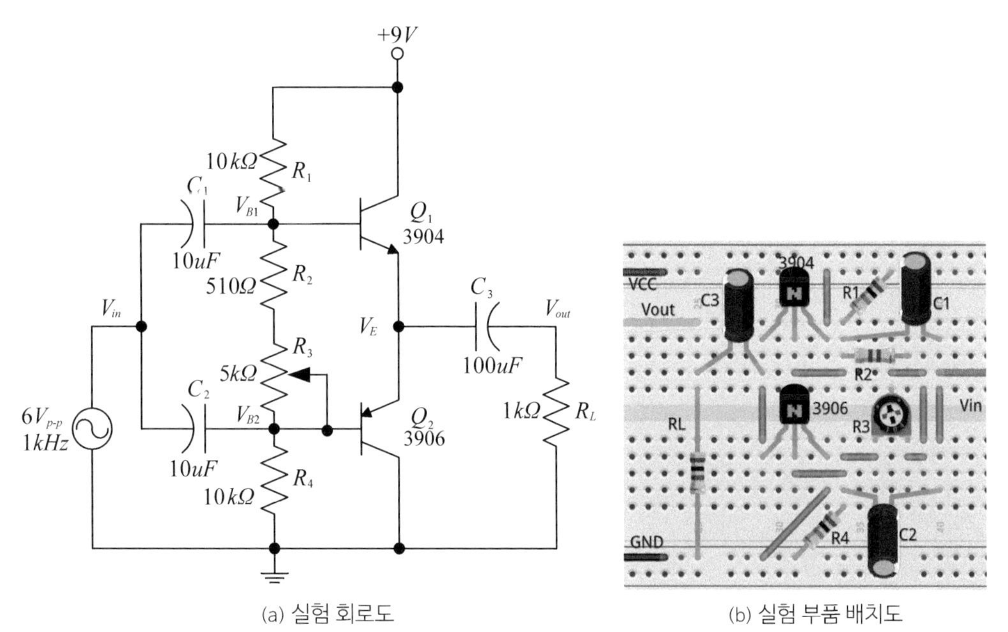

(a) 실험 회로도 (b) 실험 부품 배치도

【그림 18-5】 가변저항을 이용한 크로스오버 왜곡 개선 실험 회로

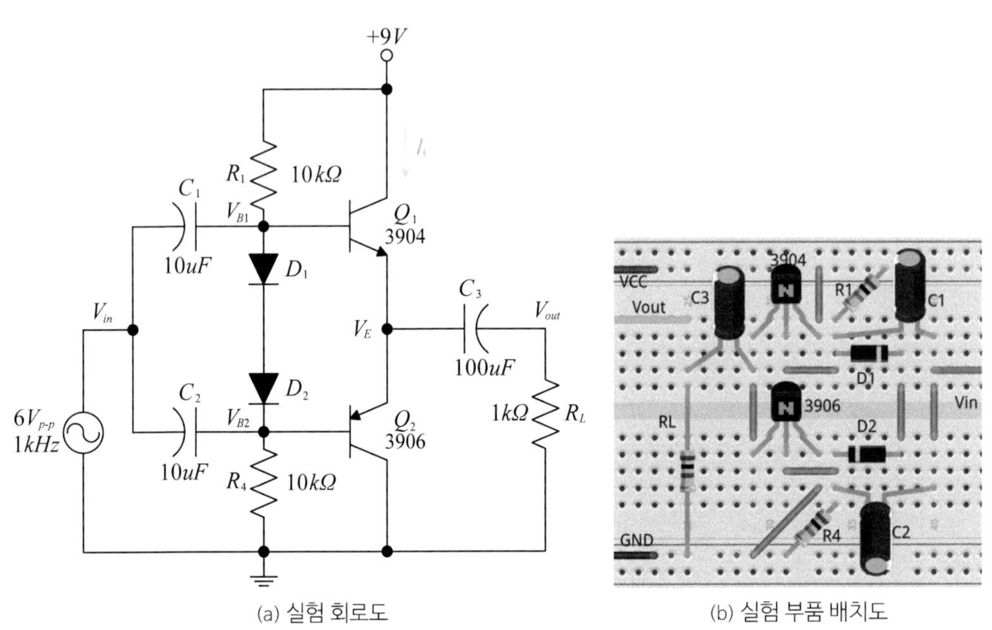

(a) 실험 회로도 (b) 실험 부품 배치도

【그림 18-6】 다이오드를 이용한 크로스오버 왜곡 개선 실험 회로

(13) 저항 R_3, R_4를 제거하고 【그림 18-6(a)】의 회로도와 같이 다이오드로 바꾼다. V_{B1}, V_{B2}, V_E를 측정하여 【표 18-2】의 측정값(다이오드)에 기록한다.

(14) 【그림 18-12】의 오실로스코프 화면 그림에 측정된 파형을 그리고, 오실로스코프에 설정된 전압과 시간 스케일(*volt/div*, *time/div*)을 기록하고, 파형의 주파수와 전압(V_{p-p})를 계산하여 기록한다.

(15) 측정된 출력 파형의 $V_{out(peak)}$을 【표 18-3】에 기록한다.

(16) DMM을 사용하여 I_C를 측정하여 【표 18-3】에 기록한다.

(17) 직류공급전력, 교류출력전력, 효율을 계산하여 【표 18-3】에 기록한다.

4 결과 및 결론

이 실험을 통하여 B급 푸시풀 증폭기의 동작과 특성을 실험을 통하여 알 수 있다.

(1) B급 증폭기는 무신호 시 전력을 소모하지 않는 장점이 있으나 전체 신호를 증폭하지 못하여 전기적 특성이 같은 트랜지스터를 서로 대칭(complementary)으로 접속하여 교대로 동작시킨 후 각각의 반파 출력 파형을 합하여 완전한 파형이 되게 하는 푸시풀 방식을 사용한다.

(2) 베이스-이미터 전압이 0인 경우 교차 왜곡이 발생하여 베이스의 전압을 컷인(cut in) 전압을 유지하도록 한다. 보통 $V_{BE} \simeq 0.7$(트랜지스터에 따라 0.5 V~0.7 V로 다름)의 2배이다.

(3) 이미터 폴로워형(공통 컬렉터)으로 전압 이득은 1정도이나 전류 이득은 크다.

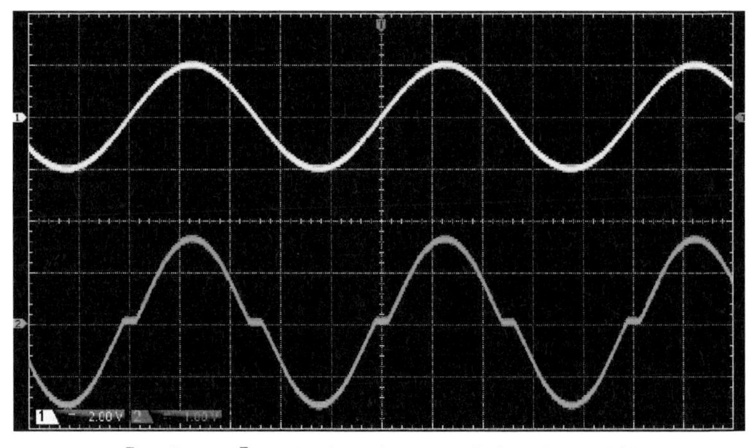

【그림 18-7】 교차 왜곡 경우 증폭기의 v_{in}과 v_{out} 파형

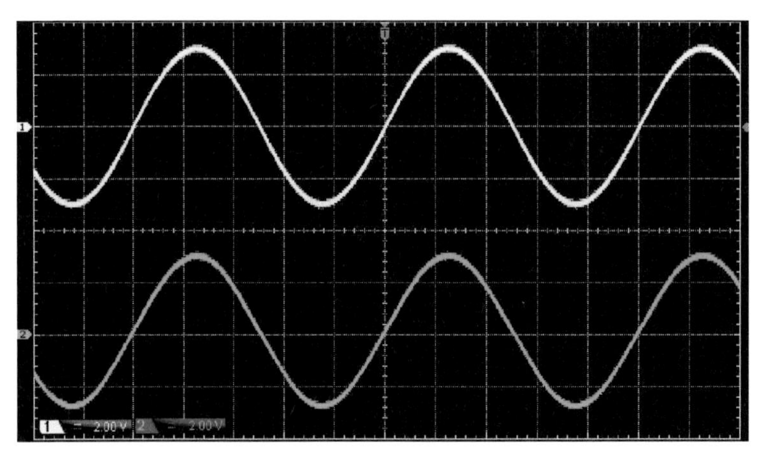

【그림 18-8】 가변저항으로 교차 왜곡 개선한 경우 v_{in}과 v_{out} 파형

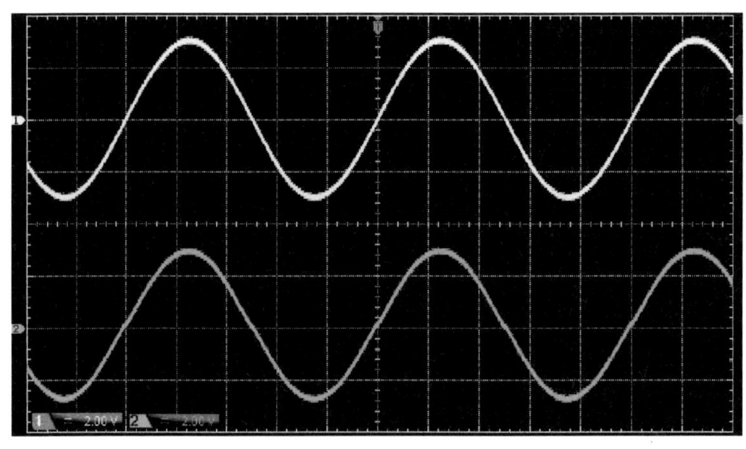

【그림 18-9】 다이오드로 교차 왜곡 개선한 경우 v_{in}과 v_{out} 파형

5 실험 결과 보고서

학번		이름		실험일시		제출일시	

■ 실험 제목:

■ 실험 회로도

■ 실험 내용

【표 18-1】

저항	표시값	측정값
R_1	10[$k\Omega$]	
R_2	510[Ω]	
R_3	510[Ω]	
R_4	10[$k\Omega$]	
R_L	1[$k\Omega$]	

【표 18-2】

파라미터	V_{B1}	V_{B2}	V_E
계산값			
측정값(저항)			
측정값(가변저항)			
측정값(다이오드)			

【표 18-3】

$V_{out(peak)}$	I_C	P_{dc}(직류전력)	P_{ac}(교류출력)	η(효율)

$\langle CH_1 \rangle$ v_{in}
Time/div : ________________ [ ]
Volt/div : ________________ [ ]
주 파 수 : ________________ [ ]
전압(P − P) : ________________ [ ]

$\langle CH_2 \rangle$ v_{out}
Time/div : ________________ [ ]
Volt/div : ________________ [ ]
주 파 수 : ________________ [ ]
전압(P − P) : ________________ [ ]

【그림 18-10】 교차 왜곡 경우 v_{in}과 v_{out}의 파형

⟨CH_1⟩ v_{in}
Time/div : ______________________ [ ]
Volt/div : ______________________ [ ]
주 파 수 : ______________________ [ ]
전압($P-P$) : ______________________ [ ]

⟨CH_2⟩ v_{out}
Time/div : ______________________ [ ]
Volt/div : ______________________ [ ]
주 파 수 : ______________________ [ ]
전압($P-P$) : ______________________ [ ]

【그림 18-11】 가변저항으로 개선한 경우 v_{in}과 v_{out}의 파형

⟨CH_1⟩ v_{in}
Time/div : ______________________ [ ]
Volt/div : ______________________ [ ]
주 파 수 : ______________________ [ ]
전압($P-P$) : ______________________ [ ]

⟨CH_2⟩ v_{out}
Time/div : ______________________ [ ]
Volt/div : ______________________ [ ]
주 파 수 : ______________________ [ ]
진압($P-P$) : ______________________ [ ]

【그림 18-12】 다이오드로 개선한 경우 v_{in}과 v_{out}의 파형

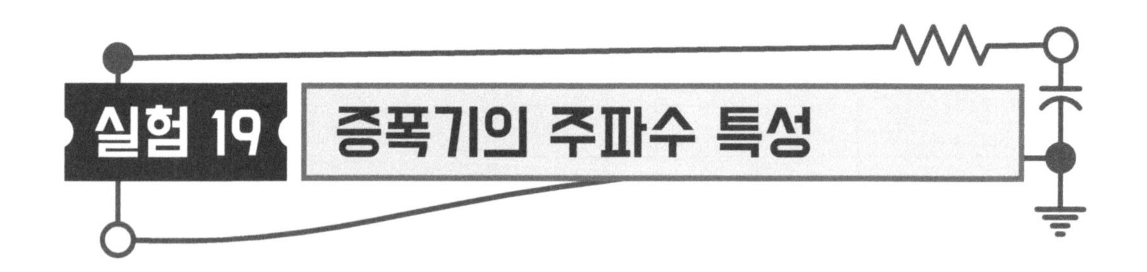

1 실험 개요

증폭기의 주파수 응답 영역을 저주파, 중간주파, 고주파로 나눌 수 있는데 저주파에 영향을 미치는 것은 결합 콘덴서 및 바이패스 콘덴서이고, 고주파에 영향을 주는 것은 트랜지스터 내부 커패시터이다. 이 실험은 공통 이미터 증폭기의 결합 콘덴서 및 바이패스 콘덴서의 일반적인 정상 용량보다 작게 하여 $3dB$ 차단 주파수를 측정하여 저주파 응답 특성을 측정하였다.

2 관련 이론

(1) 데시벨(dB) 이득

- 전력 이득 $dB = 10Log(A_p)$
- 전압 이득 $dB = 20Log(A_v)$

$3dB$ 차단 주파수는 이득이 전력은 1/2, 전압은 $1/\sqrt{2}$ 로 감소했을 때를 나타낸 것으로 중간주파수에서 전압과 전력의 크기가 1이라 했을 때 전압은 0.707, 전력은 0.5가 되는 주파수를 말한다.

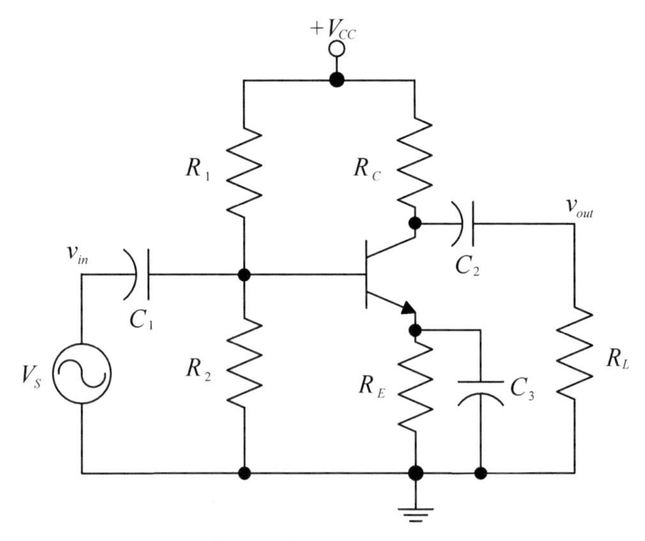

【그림 19-1】 공통 이미터 증폭기

(2) 직류에 대한 회로 해석

직류 바이어스 값을 결정하기 위하여 직류 등가회로를 그려 회로를 해석하는데, 직류에 대하여 커패시터들을 모두 개방회로로 대체하여 회로를 다시 그리면, 직류 등가회로에는 트랜지스터와 R_1, R_2, R_C, R_E만 남는다.

- 식듀 베이스 전압

$$V_B=\left(\frac{R_2}{R_1+R_2}\right)V_{CC}$$

- 직류 이미터 전압

$$V_E=V_B-V_{BE}$$

- 직류 이미터 전류

$$I_E=\frac{V_E}{R_E}\simeq I_C$$

- 직류 컬렉터 전압

$V_C = V_{CC} - I_C R_C$

- 직류 전류 이득

$\beta \simeq \frac{I_C}{I_B}$

(3) 교류 신호에 대한 해석

교류 해석에서 커패시터 C_1, C_2, C_3와 직류전원은 신호 주파수에 대해 유효단락 (effective short)으로 간주한다. 교류등가회로를 그리면 이미터는 접지되고, R_1과 R_2 그리고 R_C과 R_L은 각각 병렬 연결된 것과 같다.

- 트랜지스터의 교류 이미터 저항

$r_e \simeq \frac{25mV}{I_E}$

- 전압 이득

$A_v \simeq \frac{v_{out}}{v_{in}} = \frac{R_C \parallel R_L}{r_e}$

- 교류 입력 임피던스

$R_{in} = R_1 \parallel R_2 \parallel \beta r_e$

- 입력 결합 콘덴서 C_1에 의한 주파수 응답

$f_1 = \frac{1}{2\pi C_1 (R_{in} + R_S)} \simeq \frac{1}{2\pi C_1 R_{in}}$, R_S는 신호발생기 임피던스(보통 50Ω)

- 출력 결합 콘덴서 C_2에 의한 주파수 응답

$f_2 = \frac{1}{2\pi C_2 (R_C + R_L)}$

• 바이패스 콘덴서 C_3에 의한 주파수 응답

$$f_3 = \frac{1}{2\pi C_3\left\{\left(\frac{R_1 \| R_2 \| R_S}{\beta} + r_e\right) \| R_E\right\}} \simeq \frac{1}{2\pi C_3(r_e \| R_E)}$$

3 실험

[실험 부품 및 재료]

번호	부품명	규격	단위	수량	비고(대체)
1	저항	300[Ω], 1/4[W]	개	1	
2	저항	860[Ω], 1/4[W]	개	1	
3	저항	2.4[kΩ], 1/4[W]	개	1	
4	저항	10[kΩ], 1/4[W]	개	1	
5	콘덴서	0.02[μF]	개	1	
6	콘덴서	1[μF]	개	1	
7	콘덴서	10[μF], 16[V]	개	2	
8	콘덴서	22[μF], 16[V]	개	1	
9	트랜지스터	2N3904	개	1	2N4401

[실험 장비]

번호	장비명	규격	단위	수량	비고(대체)
1	전원공급기	DC 가변 0~30[V]	대	1	
2	디지털 멀티미터(DMM)	저항, 전압, 전류 측정	대	1	VOM
3	오실로스코프	2채널 이상	대	1	
4	신호발생기	정현파	대	1	함수발생기

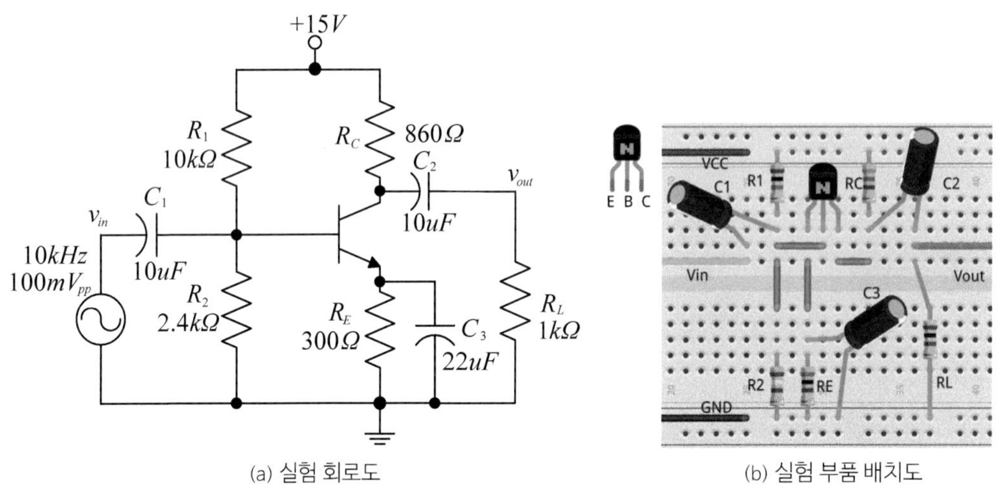

(a) 실험 회로도 (b) 실험 부품 배치도

【그림 19-2】 증폭기의 저주파 응답 실험 회로

(1) 【그림 19-2(a)】의 실험 회로도에 R_1, R_2, R_C, R_E, R_L 저항을 측정하여 【표 19-1】에 기록한다.

(2) 【그림 19-2(a)】의 회로를 브레드보드에 구성한다.

(3) DC 전원공급기 전압을 $15V(V_{CC})$로 설정하고 회로에 연결한다.

(4) 입력신호를 인가하지 않은 상태로 DMM으로 V_B, V_C, V_E를 측정하여 【표 19-2】에 기록한다.

(5) 이미터 전류 I_E, 교류 내부저항 r_e와 β를 계산하여 【표 19-3】에 기록한다.

(6) 식을 이용하여 전압 이득 A_v를 계산하고 【표 19-4】의 A_v 계산값에 기록한다.

(7) 신호발생기를 $50kHz$, $100mV_{p-p}$로 설정하고 회로에 연결한다. (필요한 경우 입력신호의 크기를 조절한다.)

(8) 오실로스코프를 다음과 같이 설정한다.

$CH_1(X)$ *Volts/Division*(Scale): $50mV/Division$, AC coupling

$CH_2(Y)$ *Volts/Division*(Scale): $1V/Division$, AC coupling

Time/Division(Scale): $25us/Division$

(9) 오실로스코프의 채널 1을 v_{in}에 연결하고, 채널 2를 v_{out}에 연결한다.

(10) 측정된 파형의 입력전압 v_{in}과 출력전압 v_{out}의 전압(V_{p-p})을 【표 19-4】에 기록한다.

(11) 【표 19-4】의 v_{in}과 v_{out}을 이용하여 전압 이득을 계산하여 A_v 측정값에 기록한다.

(12) 입력과 출력 결합 콘덴서와 바이패스 콘덴서의 주파수 응답 f_1, f_2, f_3를 계산하여 【표 19-5】에 기록한다.

(13) 입력 결합 콘덴서의 저주파 영향을 측정하기 위하여 C_1을 0.02[uF]로 바꾸고 출력 전압을 확인한다. 이 출력전압이 0.707배(5V라면 3.535[V_{p-p}])가 될 때까지 신호발생기의 주파수를 천천히 낮추고, 이때의 주파수를 【표 19-5】의 f_1 측정값에 기록한다.

(14) 신호주파수를 50kHz, C_1을 10[uF]로 처음 값으로 바꾼다.

(15) 출력 결합 콘덴서의 저주파 영향을 측정하기 위하여 C_2를 0.02[uF]로 바꾼다. 출력 전압이 0.707배가 될 때까지 신호발생기의 주파수를 천천히 낮추고, 이때의 주파수를 【표 19-5】의 f_2 측정값에 기록한다.

(16) 신호주파수를 100kHz로 바꾸고 C_2를 원래의 10[uF]로 바꾼다. 바이패스 콘덴서의 저주파 영향을 측정하기 위하여 C_3를 1[uF]로 바꾸고, 출력전압이 0.707배가 될 때까지 신호발생기의 주파수를 천천히 낮추고, 이때의 주파수를 【표 19-5】의 f_3 측정값에 기록한다.

4 결과 및 결론

이 실험을 통하여 소신호 공통 이미터 증폭기의 저주파 응답 특성에 영향을 주는 요인을 실험을 통하여 확인할 수 있다. 신호의 입력과 출력 결합 콘덴서와 이미터 바이패스 콘덴서 용량이 충분히 크지 못하면 낮은 주파수에서 이득 감소 요인이 됨을 알 수 있었다.

(1) 이 실험에 사용한 입력과 출력 콘덴서 0.02μF에 대하여 3dB 차단주파수는 각각 약 7kHz, 4kHz이다.

(2) 1μF의 바이패스 콘덴서에 의한 3dB 차단주파수는 약 21kHz 정도이다.

(3) 결합 콘덴서에 비하여 바이패스 콘덴서의 용량이 매우 큰 값이지만 차단주파수가

훨씬 높아 주파수에 대한 영향을 배제하려면 바이패스 콘덴서의 용량을 충분히 큰 것을 사용해야 한다.

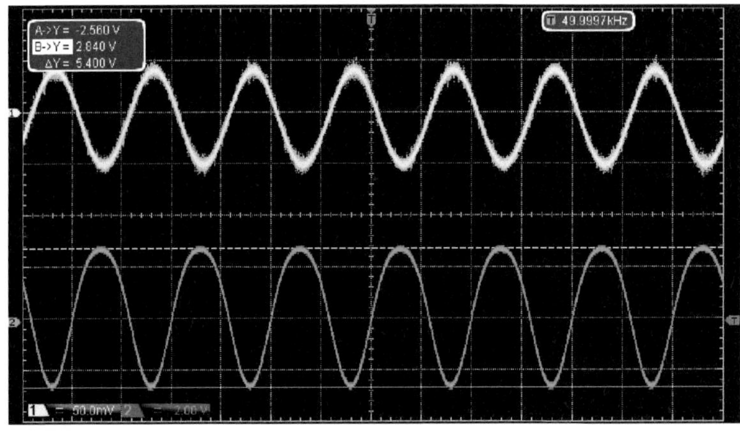

(a) 주파수 $50kHz(5.4V_{p-p})$

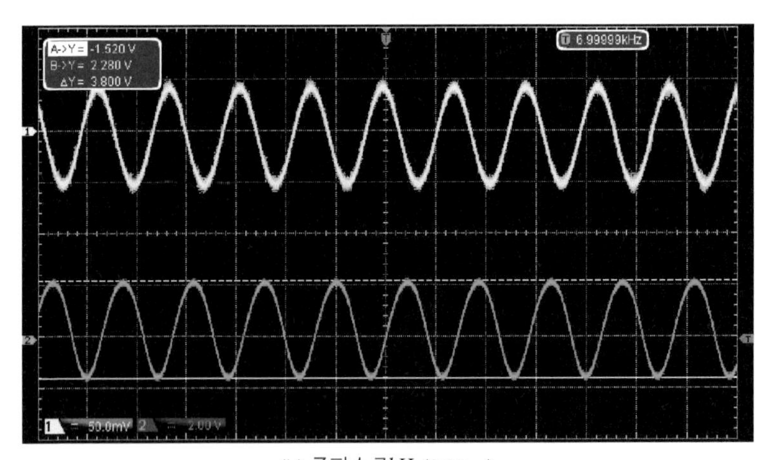

(b) 주파수 $7kHz(3.8V_{p-p})$

【그림 19-3】 증폭기의 입력 결합 콘덴서에 의한 저주파 특성

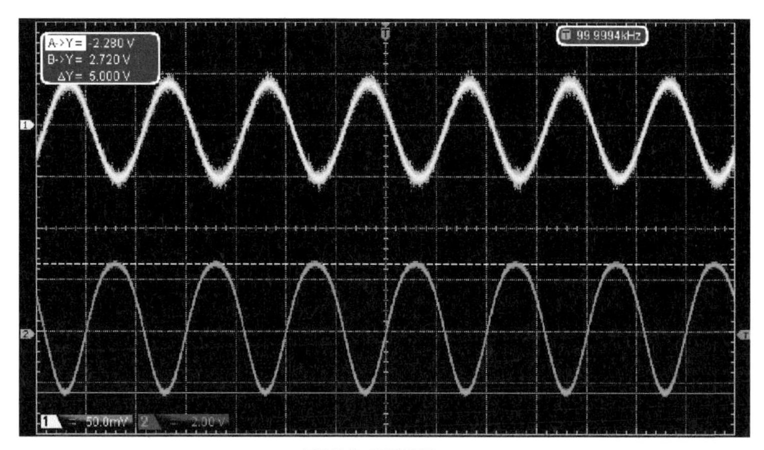

(a) 주파수 100kHz(5V_{p-p})

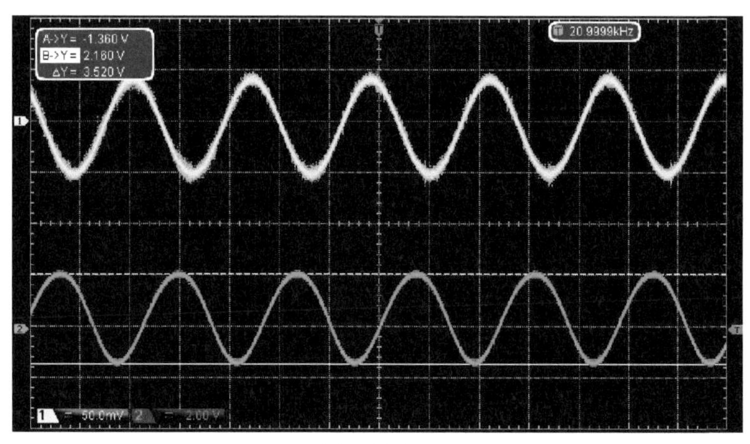

(b) 주파수 21kHz(3.52V_{p-p})

【그림 19-4】 증폭기의 바이패스 콘덴서에 의한 저주파 특성

5 실험 결과 보고서

학번		이름		실험일시		제출일시	

■ 실험 제목:

■ 실험 회로도

■ 실험 내용

【표 19-1】

저항	표시값	측정값
R_1	10[$k\Omega$]	
R_2	3[$k\Omega$]	
R_C	860[Ω]	
R_E	300[Ω]	
R_L	1[$k\Omega$]	

【표 19-2】

파라미터	V_B	V_C	V_E
측정값			

【표 19-3】

I_E(계산값)	r_e(계산값)	β(계산값)

【표 19-4】

파라미터	$v_{in}[V_{p-p}]$	$v_{out}[V_{p-p}]$	A_v
계산값			
측정값			

【표 19-5】

파라미터	f_1	f_2	f_3
계산값			
측정값			
오차(%)			

04

OP-AMP 회로 실험

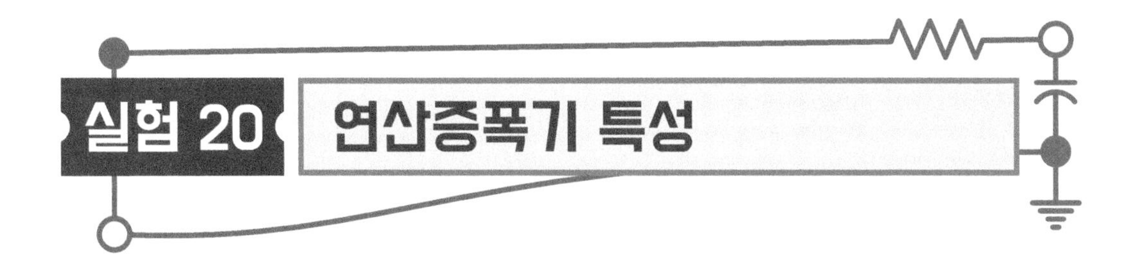

1 실험 개요

본 실험의 목적은 연산증폭기(Op-Amp)의 기본적인 특성인 슬루율(slew rate) 및 동상모드 제거비(Common Mode Rejection Ratio : CMRR)를 알아보기 위한 것이다. 연산증폭기의 슬루율은 계단파 입력에 대하여 출력의 전압 상승률을 측정함으로써 고주파 특성을 확인할 수 있다. 또한, 동상모드 제거비는 이상적인 연산증폭기에서 두 입력이 같은 값으로 가해졌을 때 출력이 0이 되어야 하는데 동상모드 제거비가 클수록 같은 신호에 대한 동상신호 제거 특성이 좋게 된다.

2 관련 이론

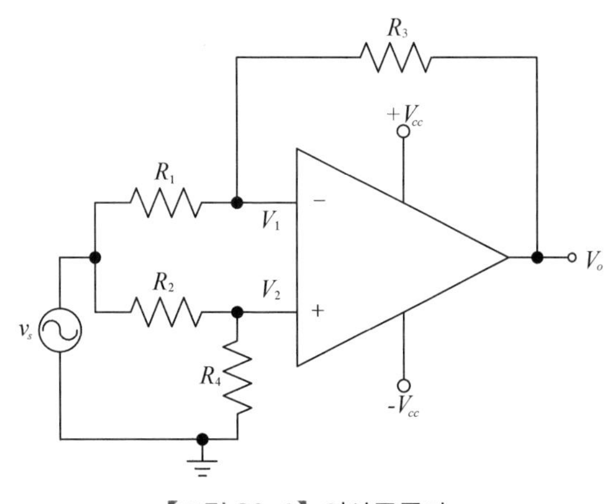

【그림 20-1】 연산증폭기

연산증폭기는 두 개의 입력단자와 한 개의 출력단자를 가지고 있으며, 두 개의 입력 신호 v_1과 v_2가 입력된다면 출력신호 v_0는 두 입력신호의 합 또는 차에 비례한다.

- 차동모드(differential-mode): 위상이 서로 다른 두 개의 신호가 입력된 경우
- 동상모드(common-mode): 위상, 주파수, 진폭이 같은 두 개의 신호가 입력된 경우
- 출력전압: $v_0 = A_d v_d + A_c v_c$

v_d는 차동모드 입력전압, v_c는 동상모드 입력전압, A_d는 차동모드 전압 이득, A_c는 동상모드 전압 이득이다.

(1) 동상모드 제거비(CMRR: Common Mode Rejection Ratio)

이상적인 연산증폭기에서 동상모드 입력일 때 동상모드 전압 이득은 $A_c=0$이어야 하고, 연산증폭기의 성능을 평가하는 중요한 요소인 동상모드 또는 동상신호 제거비는 다음과 같이 정의된다.

- 동상모드 전압이득: $A_c = \frac{v_{out}}{v_{in}}$
- 차동모드 전압이득: $A_d = \frac{R_3}{R_1}$, (여기서 $R_1 = R_2$, $R_3 = R_4$ 일 때)
- $CMRR = \left|\frac{A_d}{A_c}\right|$, $CMRR(dB) = 20 Log\left|\frac{A_d}{A_c}\right| [dB]$

(2) 슬루율(SR: Slew Rate)

연산증폭기에서 고주파 응답 특성을 나타내는 슬루율은 폐루우프 증폭기에 계단파(step form wave) 전압이 입력되었을 때 시간 변화에 대한 출력전압의 변화로 표시되며, 증폭기의 고주파에 대하여 임계주파수가 낮을수록 계단파 입력에 대하여 출력전압의 경사는 커진다.

- 슬루율 $SR = \frac{\Delta V}{\Delta t} [V/\mu s]$

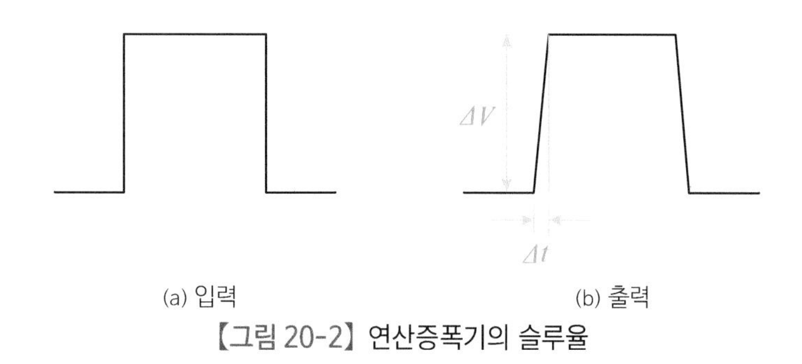

(a) 입력 (b) 출력

【그림 20-2】 연산증폭기의 슬루율

3 실험

[실험 부품 및 재료]

번호	부품명	규격	단위	수량	비고(대체)
1	저항	100[Ω], 1/4W	개	2	
2	저항	10[kΩ], 1/4W	개	2	
3	저항	100[kΩ], 1/4W	개	2	
4	IC	uA741	개	1	

[실험 장비]

번호	장비명	규격	단위	수량	비고(대체)
1	전원공급기	DC ±15[V]	대	1	
2	디지털 멀티미터(DMM)	저항, 전압, 전류 측정	대	1	VOM
3	오실로스코프	2채널	대	1	
4	신호발생기	구형파, 정현파	대	1	함수발생기

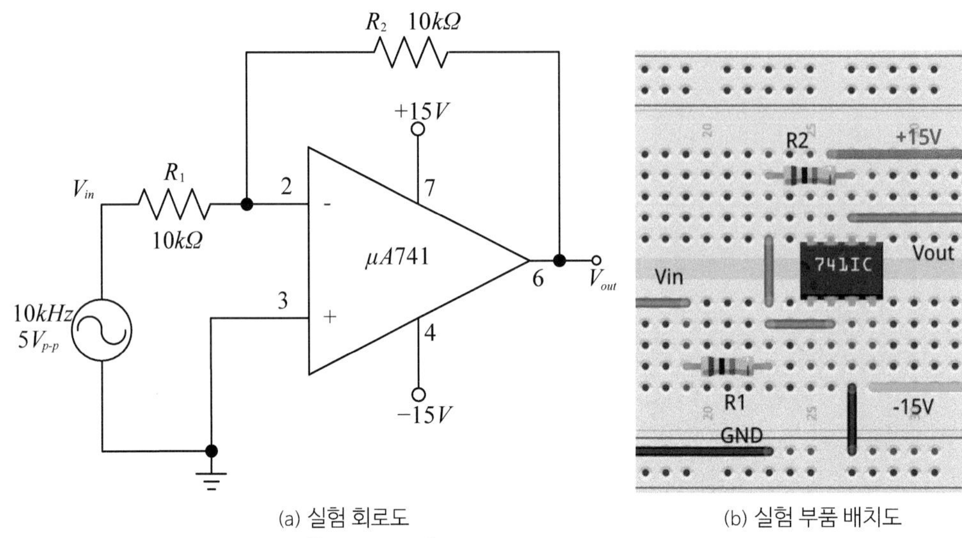

(a) 실험 회로도 (b) 실험 부품 배치도

【그림 20-3】 슬루율 특성 실험 회로

〈슬루율 측정하기〉

(1) 【그림 20-3(a)】의 회로를 브레드보드에 구성한다.

(2) DC 전원공급기 전압을 $\pm 15V$로 설정하고 회로에 연결한다.

(3) 신호발생기를 구형파 $10kHz$, $5V_{p-p}$로 설정하고 회로에 연결한다.

(4) 오실로스코프를 다음과 같이 설정한다.

$CH_1(X)$ *Volts/Division*(Scale) : $2V/Division$, DC coupling

$CH_2(Y)$ *Volts/Division*(Scale) : $2V/Division$, DC coupling

Time/Division(Scale) : $10us/Division$

(5) 오실로스코프의 채널 1을 v_{in}에 연결하고, 채널 2를 v_{out}에 연결한다.

(6) 【그림 21-7】의 오실로스코프 화면 그림에 측정된 파형을 그리고, 오실로스코프에 설정된 전압과 시간 스케일(*volt/div*, *time/div*)을 기록하고, 파형의 주파수와 전압(V_{p-p})를 계산하여 기록한다.

(7) 측정된 파형의 출력전압 v_{out}에서 ΔV, Δt, 슬루율을 구하여 【표 20-1】에 기록한다.

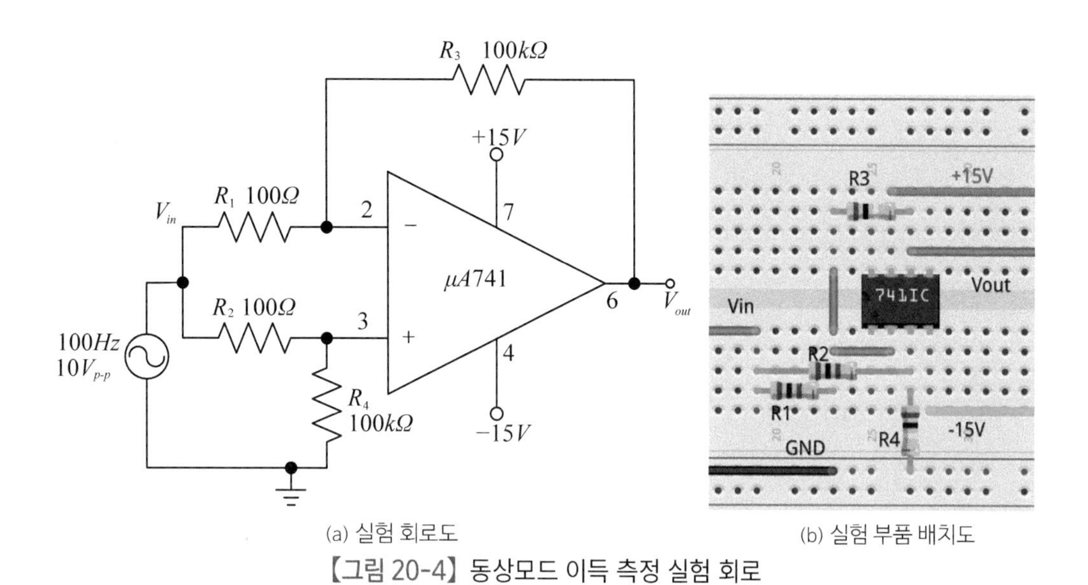

(a) 실험 회로도 (b) 실험 부품 배치도

【그림 20-4】 동상모드 이득 측정 실험 회로

〈동상신호 제거비 측정하기〉

(8) 【그림 20-4(a)】의 회로도에 사용할 R_1, R_2, R_3, R_4 저항을 측정하여 【표 20-2】에 기록한다.

(9) 브레드보드에 【그림 20-4(a)】의 회로를 구성하고, DC 전원공급기 전압을 $\pm 15V$로 설정하고 회로에 연결한다.

(10) 신호발생기를 정현파 $300Hz$, $10V_{p-p}$로 설정하고 회로에 연결한다.

(11) 오실로스코프를 다음과 같이 설정한다.

$CH_1(X)$ *Volts/Division*(Scale): $5V/Division$, DC coupling

$CH_2(Y)$ *Volts/Division*(Scale): $50mV/Division$, DC coupling

Time/Division(Scale): $500us/Division$

(12) 오실로스코프의 채널 1을 v_{in}에 연결하고, 채널 2를 v_{out}에 연결한다.

(13) 【그림 21-8】의 오실로스코프 화면 그림에 측정된 파형을 그리고, 오실로스코프에 설정된 전압과 시간 스케일(*volt/div*, *time/div*)을 기록하고, 파형의 주파수와 전압(V_{p-p})를 계산하여 기록한다.

(14) 측정된 파형으로부터 v_{in}과 v_{out} 값을 【표 20-3】에 기록한다.

(15) A_c, A_d, $CMRR$을 계산하여 【표 20-3】에 기록한다.

4 결과 및 결론

이 실험을 통하여 연산증폭기의 동상신호 입력에 대하여 동상신호 제거 성능과 계단파 입력으로 슬루율을 확인하였다. 그 결과 연산 증폭기에 대한 다음과 같은 특성을 알 수 있었다.

(1) 동상모드 제거비($CMRR$)를 구하는 방법을 알 수 있다.

(2) 연산증폭기의 고주파 특성을 평가하는 슬루율을 구하는 방법을 알 수 있다.

(3) 동상모드 전압 이득과 차동모드 전압 이득을 구하는 방법을 알 수 있다.

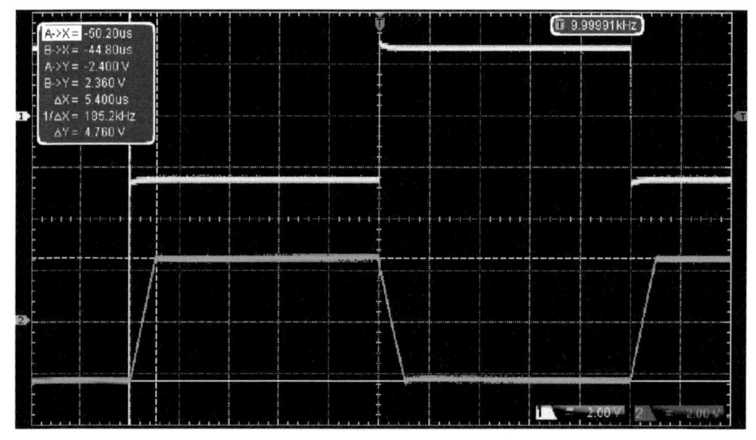

【그림 20-5】 슬루율 측정 파형(ΔV= 4.76[V], Δt=5.4[μs])

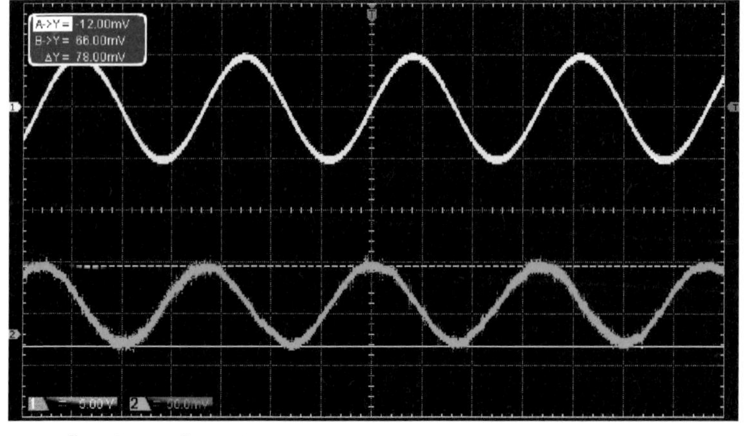

【그림 20-6】 동상모드 이득 측정 실험 회로($v_{in}=10V_{p-p}$, $v_{out}=78mV_{p-p}$)

5 실험 결과 보고서

학번		이름		실험일시		제출일시	

■ 실험 제목:

■ 실험 회로도

■ 실험 내용

【표 20-1】

ΔV [V]	Δt [μs]	슬루율[V/μs]

【표 20-2】

저항	표시값	측정값
R_1	100[Ω]	
R_2	100[Ω]	
R_3	100[kΩ]	
R_4	100[kΩ]	

【표 20-3】

파라미터	계산값	측정값
동상모드 입력전압 $V_{in}[V_{p-p}]$		
동상모드 출력전압 $V_{out}[V_{p-p}]$		
동상모드 전압이득 A_c		
차동모드 전압이득 A_d		
동상모드 제거비($CMRR$)[dB]		

$\langle CH_1 \rangle$ v_{in}
Time/div : ______________________ [ ]
Volt/div : ______________________ [ ]
주 파 수 : ______________________ [ ]
전압($P-P$) : ______________________ [ ]

$\langle CH_2 \rangle$ v_{out}
Time/div : ______________________ [ ]
Volt/div : ______________________ [ ]
주 파 수 : ______________________ [ ]
전압($P-P$) : ______________________ [ ]

【그림 20-7】 슬루율 측정 파형

$\langle CH_1 \rangle$ v_{in}
Time/div : ______________________ [ ]
Volt/div : ______________________ [ ]
주 파 수 : ______________________ [ ]
전압($P-P$) : ______________________ [ ]

$\langle CH_2 \rangle$ v_{out}
Time/div : ______________________ [ ]
Volt/div : ______________________ [ ]
주 파 수 : ______________________ [ ]
전압($P-P$) : ______________________ [ ]

【그림 20-8】 동상신호 전압 이득 측정 파형

1 실험 개요

이 실험의 목적은 이상적인 연산증폭기의 가상 접지 개념을 이해하고, 입력신호와 출력신호의 위상이 180도 반전되는 반전 연산증폭기와 동상으로 출력되는 비반전 증폭기의 증폭도 확인한다. 가상 접지 개념을 이용한 이론적으로 계산한 전압 이득과 실험을 통하여 얻은 회로의 전압이득을 비교할 수 있다.

2 관련 이론

(1) 이상적인 연산증폭기

- 입력 임피던스: $Z_i-\infty$
- 출력 임피던스: $Z_o=0$
- 전압 이득(개방회로): $A_v=\infty$
- 대역폭: $BW=\infty$
- 두 입력이 같을 때, $v_1=v_2$일 때 출력은 $v_o=0$

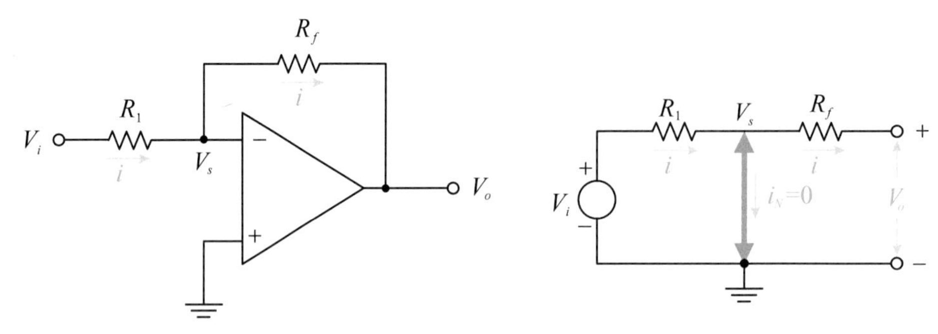

【그림 21-1】 연산증폭기의 가상 접지

(2) 가상 접지(Virtual Ground)

연산증폭기 자체의 입력에는 가상 접지(Virtual Ground)가 존재하는데, 여기서 '가상'이라는 의미는 출력에서 입력으로 R_f을 통한 귀환이 연산증폭기 입력 단자 간의 V_s을 0으로 유지하기는 하나 실제로 이 가상회로를 통하여 전류가 흐르지는 않는다는 것이다.

이러한 가상 접지의 개념은 실제의 회로를 나타내는 것은 아니지만, 주어진 입력전압에 대하여 출력전압을 계산하는 데 편리하게 사용된다. 이상적인 연산증폭기의 입력단에 존재하는 가상 접지는 다음과 같이 설명할 수 있다.

① 각 입력에 들어가는 전류는 0이다.

② 두 입력 단자 사이의 전압은 0이다.

(3) 반전증폭기

반전증폭기는 입력 측에 대하여 출력 측 위상이 180° 반전되어 출력이 나오는 증폭기를 의미한다. 반전증폭기의 기본 구성은 【그림 21-2】와 같다.

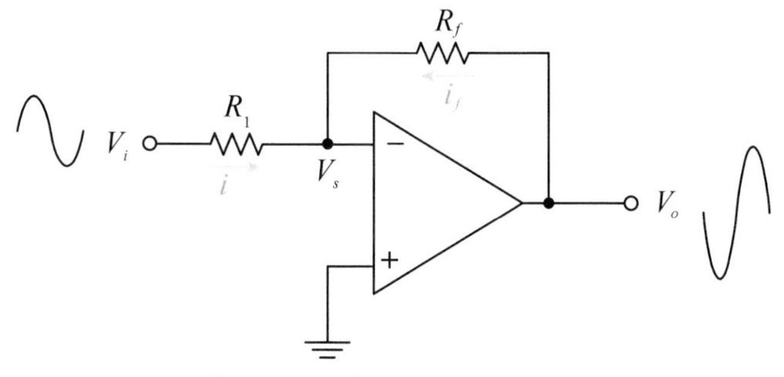

【그림 21-2】 반전 연산증폭기

입력신호 전압은 저항 R_1을 통하여 반전 입력단자로 인가되고 출력전압은 저항 R_f를 통하여 반전 입력으로 궤환(Feedback)된다. 【그림 21-2】에서 반전 단자의 전압을 V_s로 하면 가상 접지에 의하여 V_s=0이고, 연산증폭기 입력단으로 흘러 들어가는 전류는 0이므로 R_1을 통하여 흐르는 전류는 모두 저항 R_f로 흐른다. 따라서 키르히호프 전류법칙에 의하여 다음 식이 성립한다.

- $\frac{V_i - V_s}{R_1} = \frac{V_s - V_o}{R_f}$, $(V_s = 0) \Rightarrow \frac{V_i}{R_1} = \frac{-V_o}{R_f}$ $\quad \therefore A_v = \frac{V_o}{V_i} = -\frac{R_f}{R_1}$

전압 이득은 저항 R_1과 R_f에 의존하며, (–)부호는 위상 반전을 나타낸다.

(4) 비반전 증폭기

비반전 증폭기는 입력 측에 대하여 출력 측 동위상의 출력이 나오는 증폭기를 의미한다. 비반전 증폭기의 기본 구성은 【그림 21-3】과 같다.

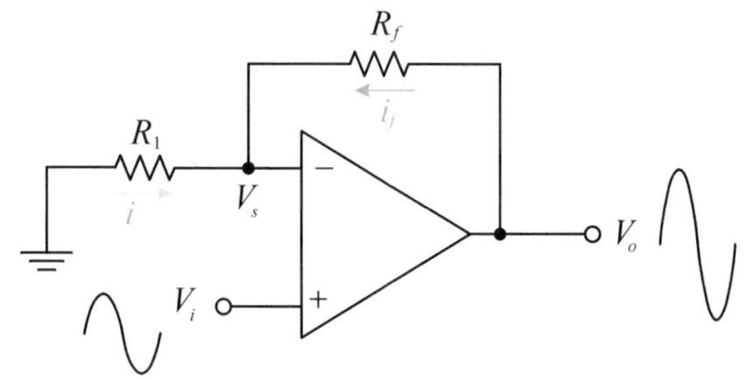

【그림 21-3】 비반전 증폭기 회로

입력신호 전압은 비반전 입력단자로 인가되고 출력전압의 일부는 저항 R_f와 저항 R_1로 구성되는 궤환회로를 통해 반전 입력단자에 인가된다. 【그림 21-3】에서 반전 단자의 전압을 V_s로 하면 두 단자 간 가상 접지(단락)에 의하여 $V_s = V_i$이고, 연산증폭기 입력단으로 흘러 들어가는 전류는 0이므로 R_1을 통하여 흐르는 전류는 모두 저항 R_f로 흐른다. 따라서 키르히호프 전류법칙에 의하여 전압 이득을 구할 수 있다.

- $\frac{V_s}{R_1} = \frac{V_s - V_o}{R_f}, (V_s = V_i) \Rightarrow \frac{V_i}{R_1} = \frac{V_i - V_o}{R_f}$
- $A_v = \frac{V_o}{V_i} = 1 + \frac{R_f}{R_1}$

전압 이득은 저항 R_1과 R_f에 의존하며, 비반전 단자에 입력신호 V_i를 인가하면 동위상의 출력전압이 얻어진다.

3 실험

[실험 부품 및 재료]

번호	부품명	규격	단위	수량	비고(대체)
1	저항	470[Ω], 1/4W	개	1	
2	저항	500[Ω], 1/4W	개	1	
3	저항	1[$k\Omega$], 1/4W	개	2	
4	저항	2[$k\Omega$], 1/4W	개	1	
5	저항	3[$k\Omega$], 1/4W	개	1	
6	IC	741	개	1	연산증폭기

[실험 장비]

번호	장 비 명	규 격	단위	수량	비고(대체)
1	전원공급기	DC 가변 0~30[V]	대	1	
2	디지털 멀티미터(DMM)	저항, 전압, 전류 측정	대	1	VOM
3	오실로스코프	2채널 이상	대	1	
4	신호발생기	정현파	대	1	함수발생기

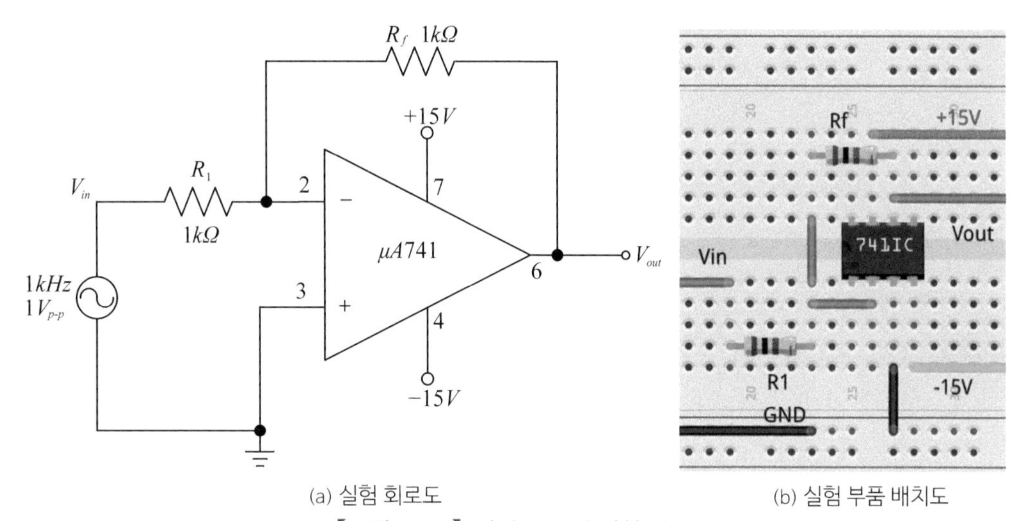

(a) 실험 회로도 (b) 실험 부품 배치도

【그림 21-4】 반전 증폭기 실험 회로

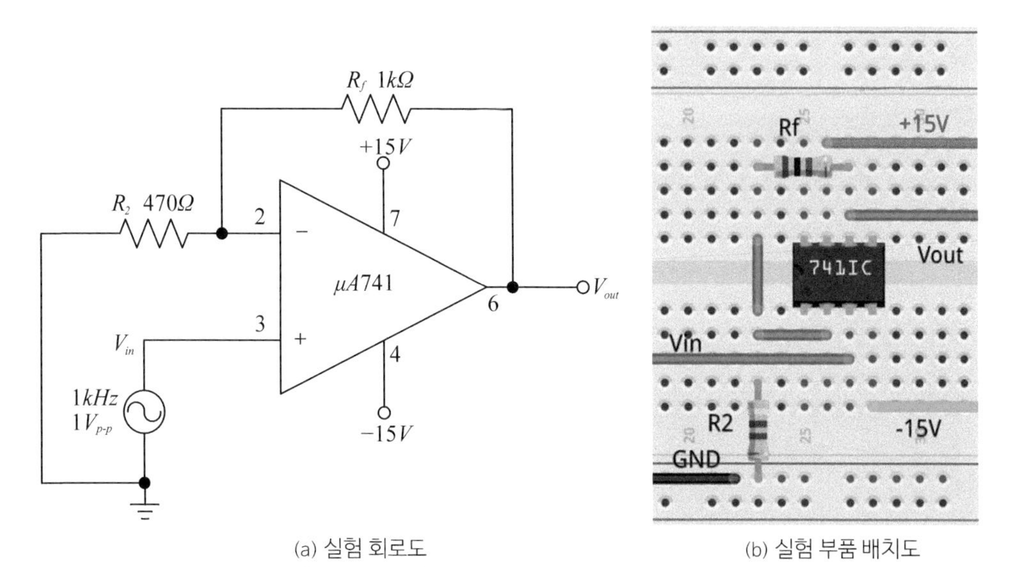

(a) 실험 회로도 (b) 실험 부품 배치도

【그림 21-5】 비반전 증폭기 실험 회로

〈반전 증폭기〉

(1) 【그림 21-4(a)】의 회로도에 사용할 R_1, R_2, R_f 저항을 측정하여 【표 21-1】에 기록한다.

(2) 【표 21-2】의 저항 R_f값에 대하여 반전 증폭기의 이득 A_v을 계산하여 【표 21-2】의 계산값에 기록한다.

(3) 브레드보드에 【그림 21-4(a)】의 회로를 구성하고, DC 전원공급기 전압을 $\pm 15V$로 설정하고 회로에 연결한다.

(4) 신호발생기를 정현파 $1kHz$, $1V_{p-p}$로 설정하고 회로에 연결한다.

(5) 오실로스코프를 다음과 같이 설정한다.

$CH_1(X)$ *Volts/Division*(Scale): $0.5V/Division$, DC coupling

$CH_2(Y)$ *Volts/Division*(Scale): $0.2V/Division$, DC coupling

Time/Division(Scale): $200us/Division$

(6) 오실로스코프의 채널 1을 v_{in}에 연결하고, 채널 2를 v_{out}에 연결한다.

(7) 【그림 21-8】의 오실로스코프 화면 그림에 측정된 파형을 그리고, 오실로스코프에 설정된 전압과 시간 스케일(*volt/div, time/div*)을 기록하고, 파형의 주파수와 전압(V_{p-p})를 계산하여 기록한다.

(8) 측정된 파형으로부터 v_{in}과 v_{out} 값을 【표 21-2】에 기록하고, 전압 이득을 구하여 기록한다.

(9) 저항 R_f값을 500[Ω], 1[$k\Omega$], 2[$k\Omega$], 3[$k\Omega$]로 차례로 바꾸고 파형을 측정하고 이득을 구하고 【표 21-2】에 기록한다.

〈비반전 증폭기〉

(10) 【표 21-3】의 저항 R_f값에 대하여 비반전 증폭기의 이득 A_v를 계산하여 【표 21-3】의 계산값에 기록한다.

(11) 브레드보드에 【그림 21-5(a)】의 회로를 구성하고, DC 전원공급기 전압을 $\pm 15V$로 설정하고 회로에 연결한다.

(12) 신호 발생기를 정현파 $1kHz$, $1V_{p-p}$로 설정하고 회로에 연결한다.

(13) 오실로스코프의 채널 1을 v_{in}에 연결하고, 채널 2를 v_{out}에 연결한다.

(14) 【그림 21-9】의 오실로스코프 화면 그림에 측정된 파형을 그리고, 오실로스코프에 설정된 전압과 시간 스케일(*volt/div*, *time/div*)을 기록하고, 파형의 주파수와 전압(V_{p-p})를 계산하여 기록한다.

(15) 측정된 파형으로부터 v_{in}과 v_{out} 값을 【표 21-3】에 기록하고, 전압 이득을 구하여 기록한다.

(16) 저항 R_f값을 500[Ω], 1[$k\Omega$], 2[$k\Omega$], 3[$k\Omega$]로 차례로 바꾸고 파형을 측정하고 이득을 구하여 【표 21-3】의 측정값에 기록한다.

(17) 증폭기의 전압 이득 A_v의 계산값과 측정값을 비교한다.

4 결과 및 결론

이 실험에서 연산 증폭기의 반전 증폭기와 비반전 증폭기의 동작 특성을 실험으로 확인하였다. 그 결과 반전 증폭기와 비반전 증폭기의 특성을 알 수 있었다.

(1) 반전 증폭기는 전압 이득이 1보다 크거나 작을 수 있고, 이득 값은 입력에 대하여 출력이 선형적으로 비례하는 선형 증폭기이다.

(2) 반전 증폭기의 입력과 출력의 위상은 180도 차이를 가지나 비반전 증폭기는 동상이다.

(3) 비반전 증폭기의 폐루프 전압 이득은 1보다 항상 크다.

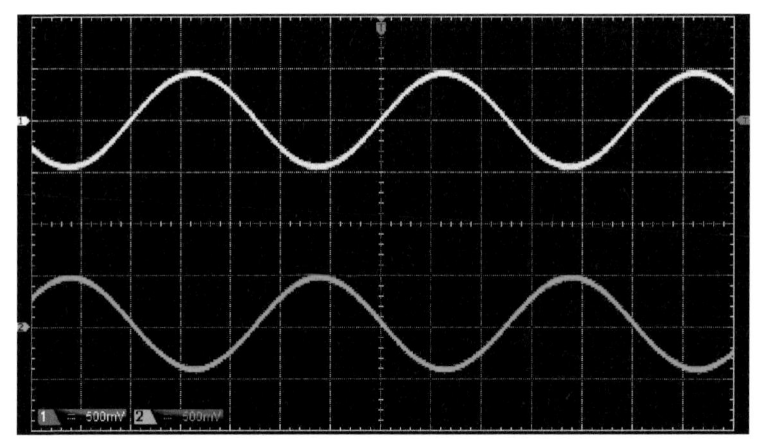

【그림 21-6】 반전 증폭기의 v_{in}과 v_{out}

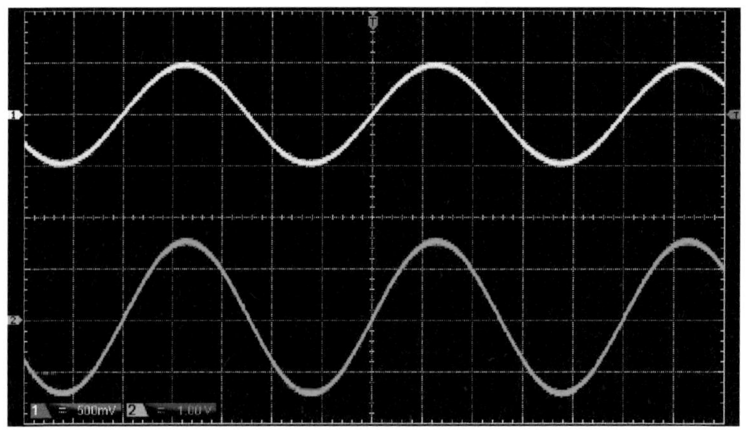

【그림 21-7】 비반전 증폭기의 v_{in}과 v_{out}

5 실험 결과 보고서

학번		이름		실험일시		제출일시	

■ 실험 제목:

■ 실험 회로도

■ 실험 내용

【표 21-1】

저항	표시값	측정값
R_1	1[$k\Omega$]	
R_2	470[Ω]	
R_f	500[Ω]	
	1[$k\Omega$]	
	2[$k\Omega$]	
	3[$k\Omega$]	

【표 21-2】

R_f(저항값)	A_v(계산값)	$v_{in}[V_{p-p}]$(측정값)	$v_{out}[V_{p-p}]$(측정값)	A_v(측정값)
500[Ω]				
1[$k\Omega$]				
2[$k\Omega$]				
3[$k\Omega$]				

【표 21-3】

R_f(저항값)	A_v(계산값)	$v_{in}[V_{p-p}]$(측정값)	$v_{out}[V_{p-p}]$(측정값)	A_v(측정값)
500[Ω]				
1[$k\Omega$]				
2[$k\Omega$]				
3[$k\Omega$]				

⟨CH_1⟩ v_{in}
$Time/div$: ______________ [ ]
$Volt/div$: ______________ [ ]
주 파 수 : ______________ [ ]
전압$(p-p)$: ______________ [ ]

⟨CH_2⟩ v_{out}
$Time/div$: ______________ [ ]
$Volt/div$: ______________ [ ]
주 파 수 : ______________ [ ]
전압$(p-p)$: ______________ [ ]

【그림 21-8】 반전 증폭기의 v_{in}과 v_{out}

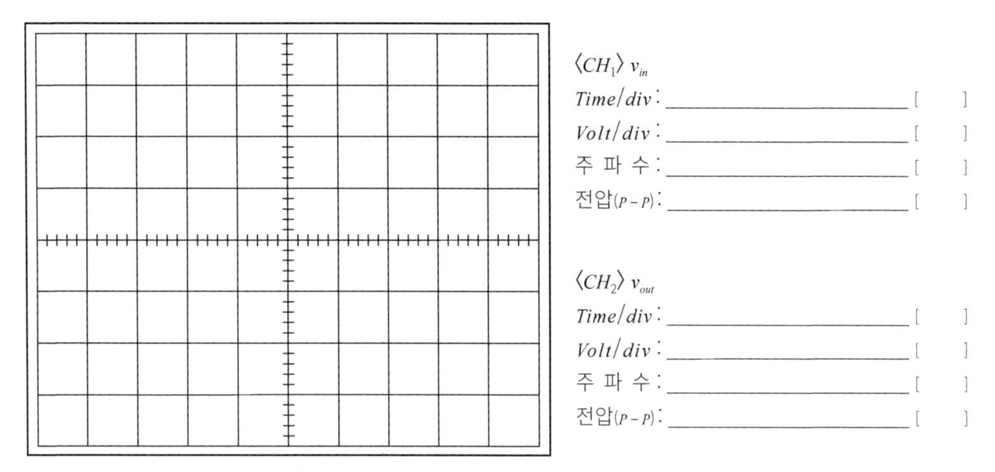

【그림 21-9】 비반전 증폭기의 v_{in}과 v_{out}

1 실험 개요

이 실험에서는 연산증폭기에 다수의 입력신호에 입력 하였을 경우 대하여 출력신호가 가산 또는 감산 증폭기로 동작하는 원리를 이해하며, 반전 단자에 다수의 입력이 동상으로 입력될 경우 반전된 출력이 가산되어 출력되어 가산기로 동작한다.

연산증폭기의 반전 단자와 비반전 단자 각각에 신호가 입력되었을 경우 출력은 반전 출력과 비반전 출력으로 두 출력의 합은 감산된 결과를 얻어 감산기로 동작하는 것을 실험을 통하여 확인할 수 있다.

2 관련 이론

(1) 가산기(Adder)

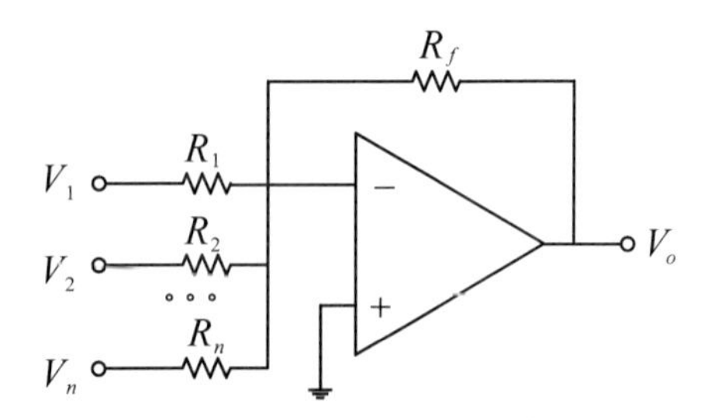

【그림 22-1】 반전 연산증폭기를 이용한 가산기

【그림 22-1】과 같이 반전 연산증폭기에 입력이 $V_1, V_2, V_3....V_n$이고 각각의 입력에 대응하는 저항이 $R_1, R_2, R_3....R_n$일 경우 개개의 입력에 대한 출력은 반전 증폭의 경우와 같고, 전체에 대해서는 각각의 입력에 대한 출력을 더한 것과 같으므로 출력은

- $V_o = -\left(\frac{R_f}{R_1}V_1 + \frac{R_f}{R_2}V_2 + ... + \frac{R_f}{R_n}V_n\right)$이고,
- $R_1 = R_2 = ... = R_n$일 때, $V_o = -\frac{R_f}{R_1}(V_1 + V_2 + ... + V_n)$

이다.

(2) 감산기(Subtracter)

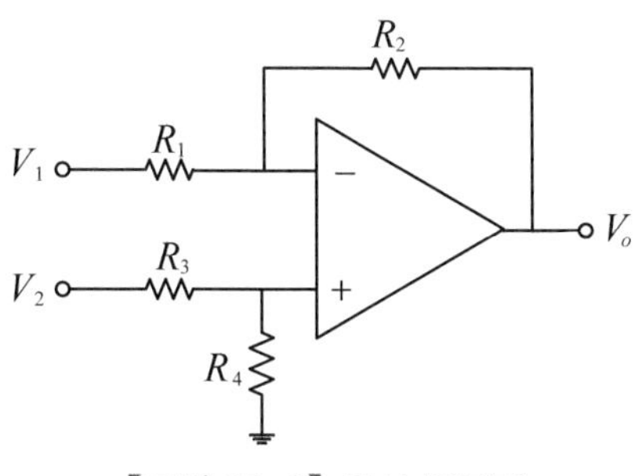

【그림 22-2】 감산 증폭기

【그림 22-2】는 반전 단자와 비반전 단자에 신호를 입력하여 감산기로 동작하는 증폭기로 입력 V_1에 대한 출력은 $V_{o1} = -\frac{R_2}{R_1}V_1$이고, 입력 V_2에 대한 출력은 $V_{o2} = \left(\frac{R_1 + R_2}{R_1}\right)\left(\frac{R_4}{R_3 + R_4}\right)V_2$이다.

$\frac{R_1}{R_2} = \frac{R_3}{R_4}$이면, $V_{o2} = \frac{R_4}{R_3}V_2$이고, 전체에 대한 출력은

- $V_o = V_{o1} + V_{o2} = -\frac{R_2}{R_1}V_1 + \frac{R_4}{R_3}V_2 = \frac{R_2}{R_1}(V_2 - V_1)$이고,
- $R_1 = R_2 = R_3 = R_4$이면 $V_o = V_2 - V_1$

이다.

3 실험

[실험 부품 및 재료]

번호	부 품 명	규 격	단위	수량	비고(대체)
1	저항	10[$k\Omega$], 1/4W	개	2	
2	저항	15[$k\Omega$], 1/4W	개	1	
3	저항	20[$k\Omega$], 1/4W	개	2	
4	IC	741	개	1	연산증폭기

[실험 장비]

번호	장 비 명	규 격	단위	수량	비고(대체)
1	전원공급기	DC 가변 0~30[V], ±15V	대	1	
2	디지털 멀티미터(DMM)	저항, 전압, 전류 측정	대	1	VOM
3	오실로스코프	2채널 이상	대	1	
4	신호발생기	정현파, 2채널 신호	대	2	함수발생기

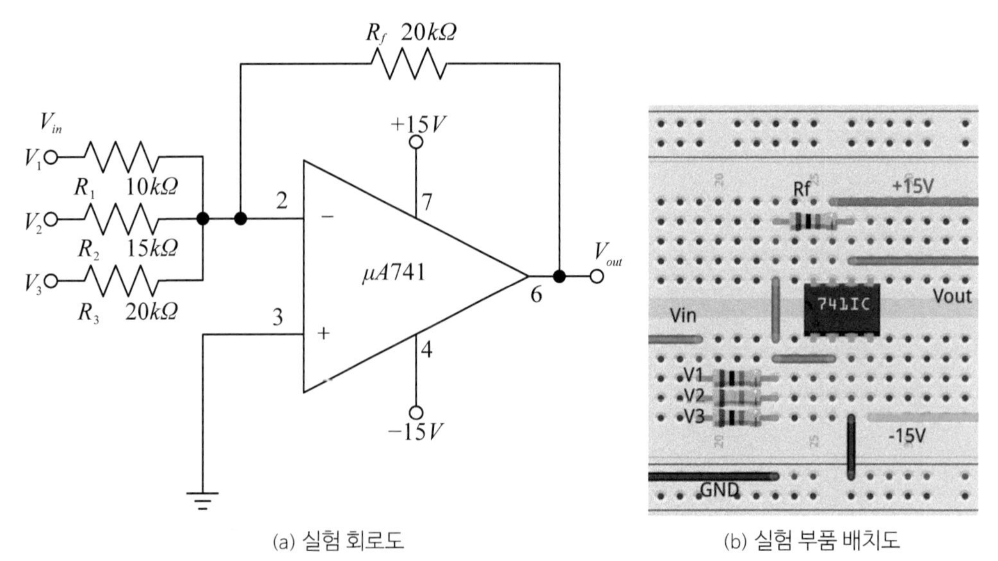

(a) 실험 회로도 (b) 실험 부품 배치도

【그림 22-3】 가산 증폭기 실험 회로

〈가산 증폭기〉

(1) 【그림 22-3(a)】의 회로도에 사용할 R_1, R_2, R_3, R_f 저항을 측정하여 【표 22-1】에 기록한다.

(2) 측정된 저항값을 이용하여 입력이 $V_1=V_2=V_3=1V_{p-p}$일 때를 가정하여 가산 증폭기의 출력전압 V_o와 이득 A_v을 계산하여 【표 22-2】의 계산값에 기록한다.

(3) 브레드보드에 【그림 22-3(a)】의 회로를 구성하고, DC 전원공급기 전압을 $\pm15V$로 설정하고 회로에 연결한다.

(4) 신호발생기를 정현파 $1kHz$, $1V_{p-p}$로 설정하고 $V_1=V_2=V_3=1V_{p-p}$가 되도록 회로에 연결한다.

(5) 오실로스코프를 다음과 같이 설정한다.

$CH_1(X)$ *Volts/Division*(Scale): 0.5*V/Division*, DC coupling

$CH_2(Y)$ *Volts/Division*(Scale): 2*V/Division*, DC coupling

Time/Division(Scale): 250*us/Division*

(6) 오실로스코프의 채널 1을 v_{in}에 연결하고, 채널 2를 v_{out}에 연결한다.

(7) 【그림 22-8】의 오실로스코프 화면 그림에 측정된 파형을 그리고, 오실로스코프에 설정된 전압과 시간 스케일(*volt/div, time/div*)을 기록하고, 파형의 주파수와 전압(V_{p-p})를 계산하여 기록한다.

(8) 측정된 파형으로부터 출력전압과 전압 이득을 구하여 【표 22-2】에 기록한다.

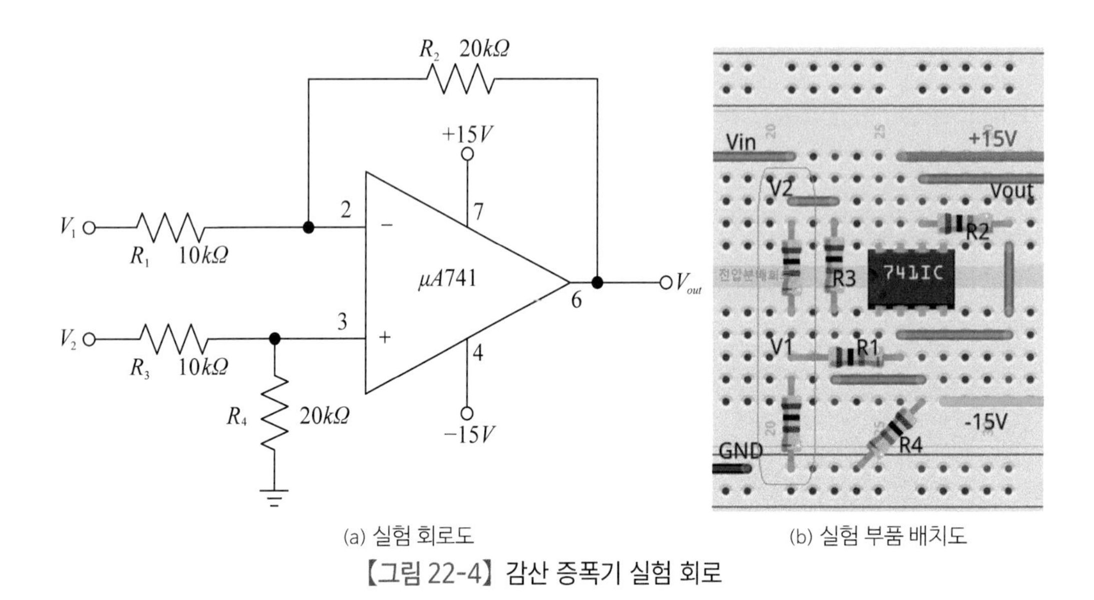

(a) 실험 회로도

(b) 실험 부품 배치도

【그림 22-4】 감산 증폭기 실험 회로

〈감산 증폭기〉

(9) 【그림 22-4(a)】의 회로도에 사용할 R_1, R_2, R_3, R_4 저항을 측정하여 【표 22-3】에 기록한다.

(10) 측정된 저항값을 이용하여 입력이 $V_1=1V_{p-p}$, $V_2=2V_{p-p}$일 때 감산 증폭기의 출력전압 V_o과 이득 A_v을 계산하여 【표 22-4】의 계산값에 기록한다.

(11) 브레드보드에 【그림 22-4(a)】의 회로를 구성하고, DC 전원공급기 전압을 $\pm 15V$로 설정하고 회로에 연결한다.

(12) 신호발생기를 정현파 $1kHz$로 설정하고, $V_1=1V_{p-p}$, $V_2=2V_{p-p}$가 되도록 회로에 연결한다. (2개의 신호가 없는 경우, 1개의 신호로 2개의 신호를 만드는 방법으로 【그림 22-5】를 참고하여 입력에 연결한다.)

(13) 오실로스코프의 채널 1을 V_1, 채널 2를 V_2, 채널 3을 v_{out}에 연결한다.(2채널 오실로스코프 경우 V_1, V_2, v_{out} 중 두 채널씩 측정하여 기록한다. 이때 위상이 바뀌지 않도록 기준 채널을 정하여 측정한다.)

(14) 【그림 22-9】의 오실로스코프 화면 그림에 측정된 파형을 그리고, 오실로스코프에 설정된 전압과 시간 스케일($volt/div$, $time/div$)을 기록하고, 파형의 주파수와 전압(V_{p-p})을 계산하여 기록한다.

(15) 측정된 파형으로부터 출력전압과 전압 이득을 구하여 【표 22-4】에 기록한다.

(16) 계산값과 측정값을 비교하고 오차를 구하여 기록한다.

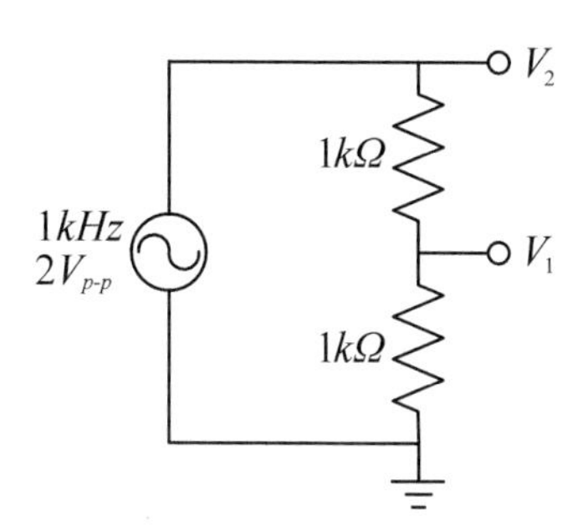

【그림 22-5】 $V_1=1V_{p-p}$, $V_2=2V_{p-p}$를 만드는 방법(전압 분배)

4 결과 및 결론

이 실험에서는 연산증폭기를 사용하여 반전 증폭기에 여러 입력을 주었을 경우 각각의 입력의 합의 비로 출력되어 가산기로 동작하고, 반전 및 비반전 단자에 입력할 경우 비반전과 반전 입력이 위상이 반대로 출력되어 감산 동작하는 것을 실험으로 확인하였다.

(1) 가산 증폭기는 입력 저항이 같을 때 출력은 $V_o=-\frac{R_f}{R_1}(V_1+V_2+V_3)$이다.

(2) 감산 증폭기 출력전압은 $V_o=-\frac{R_2}{R_1}(V_2-V_1)$로 출력되는 것을 알 수 있다.

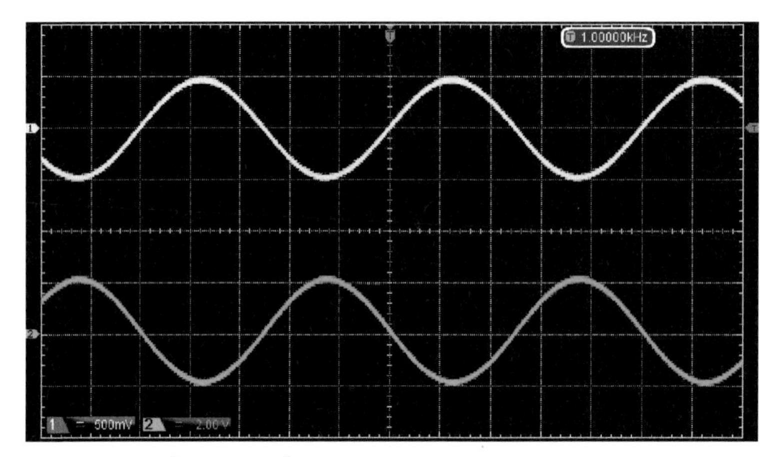

【그림 22-6】 가산 증폭기(CH_1: ($V_1=V_2=V_3$), CH_2: v_{out})

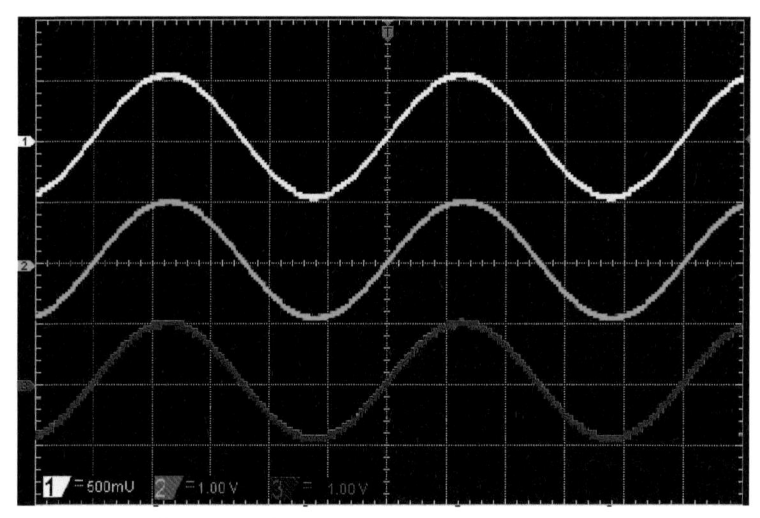

【그림 22-7】 감산 증폭기(CH_1: V_1, CH_2: V_2, CH_3: v_{out})

5 실험 결과 보고서

학번		이름		실험일시		제출일시	

■ 실험 제목:

■ 실험 회로도

■ 실험 내용

【표 22-1】

저항	표시값	측정값
R_1	10[$k\Omega$]	
R_2	15[$k\Omega$]	
R_3	20[$k\Omega$]	
R_f	20[$k\Omega$]	

【표 22-2】

파라미터	출력전압 V_o	전압이득 A_v	오차 %
계산값			
측정값			

【표 22-3】

저항	표시값	측정값
R_1	10[$k\Omega$]	
R_2	20[$k\Omega$]	
R_3	10[$k\Omega$]	
R_4	20[$k\Omega$]	

【표 22-4】

파라미터	출력전압 V_o	전압이득 A_v	오차 %
계산값			
측정값			

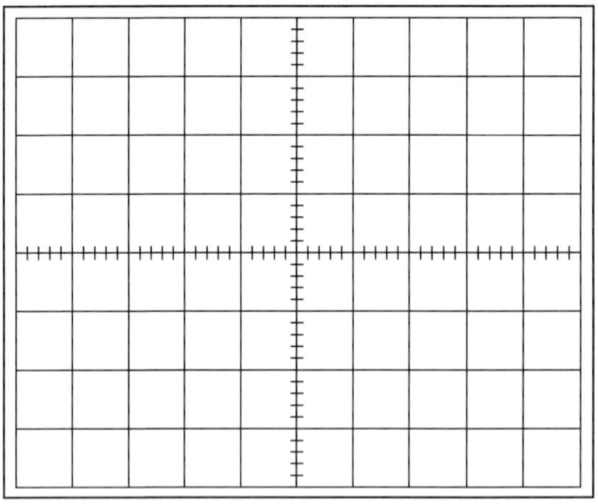

⟨CH_1⟩
$Time/div$: ____________ [ ]
$Volt/div$: ____________ [ ]
주 파 수 : ____________ [ ]
전압$(P-P)$: ____________ [ ]

⟨CH_2⟩
$Time/div$: ____________ [ ]
$Volt/div$: ____________ [ ]
주 파 수 : ____________ [ ]
전압$(P-P)$: ____________ [ ]

【그림 22-8】 가산 증폭기

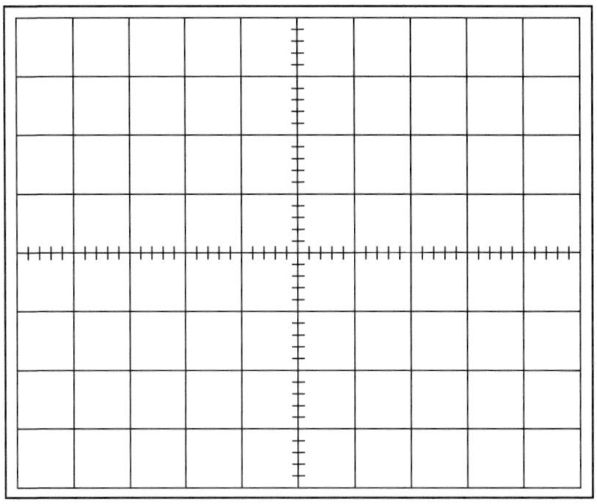

⟨CH_1⟩
Time/div : ______________________ [ ]
Volt/div : ______________________ [ ]
주 파 수 : ______________________ [ ]
전압($P-P$) : ______________________ [ ]

⟨CH_2⟩
Time/div : ______________________ [ ]
Volt/div : ______________________ [ ]
주 파 수 : ______________________ [ ]
전압($P-P$) : ______________________ [ ]

⟨CH_3⟩
Time/div : ______________________ [ ]
Volt/div : ______________________ [ ]
주 파 수 : ______________________ [ ]
전압($P-P$) : ______________________ [ ]

【그림 22-9】 감산 증폭기

1 실험 개요

이 실험에서는 연산증폭기의 두 입력단자의 입력 차이를 비교하여 입력이 큰 쪽의 입력값이 출력되는 비교기에 관한 것이다. 연산증폭기에서 부궤환이 없는 경우에는 이득이 수만 배 이상이 될 정도로 매우 크기 때문에 미소한 차이를 가지는 입력만으로도 큰 출력전압을 낼 수 있다. 증폭기의 두 입력 단자 중에서 한 쪽이 조금만 커도 큰 쪽에 의한 출력은 ± 직류 공급 전압에 가깝게 출력된다. 이것을 두 입력 단자 사이의 크기를 비교하여 큰 쪽이 출력되는 비교기로 활용된다.

2 관련 이론

이상적인 연산증폭기의 개방회로(부궤환이 없음) 전압 이득은 $A_v=\infty$에 가까울 정도로 매우 크다. 그러나 실제의 이득이 ∞는 아니지만 보통 50,000~200,000으로 매우 커서 미소한 차이의 입력 전압에도 출력은 포화되어 공급 전압에 가까운 값을 나타낸다.(V_{sat} : 포화 전압)

【그림 23-1】은 비반전 단자의 전압이 기준전압(V_{ref})이고 반전 단자에 입력 신호가 인가되는 경우이고, 【그림 23-2】는 반전 단자의 전압이 기준전압(V_{ref})이고 비반전 단자에 입력신호가 인가되는 경우로 출력전압 V_o는 다음과 같다.

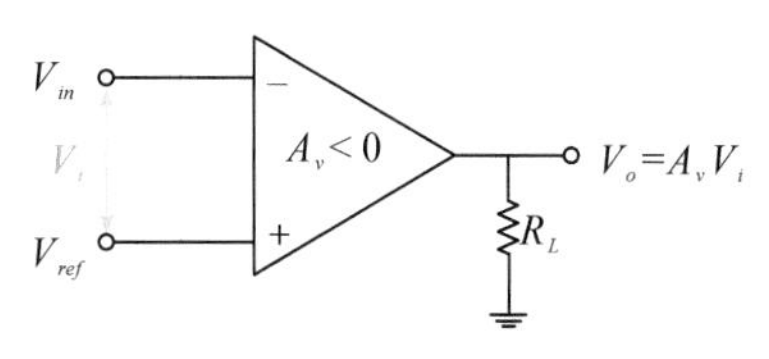

【그림 23-1】 반전 비교기

〈반전 비교기 출력〉

- $V_{in} < V_{ref}$ 일 경우: $V_o = +V_{sat}$
- $V_{in} > V_{ref}$ 일 경우: $V_o = -V_{sat}$

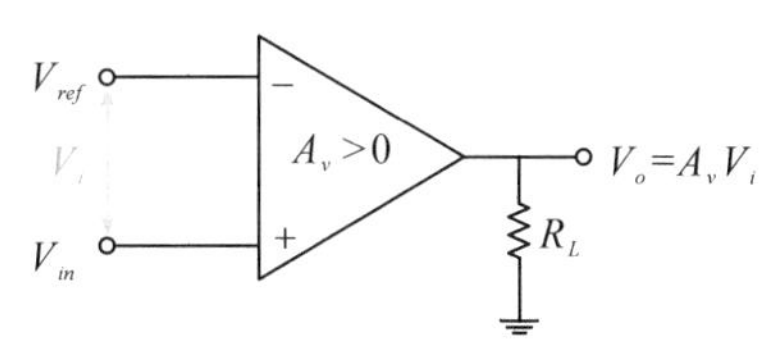

【그림 23-2】 비반전 비교기

〈비반전 비교기 출력〉

- $V_{in} > V_{ref}$ 일 경우: $V_o = +V_{sat}$
- $V_{in} < V_{ref}$ 일 경우: $V_o = -V_{sat}$

3 실험

[실험 부품 및 재료]

번호	부품명	규격	단위	수량	비고(대체)
1	저항	1[$k\Omega$], 1/4W	개	1	
2	저항	10[$k\Omega$], 1/4W	개	2	
3	가변저항	50[$k\Omega$], 1/4W	개	1	
4	LED	적색, 소형	개	1	
5	IC	741	개	1	연산증폭기

[실험 장비]

번호	장 비 명	규 격	단위	수량	비고(대체)
1	전원공급기	DC 가변 0~30[V], ±15V	대	1	
2	디지털 멀티미터(DMM)	저항, 전압, 전류 측정	대	1	VOM
3	오실로스코프	2채널 이상	대	1	
4	신호발생기	정현파	대	1	함수발생기

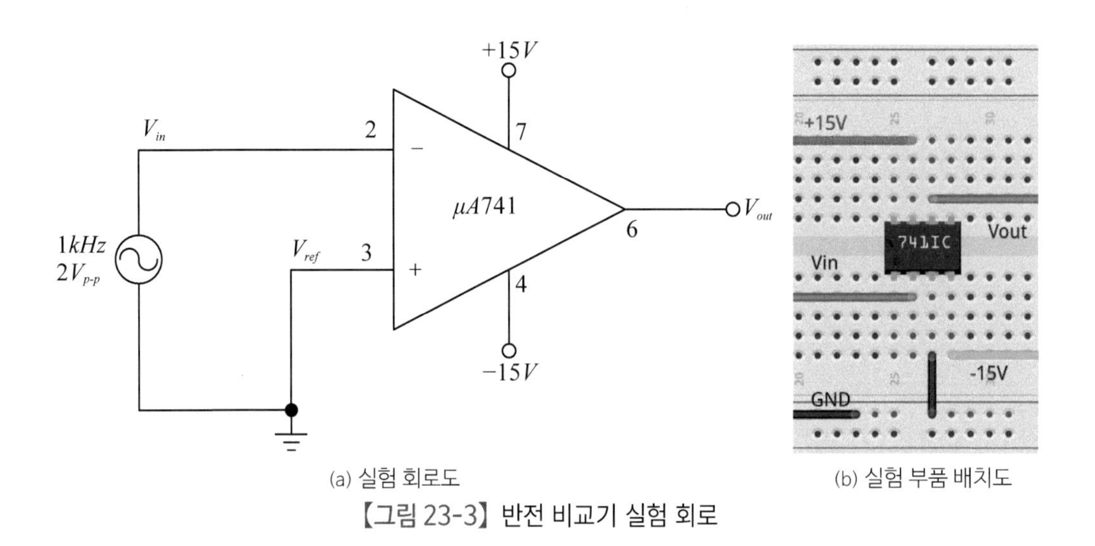

(a) 실험 회로도

(b) 실험 부품 배치도

【그림 23-3】 반전 비교기 실험 회로

〈반전 비교기〉

(1) 브레드보드에 【그림 23-3(a)】의 회로를 구성하고, DC 전원공급기 전압을 ±15V로 설정하고 회로에 연결한다.

(2) 신호발생기를 정현파 1kHz, 2V_{p-p}로 설정하고 회로에 연결한다.

(3) 오실로스코프를 다음과 같이 설정한다.

$CH_1(X)$ *Volts/Division*(Scale): 1*V/Division*, DC coupling

$CH_2(Y)$ *Volts/Division*(Scale): 10*V/Division*, DC coupling

Time/Division(Scale): 200*us/Division*

(4) 오실로스코프의 채널 1을 V_{in}에 연결하고, 채널 2를 V_{out}에 연결한다.

(5) 【그림 23-8】의 오실로스코프 화면 그림에 측정된 파형을 그리고, 오실로스코프에 설정된 전압과 시간 스케일(*volt/div, time/div*)을 기록하고, 파형의 주파수와 전압(V_{p-p})를 계산하여 기록한다.

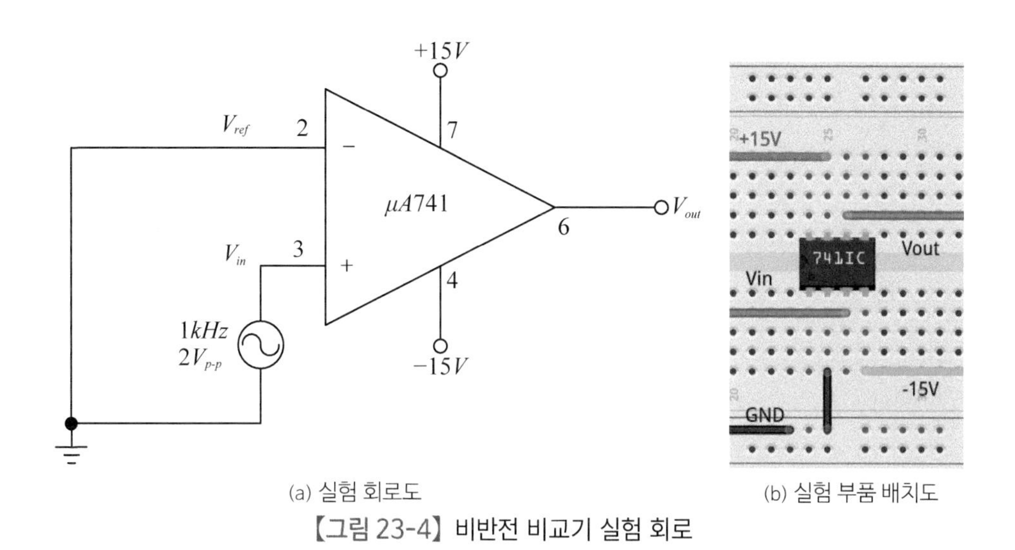

(a) 실험 회로도 (b) 실험 부품 배치도

【그림 23-4】 비반전 비교기 실험 회로

〈비반전 비교기〉

(6) 브레드보드에 【그림 23-4(a)】의 회로를 구성하고, DC 전원공급기 전압을 $\pm 15V$로 설정하고 회로에 연결한다.

(7) 신호발생기를 정현파 $1kHz$, $2V_{p-p}$로 설정하고 회로에 연결한다.

(8) 오실로스코프의 채널 1을 V_{in}에 연결하고, 채널 2를 V_{out}에 연결한다.

(9) 【그림 23-9】의 오실로스코프 화면 그림에 측정된 파형을 그리고, 오실로스코프에 설정된 전압과 시간 스케일(*volt/div, time/div*)을 기록하고, 파형의 주파수와 전압(V_{p-p})를 계산하여 기록한다.

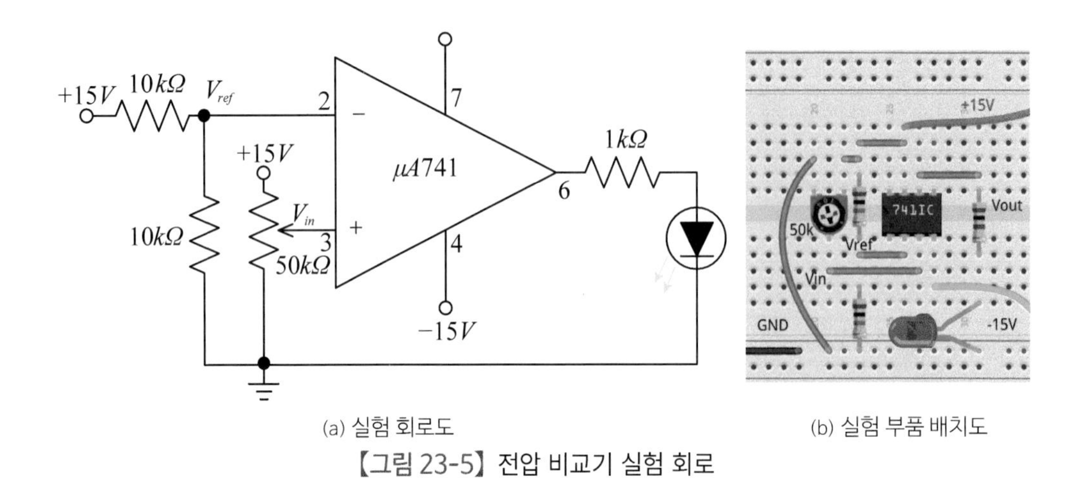

(a) 실험 회로도 (b) 실험 부품 배치도

【그림 23-5】 전압 비교기 실험 회로

〈전압 비교기〉

(10) 【그림 23-5(a)】의 회로에서 V_{ref}를 계산하여 【표 23-1】의 계산값에 기록한다.

(11) 브레드보드에 【그림 23-5(a)】의 회로를 구성하고, DC 전원공급기 전압을 $\pm 15V$로 설정하고 회로에 연결한다.

(12) DMM으로 V_{ref}를 측정하여 【표 23-1】의 측정값에 기록한다.

(13) $50k$ 가변저항을 조절하여 LED가 꺼졌다 켜졌을 때 V_{in} 전압을 측정하여 【표 23-1】의 V_{in}(ON)에 기록한다.

(14) 가변저항을 조절하여 LED가 켜졌다 꺼졌을 때 V_{in} 전압을 측정하여 【표 23-1】의 V_{in}(OFF)에 기록한다.

4 결과 및 결론

이 실험에서 연산증폭기를 이용하여 반전 비교기와 비반전 비교기의 동작 특성을 실험으로 확인하였다.

(1) 반전 비교기는 비반전 단자의 전압을 기준으로 반전 단자의 전압이 높으면 음(−)의 포화된 최대전압이 출력되고 반전 단자의 전압이 낮으면 양(+)의 포화된 최대전압

이 출력된다.

(2) 비반전 비교기는 반전 단자의 전압을 기준으로 비반전 단자의 전압이 높으면 양(+)의 포화된 최대전압이 출력되고 비반전 단자의 전압이 낮으면 음(−)의 포화된 최대전압이 출력된다.

(3) 전압 비교기는 반전 단자의 전압과 비반전 단자의 전압을 비교하여 반전 단자의 전압이 높으면 음(−)의 포화된 최대전압이 출력되고 비반전 단자의 전압이 높으면 양(+)의 포화된 최대전압이 출력된다.

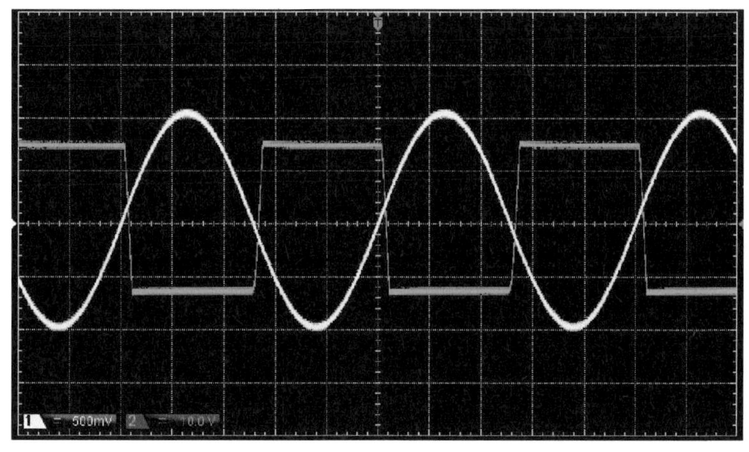

【그림 23-6】 반전 비교기의 V_{in}과 V_{out}

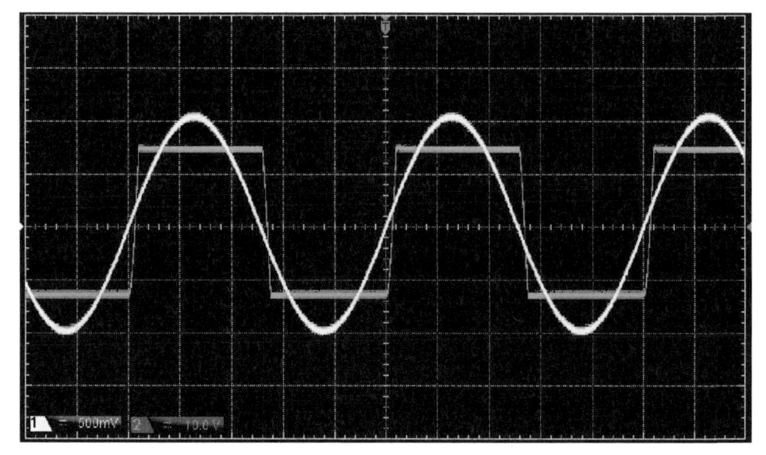

【그림 23-7】 비반전 비교기의 V_{in}과 V_{out}

5 실험 결과 보고서

학번		이름		실험일시		제출일시	

■ 실험 제목:

■ 실험 회로도

■ 실험 내용

【표 23-1】

파라미터	V_{ref}	V_{in}(ON)	V_{in}(OFF)
계산값			
측정값			

⟨CH_1⟩
Time/div : ______________________ [ ]
Volt/div : ______________________ [ ]
주 파 수 : ______________________ [ ]
전압(*P − P*) : ______________________ [ ]

⟨CH_2⟩
Time/div : ______________________ [ ]
Volt/div : ______________________ [ ]
주 파 수 : ______________________ [ ]
전압(*P − P*) : ______________________ [ ]

【그림 23-8】 반전 비교기의 V_{in}과 V_{out}

⟨CH_1⟩
Time/div : ______________________ [ ]
Volt/div : ______________________ [ ]
주 파 수 : ______________________ [ ]
전압(*P − P*) : ______________________ [ ]

⟨CH_2⟩
Time/div : ______________________ [ ]
Volt/div : ______________________ [ ]
주 파 수 : ______________________ [ ]
전압(*P − P*) : ______________________ [ ]

【그림 23-9】 비반전 비교기의 V_{in}과 V_{out}

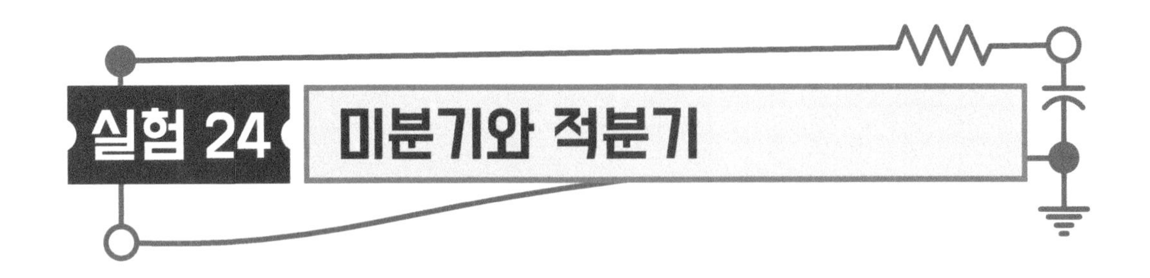

실험 24 미분기와 적분기

1 실험 개요

이 실험에서는 연산증폭기를 이용하여 미분기와 적분기를 구성하고, 미분기에서는 삼각파를 입력하여 구형파를 얻고, 적분기에서는 구형파를 입력하여 삼각파를 얻는 확인할 수 있다. 미분기는 파형의 기울기를 전압의 크기로 나타나 구형파를 얻을 수 있고, 적분기는 구형파를 입력하면 파형의 면적의 크기를 적분하는 결과로 삼각파를 얻을 수 있다.

2 관련 이론

(1) 미분기

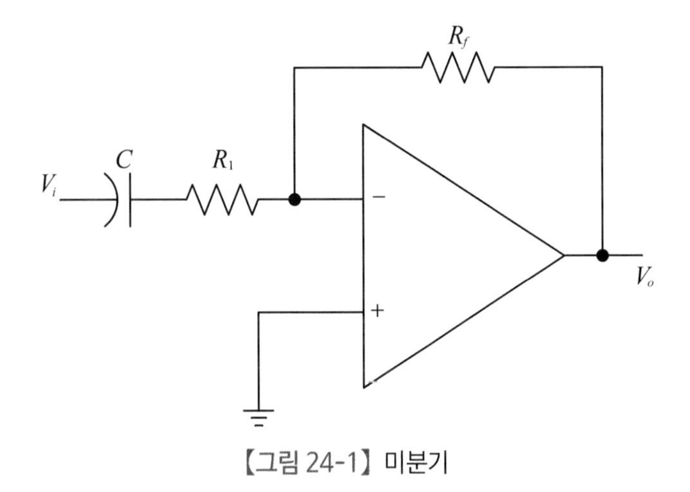

【그림 24-1】 미분기

미분기는 입력전압의 변화율에 비례하는 출력을 내는 것으로 삼각파가 입력된다면, 일정한 기울기를 가지는 입력파로 입력전압 변화율이 일정하므로 구형파의 출력을 나타낸다. 【그림 24-1】의 미분기에 양(+)의 기울기를 가지는 램프입력(삼각파의 반주기)을 반전 단자에 인가한 경우, 출력전압은 기울기에 해당하는 음(–)의 직류전압을 출력할 것이다. 이때 커패시터에 흐르는 전류를 I_c라 하면 출력전압은 다음과 같다.

- 콘덴서 전류: $I_c = C\frac{dV_i}{dt}$
- 출력전압: $V_o = -R_f I_c = -R_f C\frac{dV_i}{dt}$

미분기의 주파수 응답은 임계주파수 $f_c = \frac{1}{2\pi R_1 C}$와 입력신호 주파수 f_{in}에 대하여

- $f_{in} < f_c$일 때 미분기로 동작
- $f_{in} > f_c$일 때 $-\frac{R_f}{R_1}$의 전압 이득을 갖는 반전 증폭기로 동작

(2) 적분기

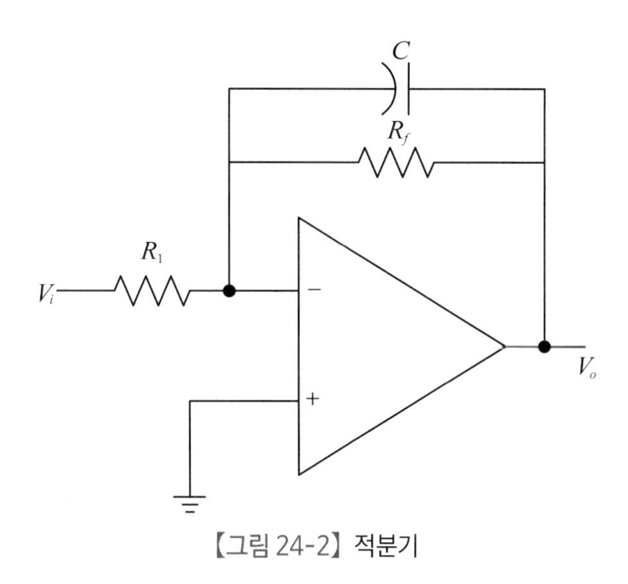

【그림 24-2】 적분기

적분기 입력전압의 크기에 비례하는 기울기를 가지는 전압파를 출력하는 것으로 구형파가 입력된다면, 출력은 입력전압의 크기에 비례하는 기울기를 가지는 삼각파의

출력을 나타낸다. 적분기는 【그림 24-2】와 같이 증폭기의 귀환 소자는 커패시터이고 입력저항과 함께 RC회로를 구성한다. 적분기에 구형파를 반전단자에 인가한 경우, 양(+)의 전압 입력 구간에서는 음(–)의 기울기를 가지는 삼각파의 반주기를 출력하고, 음(–)의 전압 입력 구간에서는 양(+)의 기울기를 가지는 삼각파의 반주기를 출력할 것이다. 이때 저항 R_1에 흐르는 전류를 I라 하면 출력전압은 다음과 같다.

- 저항 전류: $I=\frac{V_i}{R_1}$
- 출력전압: $V_o=-\frac{1}{C}\int Idt=-\frac{1}{R_1C}\int V_idt$

적분기의 주파수 응답은 임계주파수 $f_c=\frac{1}{2\pi R_fC}$와와 입력신호 주파수 f_{in}에 대하여

- $f_{in} > f_c$일 때 적분기로 동작
- $f_{in} < f_c$일 때 $-\frac{R_f}{R_1}$의 전압 이득을 갖는 반전 증폭기로 동작

3 실험

[실험 부품 및 재료]

번호	부품명	규격	단위	수량	비고(대체)
1	저항	2[$k\Omega$], 1/4W	개	1	
2	저항	10[$k\Omega$], 1/4W	개	2	
3	저항	20[$k\Omega$], 1/4W	개	1	
4	저항	100[$k\Omega$], 1/4W	개	1	
5	콘덴서	0.0022uF	개	1	
6	콘덴서	0.0047uF	개	1	
7	IC	741	개	1	연산증폭기

[실험 장비]

번호	장 비 명	규 격	단위	수량	비고(대체)
1	전원공급기	DC 가변 0~30[V]	대	1	
2	디지털 멀티미터(DMM)	저항, 전압, 전류 측정	대	1	VOM
3	오실로스코프	2채널 이상	대	1	
4	신호발생기	삼각파, 구형파	대	1	함수발생기

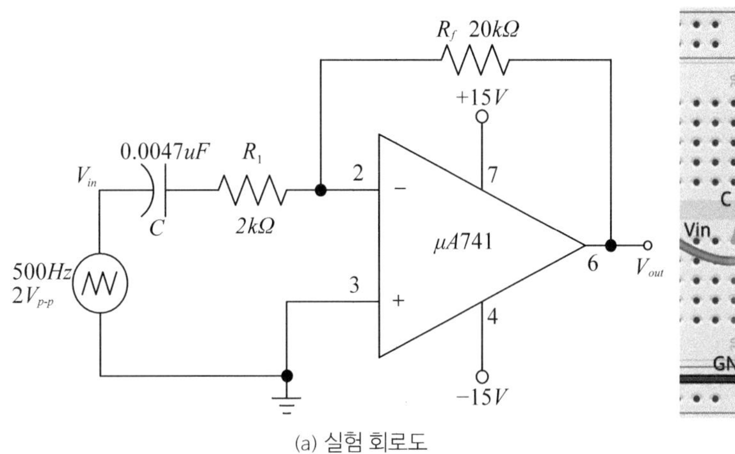

(a) 실험 회로도 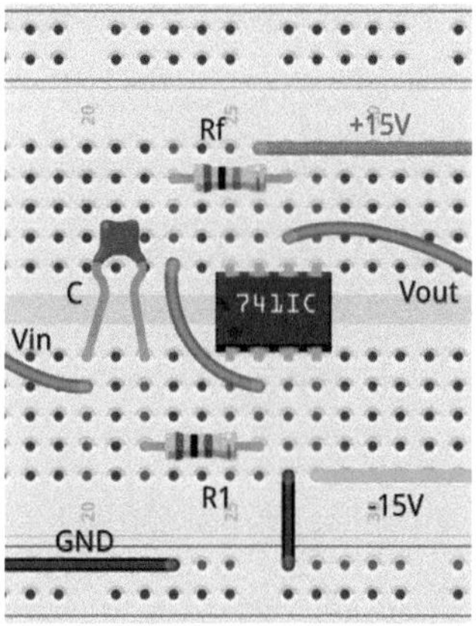　　　(b) 실험 부품 배치도

【그림 24-3】 미분기 실험 회로

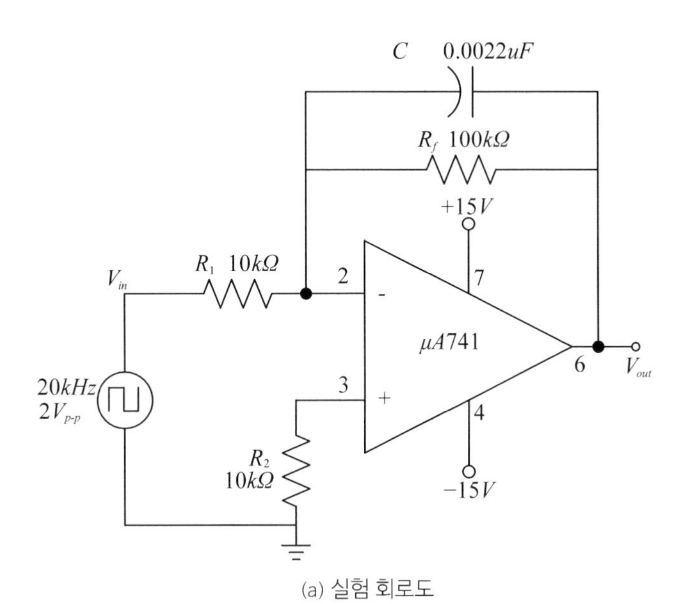

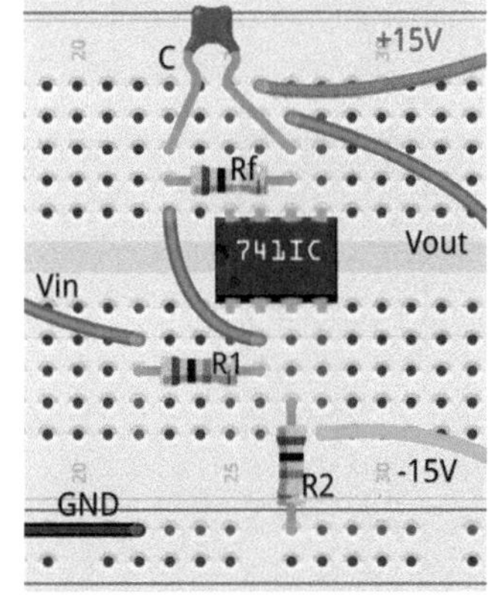

(a) 실험 회로도　　　(b) 실험 부품 배치도

【그림 24-4】 적분기 실험 회로

〈미분기〉

(1) 브레드보드에 【그림 24-3(a)】의 회로를 구성하고, DC 전원공급기 전압을 ±15V로 설정하고 회로에 연결한다.

(2) 신호발생기를 삼각파 500Hz, 2V_{p-p}로 설정하고 회로에 연결한다.

(3) 오실로스코프를 다음과 같이 설정한다.

$CH_1(X)$ *Volts/Division*(Scale): 1*V/Division*, DC coupling

$CH_2(Y)$ *Volts/Division*(Scale): 200m*V/Division*, DC coupling

Time/Division(Scale): 500*us/Division*

(4) 오실로스코프의 채널 1을 V_{in}에 연결하고, 채널 2를 V_{out}에 연결한다.

(5) 【그림 24-11】의 오실로스코프 화면 그림에 측정된 파형을 그리고, 오실로스코프에 설정된 전압과 시간 스케일(*volt/div, time/div*)을 기록하고, 파형의 주파수와 전압(V_{p-p})를 계산하여 기록한다.

(6) 신호발생기를 삼각파 2kHz, 2V_{p-p}로 변경한다.

(7) 【그림 24-12】의 오실로스코프 화면 그림에 측정된 파형을 그리고, 오실로스코프에 설정된 전압과 시간 스케일(*volt/div, time/div*)을 기록하고, 파형의 주파수와 전압(V_{p-p})를 계산하여 기록한다.

(8) 신호발생기를 삼각파 30kHz, 2V_{p-p}로 변경한다.

(9) 【그림 24-13】의 오실로스코프 화면 그림에 측정된 파형을 그리고, 오실로스코프에 설정된 전압과 시간 스케일(*volt/div, time/div*)을 기록하고, 파형의 주파수와 전압(V_{p-p})를 계산하여 기록한다.

〈적분기〉

(10) 브레드보드에 【그림 24-4(a)】의 회로를 구성하고, DC 전원공급기 전압을 ±15V로 설정하고 회로에 연결한다.

(11) 신호발생기를 구형파 20kHz, 2V_{p-p}로 설정하고 회로에 연결한다.

(12) 오실로스코프를 다음과 같이 설정한다.

$CH_1(X)$ *Volts/Division*(Scale) : 1*V/Division*, DC coupling

$CH_2(Y)$ *Volts/Division*(Scale) : 500m*V/Division*, DC coupling

Time/Division(Scale) : 10*us/Division*

(13) 오실로스코프의 채널 1을 V_{in}에 연결하고, 채널 2를 V_{out}에 연결한다.

(14) 【그림 24-14】의 오실로스코프 화면 그림에 측정된 파형을 그리고, 오실로스코프에 설정된 전압과 시간 스케일(*volt/div, time/div*)을 기록하고, 파형의 주파수와 전압(V_{p-p})를 계산하여 기록한다.

(15) 신호발생기를 구형파 5*kHz*, $2V_{p-p}$로 변경한다.

(16) 【그림 24-15】의 오실로스코프 화면 그림에 측정된 파형을 그리고, 오실로스코프에 설정된 전압과 시간 스케일(*volt/div, time/div*)을 기록하고, 파형의 주파수와 전압(V_{p-p})를 계산하여 기록한다.

(17) 신호발생기를 구형파 100*Hz*, $2V_{p-p}$로 변경한다.

(18) 【그림 24-16】의 오실로스코프 화면 그림에 측정된 파형을 그리고, 오실로스코프에 설정된 전압과 시간 스케일(*volt/div, time/div*)을 기록하고, 파형의 주파수와 전압(V_{p-p})를 계산하여 기록한다.

4 결과 및 결론

이 실험에서 연산증폭기 미분기와 적분기의 동작 특성을 실험으로 확인하였다.

(1) 미분기는 입력전압의 시간에 따른 크기의 변화, 즉 기울기만큼을 전압의 크기로 나타낸다.

(2) 미분기에 삼각파를 입력하면 구형파가 얻어진다.

(3) 미분기에 주파수가 증가하면 출력전압은 커지나 어느 정도 이상으로 높아지면 콘덴서의 리액턴스 값이 입력저항 R_1보다 작아져 이득을 가지는 반전 증폭기로 동작한다.

(4) 적분기는 입력전압의 크기를 기울기를 가지는 전압의 크기로 나타낸다.

(5) 적분기에 구형파를 입력하면 삼각파가 얻어진다.

(6) 적분기에서 주파수가 감소하면 출력전압은 커지나 어느 정도 이하로 낮아지면 콘덴서의 리액턴스 값이 궤환 저항 R_f보다 커져 이득을 가지는 반전 증폭기로 동작한다.

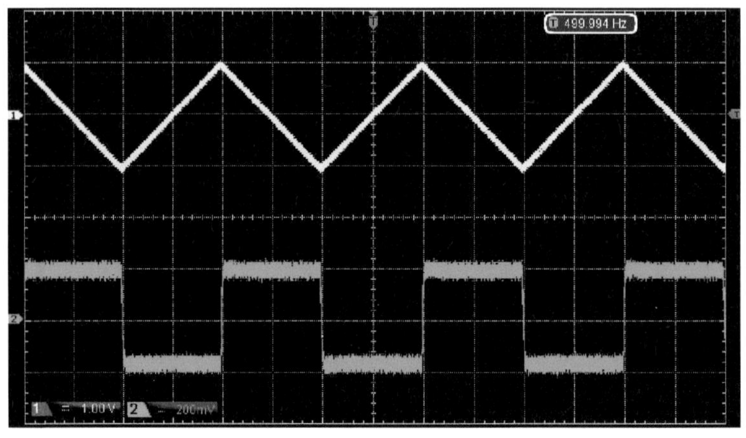

【그림 24-5】 미분기의 V_{in}과 V_{out}(500Hz)

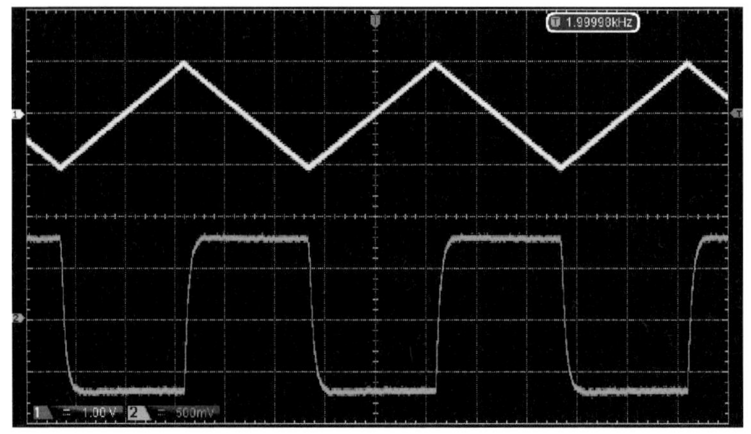

【그림 24-6】 미분기의 V_{in}과 V_{out}(2kHz)

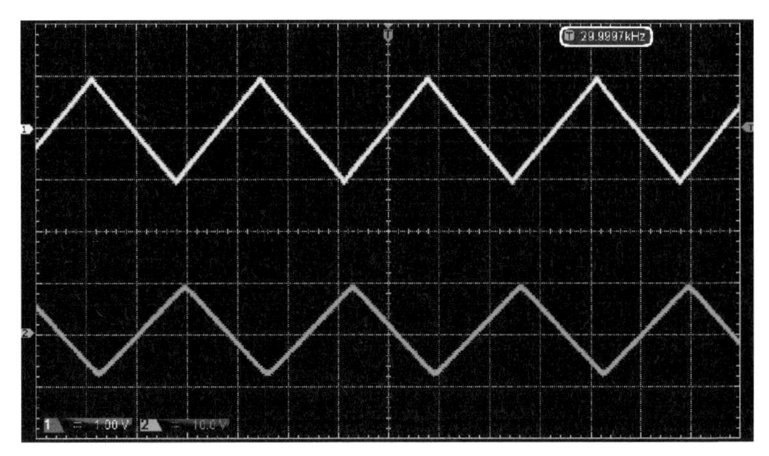

【그림 24-7】 미분기의 V_{in}과 V_{out}(30kHz)

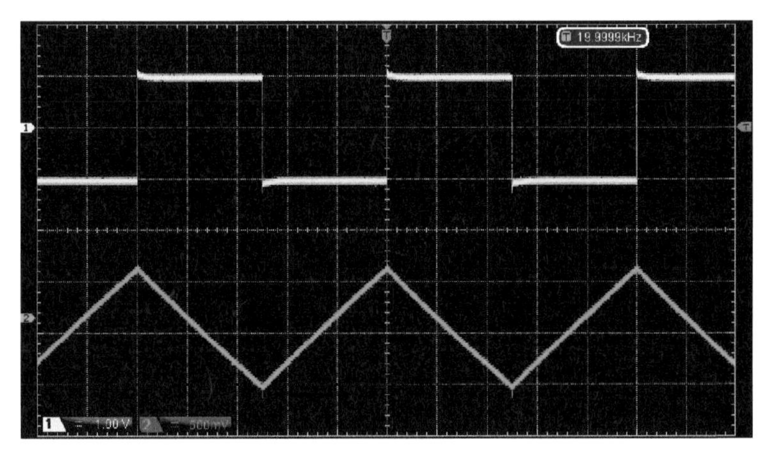

【그림 24-8】 적분기의 V_{in}과 V_{out}(20kHz)

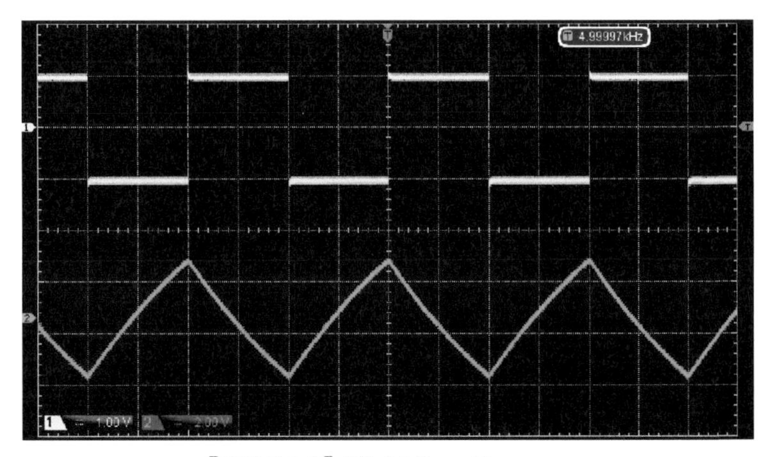

【그림 24-9】 적분기의 V_{in}과 V_{out}(5kHz)

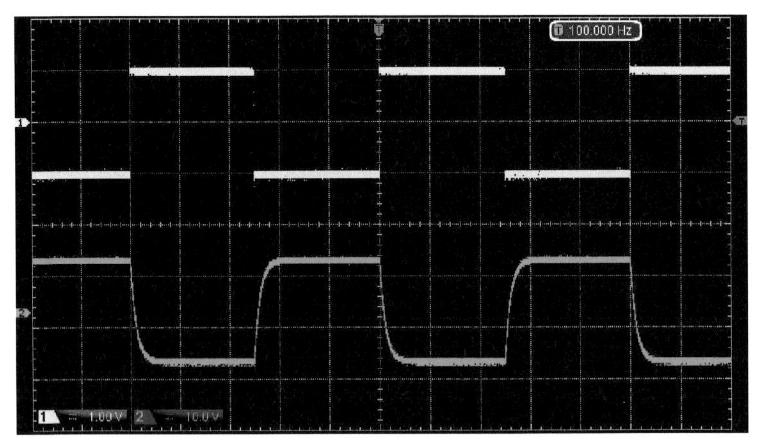

【그림 24-10】 적분기의 V_{in}과 V_{out}(100Hz)

5 실험 결과 보고서

학번		이름		실험일시		제출일시	

■ 실험 제목:

■ 실험 회로도

■ 실험 내용

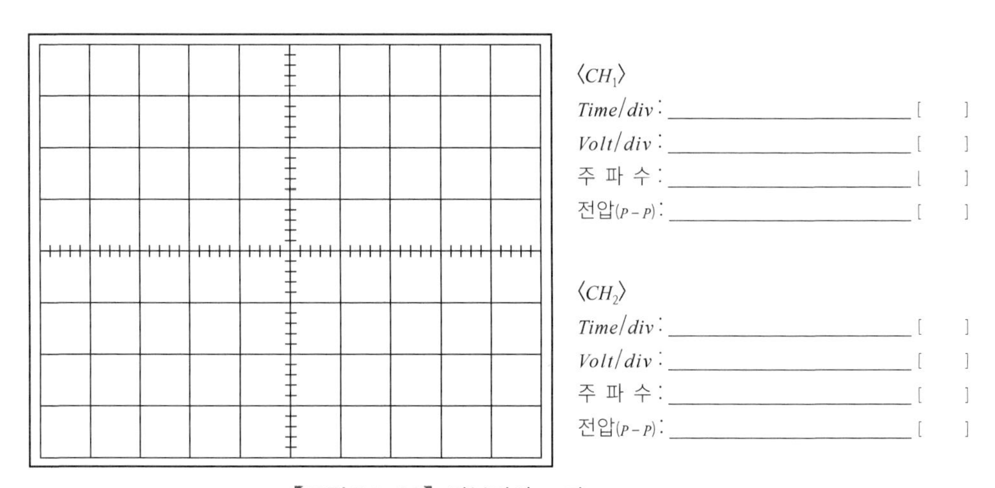

【그림 24-11】 미분기의 V_{in}과 V_{out}(500Hz)

⟨CH_1⟩
Time/div : ______________________ [ ]
Volt/div : ______________________ [ ]
주 파 수 : ______________________ [ ]
전압($P-P$) : ______________________ [ ]

⟨CH_2⟩
Time/div : ______________________ [ ]
Volt/div : ______________________ [ ]
주 파 수 : ______________________ [ ]
전압($P-P$) : ______________________ [ ]

【그림 24-12】 미분기의 V_{in}과 V_{out}(2kHz)

⟨CH_1⟩
Time/div : ______________________ [ ]
Volt/div : ______________________ [ ]
주 파 수 : ______________________ [ ]
전압($P-P$) : ______________________ [ ]

⟨CH_2⟩
Time/div : ______________________ [ ]
Volt/div : ______________________ [ ]
주 파 수 : ______________________ [ ]
전압($P-P$) : ______________________ [ ]

【그림 24-13】 <그림 13> 미분기의 V_{in}과 V_{out}(30k*Hz*)

⟨CH_1⟩
Time/div : ______________________ [ ]
Volt/div : ______________________ [ ]
주 파 수 : ______________________ [ ]
전압($P-P$) : ______________________ [ ]

⟨CH_2⟩
Time/div : ______________________ [ ]
Volt/div : ______________________ [ ]
주 피 수 : ______________________ [ ]
전압($P-P$) : ______________________ [ ]

【그림 24-14】 적분기의 V_{in}과 V_{out}(20*kHz*)

〈CH_1〉
Time/div : ______________________ [ ]
Volt/div : ______________________ [ ]
주 파 수 : ______________________ [ ]
전압$(P-P)$: ______________________ [ ]

〈CH_2〉
Time/div : ______________________ [ ]
Volt/div : ______________________ [ ]
주 파 수 : ______________________ [ ]
전압$(P-P)$: ______________________ [ ]

【그림 24-15】 적분기의 V_{in}과 V_{out}(5kHz)

〈CH_1〉
Time/div : ______________________ [ ]
Volt/div : ______________________ [ ]
주 파 수 : ______________________ [ ]
전압$(P-P)$: ______________________ [ ]

〈CH_2〉
Time/div : ______________________ [ ]
Volt/div : ______________________ [ ]
주 파 수 : ______________________ [ ]
전압$(P-P)$: ______________________ [ ]

【그림 24-16】 적분기의 V_{in}과 V_{out}(100Hz)

05
발진기 회로 실험

실험 25 윈브리지 발진기

1 실험 개요

이 실험에서는 연산증폭기를 이용하여 윈브리지 발진기(Wien Bridge Oscillator)를 구성하고, 실험을 통하여 측정하여 얻은 회로의 주파수를 이론적인 값과 비교 분석하여 연산증폭기를 이용한 발진기 원리를 이해하는 데 있다. 윈브릿지 발진기는 R과 C로 구성하는 진상-지상회로를 통해 출력이 입력으로 정귀환되는 비반전 증폭기이다. 비반전 증폭기의 이득과 정귀환 감쇠곱 1이 될 때 발진을 지속하고, 정귀환 회로의 R, C값에 의해 발진 주파수가 결정된다.

2 관련 이론

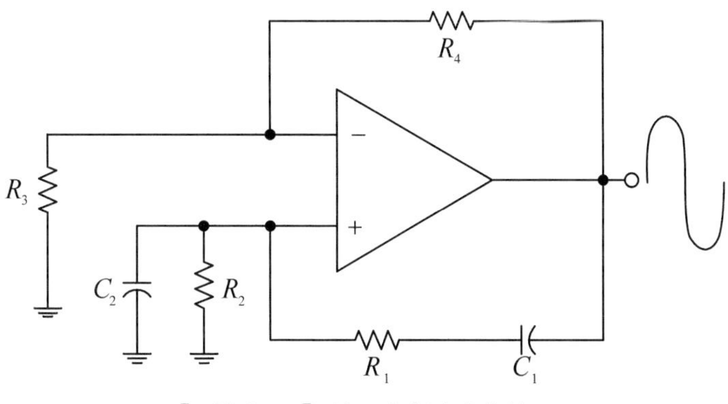

【그림 25-1】 윈브리지 발진기 회로

연산증폭기를 이용한 여러 종류의 파형을 발진시키기 위한 파형 발생기 중에서 정현파를 발생하는 윈브릿지 발진기의 기본 회로는 【그림 25-1】과 같다. 【그림 25-1】에서 발진기의 정귀환은 진상-지상(lead-lag) 회로로 구성되는데, 지상회로는 R_1과 C_1로 구성되고 진상회로는 R_2와 C_2로 구성되었다. 윈브릿지 발진기는 진상-지상회로를 통해 출력이 입력으로 정귀환되는 비반전 증폭기이다.

발진회로가 발진하기 위해서는 정귀환 루프의 위상 천이가 0°이어야 하고, 루프 이득이 1이어야 한다. 귀환회로에서 감쇠가 1/3이 되면, 증폭기의 폐루프 이득은 3이 되어야 전체 루프 이득이 1이 된다. 폐루프 이득은 비반전 증폭기이므로

- 증폭기 폐루프 이득 $=1+\frac{R_4}{R_3}$

따라서 폐루프 이득이 3이 되려면 $R_4=2R_3$이 되면 된다.

발진기가 발진을 시작하려면 폐루프 이득은 3보다 커야 하고, 발진이 일정하게 지속되기 위해서는 전체 루프 이득이 1이 되어야 하므로 귀환 회로에서 1/3로 감쇠가 되면 된다.

윈브릿지 발진기의 발진 주파수 f_r는 다음과 같이 결정된다.

- $f_r=\frac{1}{2\pi\sqrt{R_1R_2C_1C_2}}$

여기서 $R_1=R_2=R$, $C_1=C_2=C$이면 발진 주파수 f_r는 다음과 같다.

- $f_r=\frac{1}{2\pi RC}$

3 실험

[실험 부품 및 재료]

번호	부품명	규격	단위	수량	비고(대체)
1	저항	$33[k\Omega]$, $1/4W$	개	3	
2	가변저항	$25[k\Omega]$	개	1	
3	콘덴서	$0.001[uF]$	개	2	
4	IC	741	개	1	연산증폭기

[실험 장비]

번호	장 비 명	규 격	단위	수량	비고(대체)
1	전원공급기	DC ±15[V]	대	1	
2	디지털 멀티미터(DMM)	저항, 전압, 전류 측정	대	1	VOM
3	오실로스코프	1채널 이상	대	1	

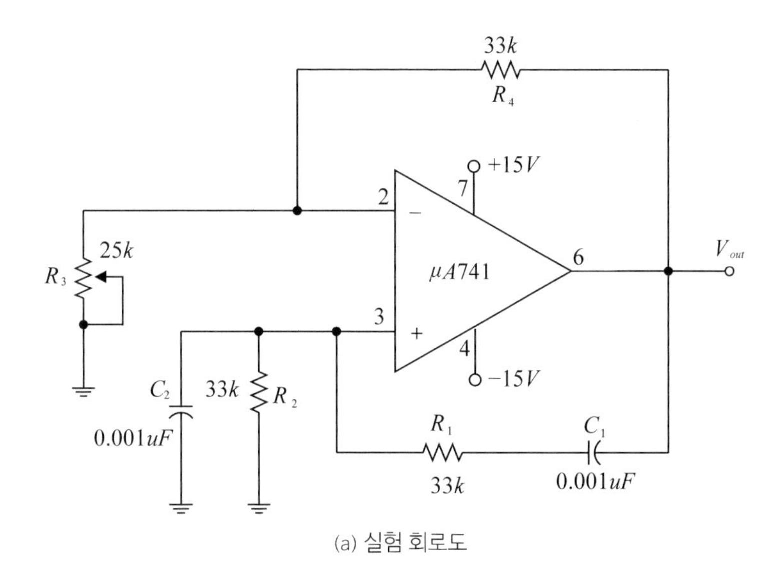

(a) 실험 회로도

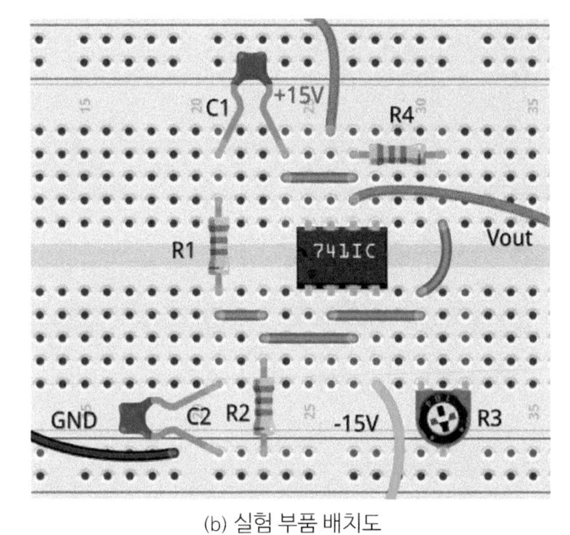

(b) 실험 부품 배치도

【그림 25-2】 윈브릿지 발진기 실험 회로

(1) 저항값을 측정하여【표 25-1】에 기록한다.

(2) 식 $f_r = \frac{1}{2\pi RC}$을 이용하여 발진주파수를 계산하고【표 25-2】에 기록한다.

(3) 브레드보드에【그림 25-2(a)】의 회로를 구성하고, DC 전원공급기 전압을 $\pm 15V$로 설정하고 회로에 연결한다.

(4) 오실로스코프를 다음과 같이 설정한다.

$CH_1(X)$ *Volts/Division*(Scale) : $5V$/*Division*, DC coupling

Time/Division(Scale) : 50*us/Division*

(5) 오실로스코프의 채널 1을 V_{out}에 연결한다.

(6) 발진기가 정현파를 발진하도록 가변저항 R_3를 조정한다. 회로가 매우 민감하여 정현파 발진을 얻기 위해서는 정교한 조정이 필요하다.

(7) 정현파를 발진할 때 파형을 측정하고, 측정된 파형을【그림 25-5】의 오실로스코프 화면 그림에 그리고, 오실로스코프에 설정된 전압과 시간 스케일(*volt/div*, *time/div*)을 기록하고, 파형의 주파수와 전압(V_{p-p})를 계산하여 기록한다.

(8) 측정된 파형의 발진 주파수를【표 25-2】의 측정값에 기록한다.

(9) 회로에서 가변저항 R_3를 분리하여 저항값을 측정하여【표 25-1】에 기록한다. (가변저항을 조정하여 정현파를 발진할 때의 저항값)

(10) 측정된 저항값을 사용하여 증폭기 폐루프 이득을 계산하고【표 25-2】에 기록한다.

4 결과 및 결론

이 실험에서 연산증폭기를 이용하여 윈브리지 발진기를 구성하고, 정현파를 발진하는 것을 확인하였다. 가변저항을 조정하여 발진 시작 후 비반전 폐루프 이득이 3보다 클 때는【그림 25-3】과 같이 구형파에 가까운 파형이 발진되고,【그림 25-4】와 같이 3에 가까울수록 정현파에 가까운 파형 출력된다. 그러나 정현파를 얻기 위한 이득의 저항 조정은 매우 민감하여 미세한 조정이 필요하다.

(1) 측정된 발진 주파수는 $4.5kHz$이다.

(2) 귀환회로의 감쇠가 1/3이고, 비반전 이득이 약 3으로 전체 폐루프 이득이 약 1로 발진 시작과 유지 조건을 만족하여 정현파 발진을 지속함을 알 수 있다.

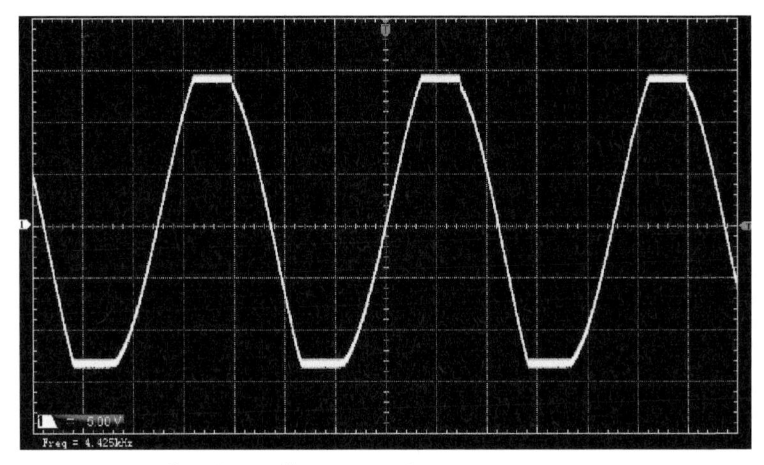

【그림 25-3】 발진기 파형(가변저항 15[$k\Omega$] 일 때)

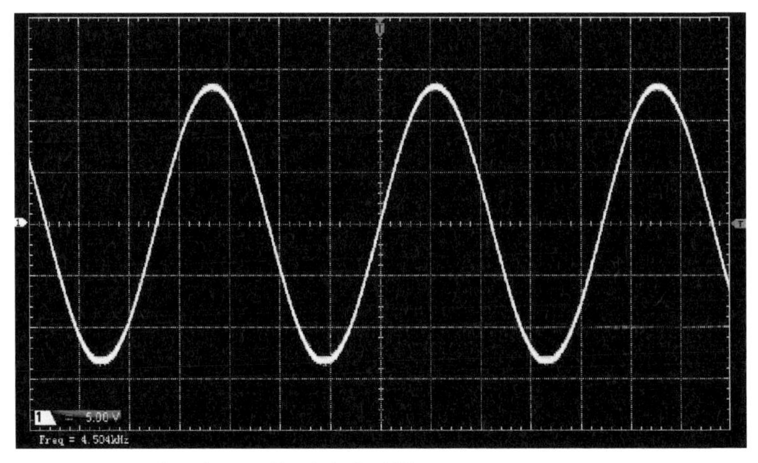

【그림 25-4】 발진기 파형(가변저항 15.9[$k\Omega$] 일 때)

5 실험 결과 보고서

학번		이름		실험일시		제출일시	

■ 실험 제목:

■ 실험 회로도

■ 실험 내용

【표 25-1】

저항	표시값	측정값
R_1	33[$k\Omega$]	
R_2	33[$k\Omega$]	
R_3	발진할 때의 저항값	
R_4	33[$k\Omega$]	

【표 25-2】

발진주파수 f_r(계산값)	발진주파수 f_r(측정값)	증폭기 폐루프 이득

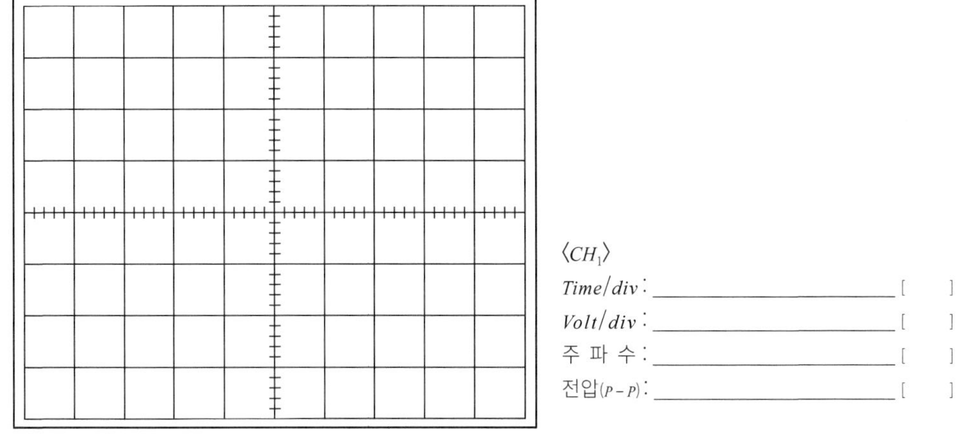

【그림 25-5】 발진기의 발진 파형

실험 26 쌍안정 멀티바이브레이터

1 실험 개요

이 실험에서는 슈미트트리거(schmitt trigger) 회로 또는 히스테리시스를 가지는 비교기를 실험하는 것으로 슈미트트리거 회로는 두 개의 안정된 상태를 출력하는 것으로 쌍안정 멀티바이브레이터의 일종이다. 연산증폭기에 정귀환 회로를 부가하면 두 개의 문턱 전압을 갖는 히스테리시스(hysteresis) 특성을 나타내는데, 이 회로를 슈미트트리거라 하고, 잡음에 민감하지 않은 특성을 가져 채터링 잡음 제거나 구형파 발생에 넓게 사용된다.

2 관련 이론

히스테리시스는 입력전압이 높은 값에서 낮은 값으로 변할 때 기준값이 낮아지거나 낮은 값에서 높은 값으로 변할 때 기준값이 높아지는 현상 갖는 것이다. 두 기준 레벨은 높은 트리거 점과 낮은 트리거 점으로 정의한다.

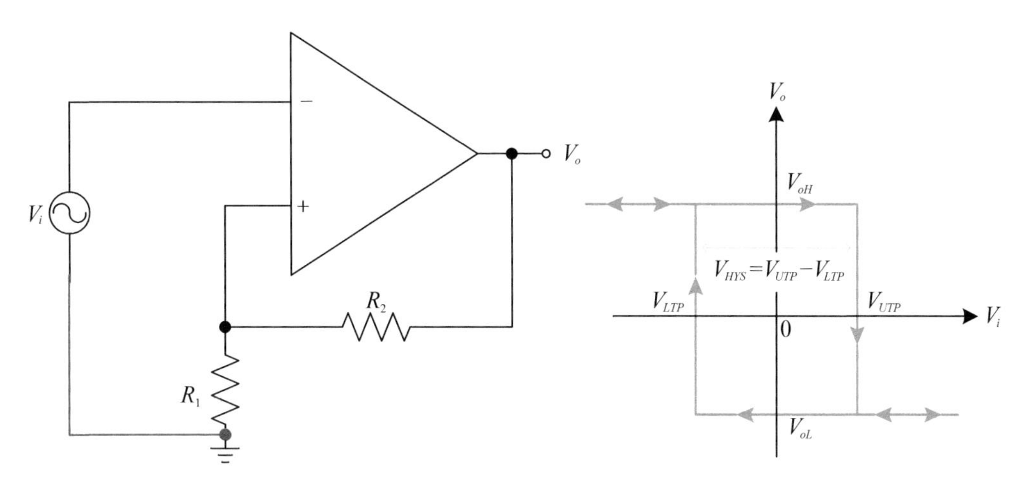

【그림 26-1】 반전 슈미트트리거

(1) 반전 슈미트트리거

【그림 26-1】은 반전 슈미트트리거 회로로 입력신호는 반전 단자에 입력되며, 저항 R_2에 의하여 출력전압이 정궤환된다. 높은 출력전압과 낮은 출력전압을 각각 V_{oH}, V_{oL}라 하면, 높은 트리거 점 V_{UTP}과 낮은 트리거 점 V_{LTP}은 다음과 같다.

- $V_{UDT}=\frac{R_1}{R_1+R_2}V_{oH}$
- $V_{LPT}=\frac{R_1}{R_1+R_2}V_{oL}$
- 히스테리시스 전압: $V_{HYS}=V_{UTP}-V_{LTP}$

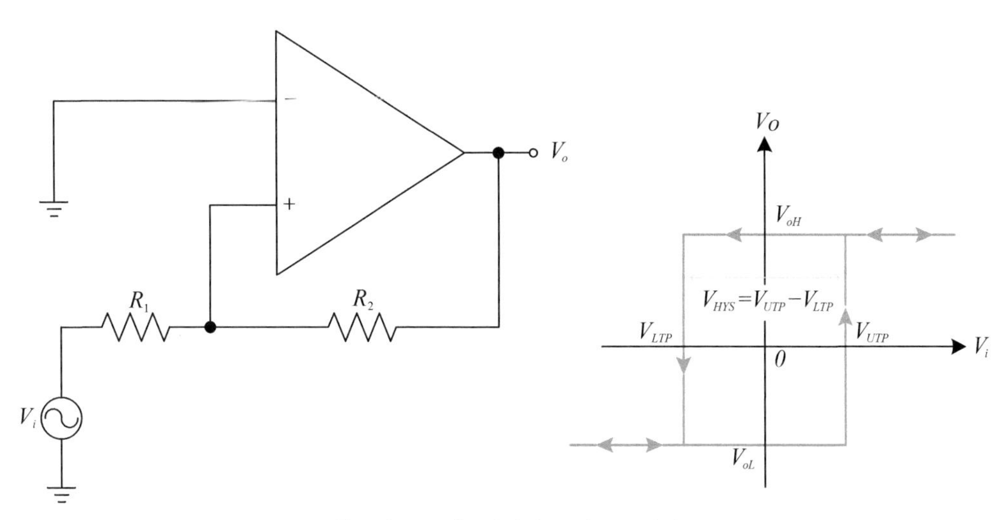

【그림 26-2】 비반전 슈미트트리거

(2) 비반전 슈미트트리거

비반전 슈미트트리거 회로는 【그림 26-2】와 같이 입력신호는 비반전 단자에 입력되며, 저항 R_2에 의하여 출력전압이 정궤환된다. 높은 트리거 점을 V_{UTP}, 낮은 트리거 점을 V_{LTP}, 높은 출력전압과 낮은 출력전압을 각각 V_{oH}, V_{oL}라 하면 트리거 전압은 다음과 같다.

- $V_{UPT} = -\frac{R_1}{R_2} V_{oL}$
- $V_{LPT} = -\frac{R_1}{R_2} V_{oH}$

3 실험

[실험 부품 및 재료]

번호	부 품 명	규 격	단위	수량	비고(대체)
1	저항	10[$k\Omega$], 1/4W	개	2	
2	저항	20[$k\Omega$], 1/4W	개	1	
3	IC	741	개	1	OP-AMP

[실험 장비]

번호	장 비 명	규 격	단위	수량	비고(대체)
1	전원공급기	DC ±5[V]	대	1	
2	디지털 멀티미터(DMM)	저항, 전압, 전류 측정	대	1	VOM
3	오실로스코프	2채널 이상	대	1	

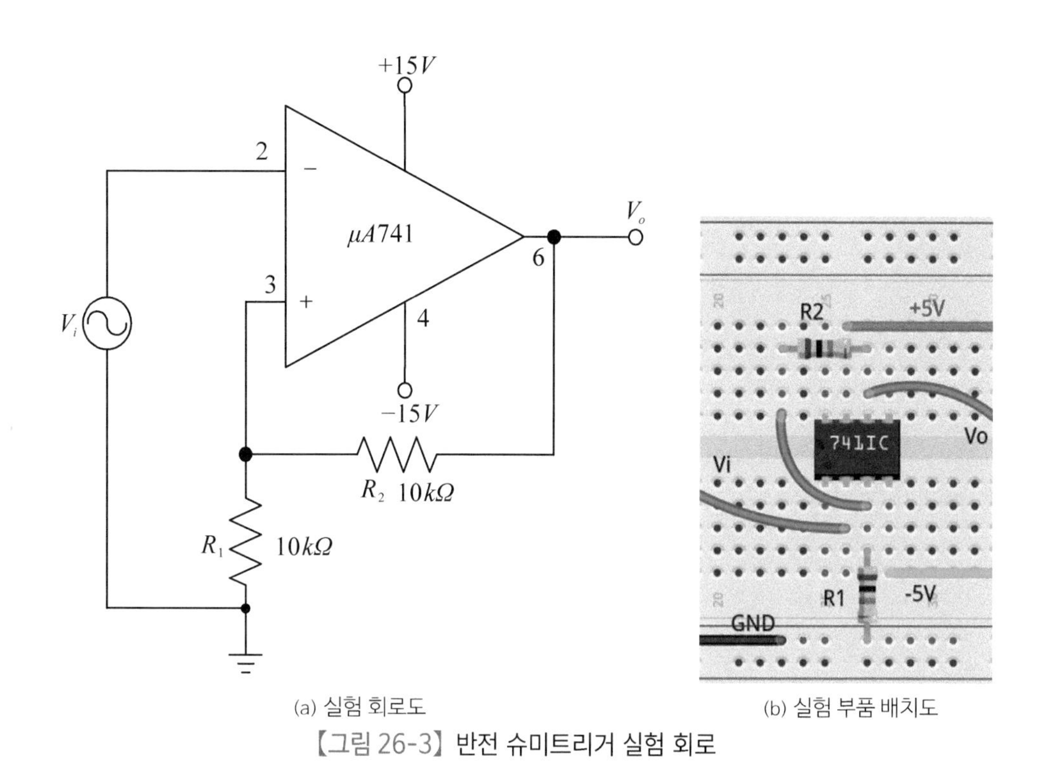

(a) 실험 회로도 (b) 실험 부품 배치도

【그림 26-3】 반전 슈미트리거 실험 회로

(1) 【그림 26-3(a)】의 회로도의 저항값을 측정하여 【표 26-1】에 기록한다.

(2) 브레드보드에 【그림 26-3(a)】의 회로를 구성하고, DC 전원공급기 전압을 $+5V$, $-5V$로 설정하고 회로에 연결한다.

(3) 신호발생기를 정현파 $1kHz$, $5V_{p-p}$로 설정하고 회로에 연결한다.

(4) 오실로스코프를 다음과 같이 설정한다.

$CH_1(X)$ *Volts/Division*(Scale): $1V$*/Division*, DC coupling

$CH_2(X)$ *Volts/Division*(Scale): $2V$*/Division*, DC coupling

Time/Division(Scale): 200*us/Division*

(5) 오실로스코프의 채널 1을 V_i, 채널 2를 V_o에 연결한다.

(6) 【그림 26-7】의 오실로스코프 화면 그림에 측정된 파형을 그리고, 오실로스코프에 설정된 전압과 시간 스케일(*volt/div, time/div*)을 기록하고, 파형의 주파수와 전압(V_{p-p})를 계산하여 기록한다.

(7) 측정된 출력 파형의 높은 출력전압과 낮은 출력전압을 각각 V_{oH}, V_{oL} 각각을 【표 26-2】에 기록한다.

(8) 측정된 출력 파형의 상승 및 하강점에 대하여 입력전압 파형에서 높은 트리거 점 V_{UTP}과 낮은 트리거점 V_{LTP}을 확인하여 【표 26-2】에 기록한다.

(9) 측정값 V_{oH}, V_{oL}를 이용하여 V_{UTP}과 V_{LTP}을 계산하여 【표 26-2】에 기록한다.

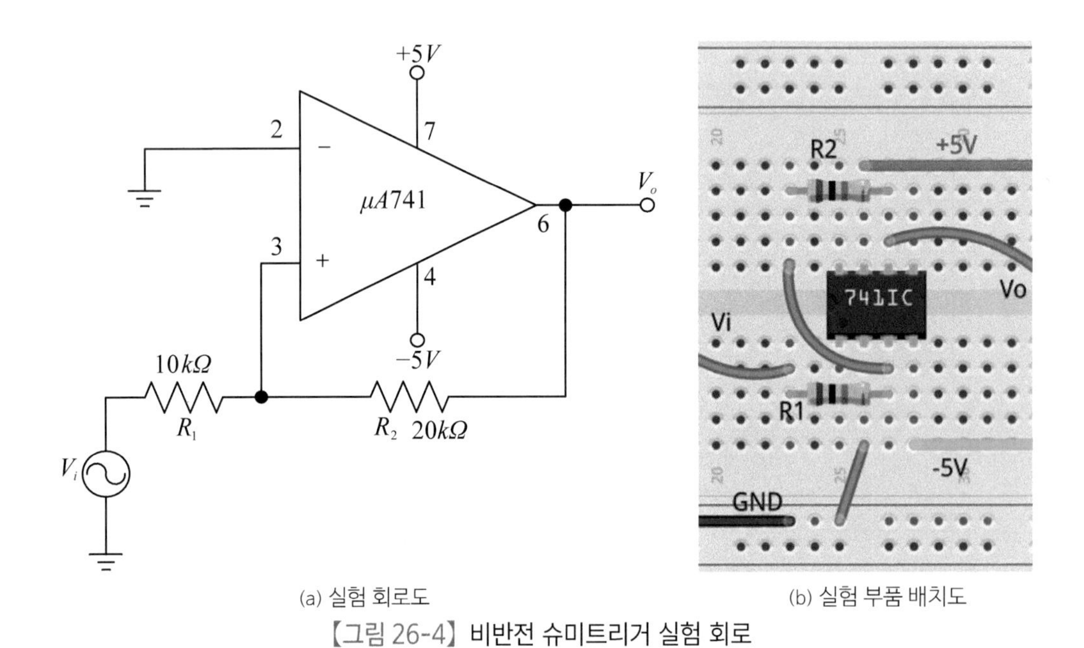

(a) 실험 회로도 (b) 실험 부품 배치도

【그림 26-4】 비반전 슈미트리거 실험 회로

(10) 【그림 26-4(a)】의 회로도의 저항값을 측정하여 【표 26-3】에 기록한다.

(11) 브레드보드에 【그림 26-4(a)】의 회로를 구성하고, DC 전원공급기 전압을 $+5V$, $-5V$로 설정하고 회로에 연결한다.

(12) 신호발생기를 정현파 $1kHz$, $5V_{p-p}$로 설정하고 회로에 연결한다.

(13) 오실로스코프를 다음과 같이 설정한다.

$CH_1(X)$ *Volts/Division*(Scale): $1V/Division$, DC coupling

$CH_2(X)$ *Volts/Division*(Scale): $2V/Division$, DC coupling

Time/Division(Scale): $200us/Division$

(14) 오실로스코프의 채널 1을 V_i, 채널 2를 V_o에 연결한다.

(15) 【그림 26-8】의 오실로스코프 화면 그림에 측정된 파형을 그리고, 오실로스코프에

설정된 전압과 시간 스케일(*volt/div, time/div*)을 기록하고, 파형의 주파수와 전압(V_{p-p})를 계산하여 기록한다.

(16) 측정된 출력파형의 높은 출력전압과 낮은 출력전압을 각각 V_{oH}, V_{oL} 각각을 【표 26-4】에 기록한다.

(17) 측정된 출력 파형의 상승점 및 하강점에 대하여 입력전압 파형에서 높은 트리거 점 V_{UTP}과 낮은 트리거 점 V_{LTP}을 확인하여 【표 26-4】에 기록한다.

(18) 측정값 V_{oH}, V_{oL}를 이용하여 V_{UTP}과 V_{LTP}을 계산하여 【표 26-4】에 기록한다.

4 결과 및 결론

실험에서 연산증폭기를 이용하여 슈미트리거로 동작하도록 구성하고, 회로에 의하여 주어지는 트리거 전압보다 높거나 낮은 경우 비교기처럼 출력전압이 최대 출력전압으로 구형파가 출력되는 것을 확인할 수 있다.

(1) 반전 슈미트리거 회로에서 $R_1 = 10[k\Omega]$, $R_2 = 10[k\Omega]$로 했을 때 각각의 값이 약 $V_{oH} = 4.52V$, $V_{oL} = -3.28V$, $V_{UTP} = 2.1V$, $V_{LTP} = -1.6V$

(2) 비반전 슈미트리거 회로에서 $R_1 = 10[k\Omega]$, $R_2 = 20[k\Omega]$로 했을 때 각각의 값이 약 $V_{oH} = 4.56V$, $V_{oL} = -3.40V$, $V_{UTP} = 1.7V$, $V_{LTP} = -2.2V$가 되는 것을 확인할 수 있다.

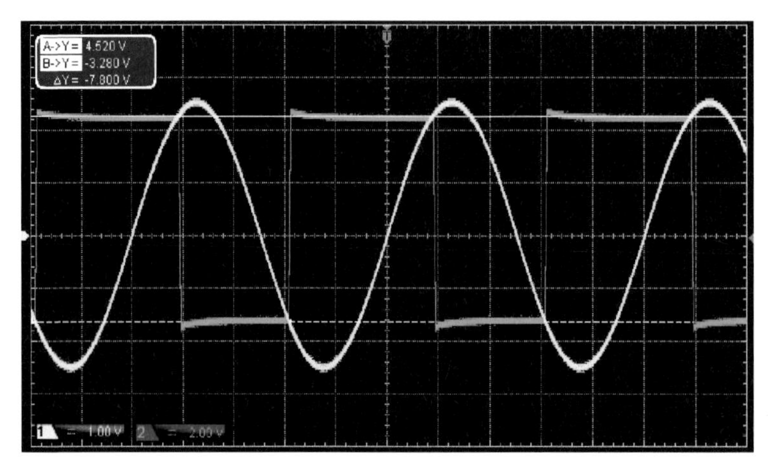

【그림 26-5】 반전 슈미트리거(V_{UTP}=2.2V, V_{LTP}=−1.6V)

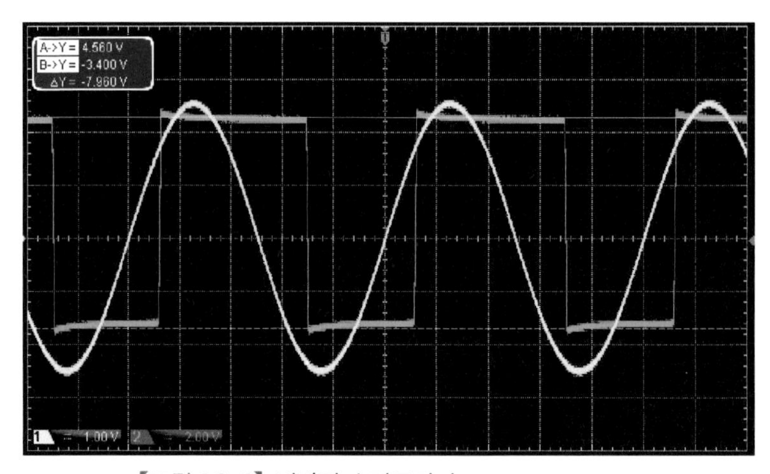

【그림 26-6】 비반전 슈미트리거(V_{UTP}=1.7V, V_{LTP}=−2.2V)

5 실험 결과 보고서

학번		이름		실험일시		제출일시	

■ 실험 제목:

■ 실험 회로도

■ 실험 내용

【표 26-1】

저항	표시값	측정값
R_1	10[$k\Omega$]	
R_2	10[$k\Omega$]	

【표 26-2】

파라미터	V_{oH}	V_{oL}	V_{UTP}	V_{LTP}
계산값				
측정값				

【표 26-3】

저항	표시값	측정값
R_1	10[$k\Omega$]	
R_2	20[$k\Omega$]	

【표 26-4】

파라미터	V_{oH}	V_{oL}	V_{UTP}	V_{LTP}
계산값				
측정값				

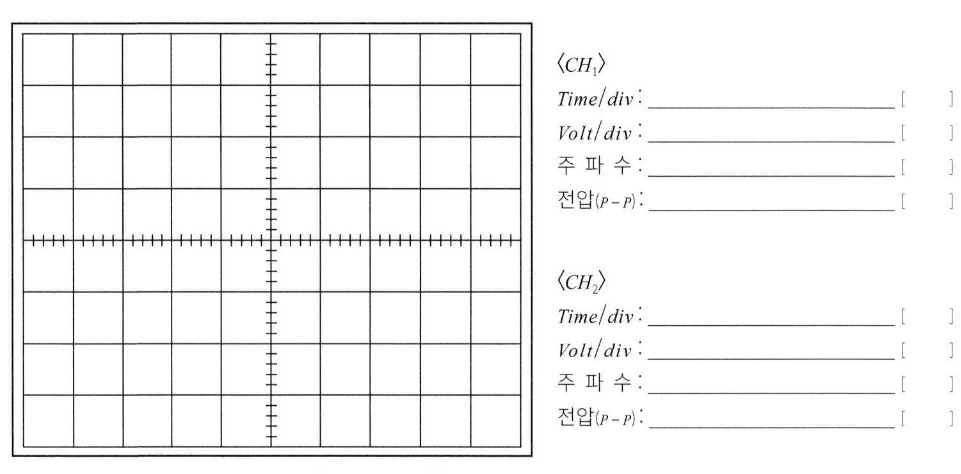

⟨CH_1⟩
$Time/div$: ________________ [ ]
$Volt/div$: ________________ [ ]
주 파 수 : ________________ [ ]
전압($P-P$) : ________________ [ ]

⟨CH_2⟩
$Time/div$: ________________ [ ]
$Volt/div$: ________________ [ ]
주 파 수 : ________________ [ ]
전압($P-P$) : ________________ [ ]

【그림 26-7】 반전 슈미트리거

⟨CH_1⟩
$Time/div$: ________________ [ ]
$Volt/div$: ________________ [ ]
주 파 수 : ________________ [ ]
전압($P-P$) : ________________ [ ]

⟨CH_2⟩
$Time/div$: ________________ [ ]
$Volt/div$: ________________ [ ]
주 파 수 : ________________ [ ]
전압($P-P$) : ________________ [ ]

【그림 26-8】 비반전 슈미트리거

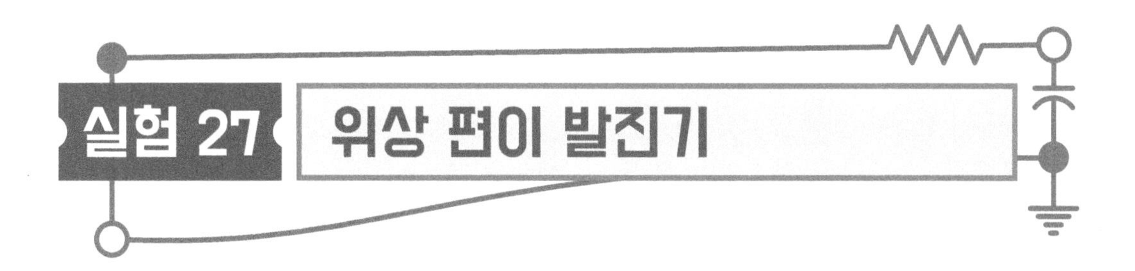

실험 27 위상 편이 발진기

1 실험 개요

이 실험에서는 반전 연산증폭기에 출력 위상을 반전시키는 회로로 정귀환시켜 발진을 일으키는 것을 확인할 수 있다. 위상 편이 회로는 RC회로로 구성되고, 이 회로의 위상 편이가 180도가 되게 하여 반전 증폭기의 반전된 위상과의 합이 0이 되어 정궤환이 된다. 발진 지속을 위한 이득 조건이 만족하게 되면 정현파를 발진하게 된다.

2 관련 이론

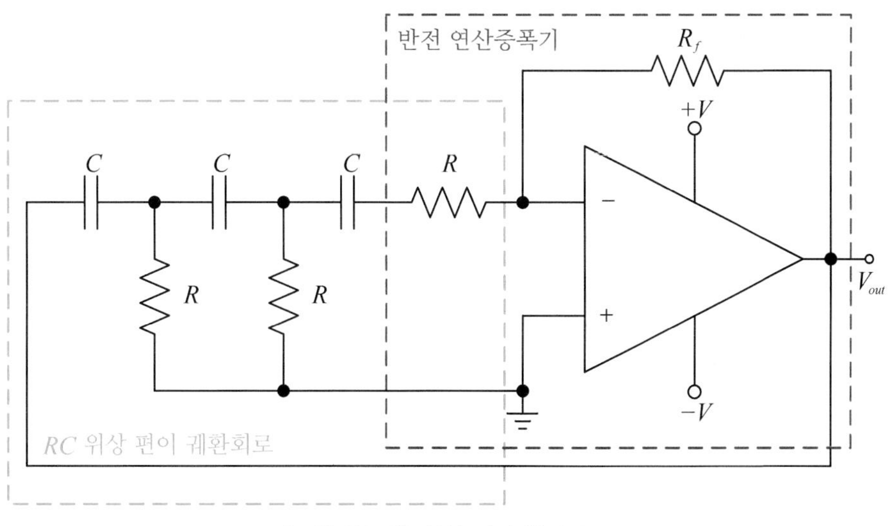

【그림 27-1】 위상 편이 발진기

【그림 27-1】은 위상 편이 발진기 회로로 반전 연산증폭기와 위상 편이를 갖는 RC회로로 구성되었다. 반전 증폭기의 전압 이득은 $-\frac{R_f}{R}$이고, 일정한 진폭의 정현파가 발진을 지속하도록 이득을 제공한다. RC 위상 편이 회로는 출력이 입력으로 귀환할 때 180도 위상차를 가지고 반전단자에 입력되게 한다.

발진주파수는 R과 C값을 변경하여 조정할 수 있으며, 발진 시작과 지속을 위해서는 반전 증폭기의 이득 조건을 만족해야 한다.

- 발진주파수: $f=\frac{1}{2\pi\sqrt{6}RC}$
- 발진 지속 이득 조건: $\frac{R_f}{R}\geq 29$ (보통 35~40)

3 실험

[실험 부품 및 재료]

번호	부품명	규격	단위	수량	비고(대체)
1	저항	510[Ω], 1/4W	개	3	
2	저항	20[$k\Omega$], 1/4W	개	1	
3	콘덴서	0.1[uF]	개	3	
4	IC	741	개	1	OP-AMP

[실험 장비]

번호	장비명	규격	단위	수량	비고(대체)
1	전원공급기	DC ±5[V]	대	1	
2	디지털 멀티미터(DMM)	저항, 전압, 전류 측정	대	1	VOM
3	오실로스코프	2채널 이상	대	1	

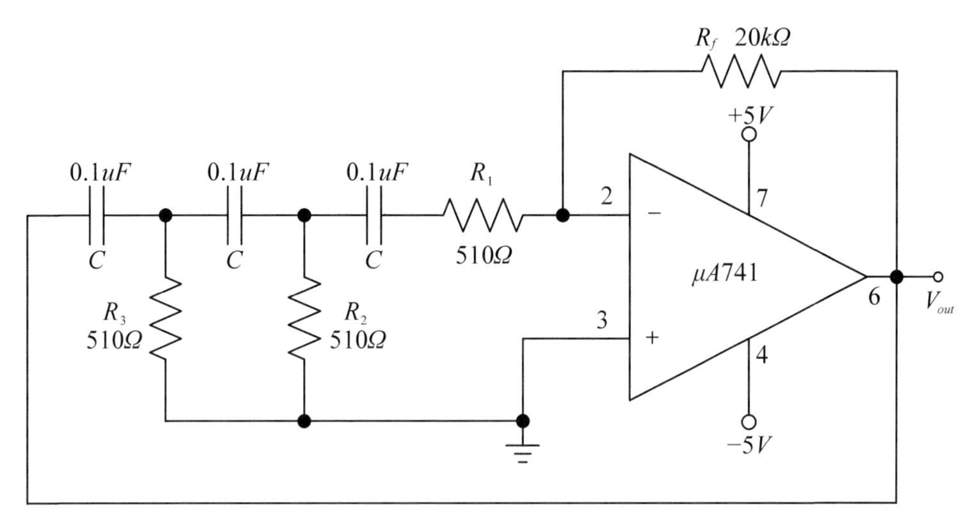

(a) 실험 회로도

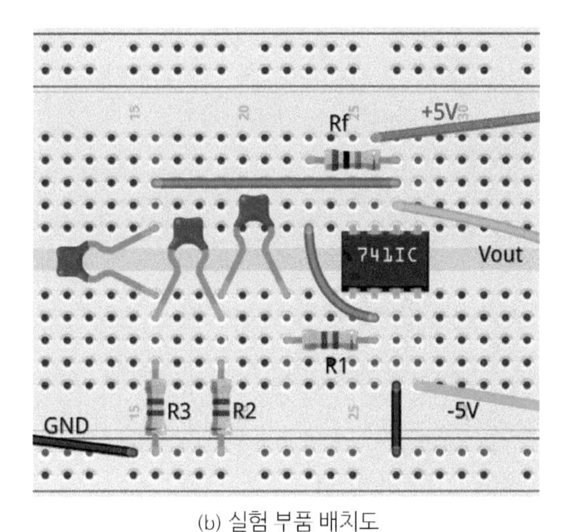

(b) 실험 부품 배치도

【그림 27-2】 위상 편이 발진기 실험 회로

(1) 【그림 27-2(a)】의 회로도의 저항값을 측정하여 【표 27-1】에 기록한다.

(2) 측정된 저항값을 사용하여 발진 이득 조건을 계산하여 $\frac{R_f}{R_1} \geq 29$을 만족하는지 확인하고 【표 27-2】에 기록한다.

(3) 측정된 저항값을 사용하여 발진주파수를 계산하여 【표 27-2】에 기록한다. (계산 시 R은 R_1, R_2, R_3의 측정 평균값 사용)

(4) 브레드보드에 【그림 27-2(a)】의 회로를 구성하고, DC 전원공급기 전압을 $+5V$, $-5V$로 설정하고 회로에 연결한다.

(5) 오실로스코프를 다음과 같이 설정한다. (필요 시 설정 변경)

$CH_1(X)$ *Volts/Division*(Scale): $2V/Division$, DC coupling

Time/Division(Scale): $200us/Division$

(6) 오실로스코프의 채널 1을 V_{out}에 연결한다.

(7) 【그림 27-4】의 오실로스코프 화면 그림에 측정된 파형을 그리고, 오실로스코프에 설정된 전압과 시간 스케일(*volt/div*, *time/div*)을 기록하고, 파형의 주파수와 전압(V_{p-p})를 계산하여 기록한다.

(8) 측정된 파형의 발진 주파수를 【표 27-2】에 기록하고 계산값과 비교한다.

4 결과 및 결론

실험에서 위상 편이 회로는 RC회로로 구성되고, 이 회로의 위상 편이가 180도가 되게 하여 반전 증폭기의 반전된 위상과의 합이 0이 되어 정궤환이 된다. 발진 지속을 위한 이득 조건(보통 35~40)이 만족하게 되면 정현파를 발진하게 된다.

(1) 위상 편이 발진회로에서 $R_1 = 510[\Omega]$, $R_f = 20[k\Omega]$로 했을 때 이득은 $\frac{R_f}{R_1} \simeq 39$ 로 이득 조건을 만족하여 안정된 정현파 발진

(2) 회로에서 $R = 510[\Omega]$, $C = 0.1[uF]$로 했을 때 발진 주파수 $f = 1.219[kHz]$으로 정현파 발진.

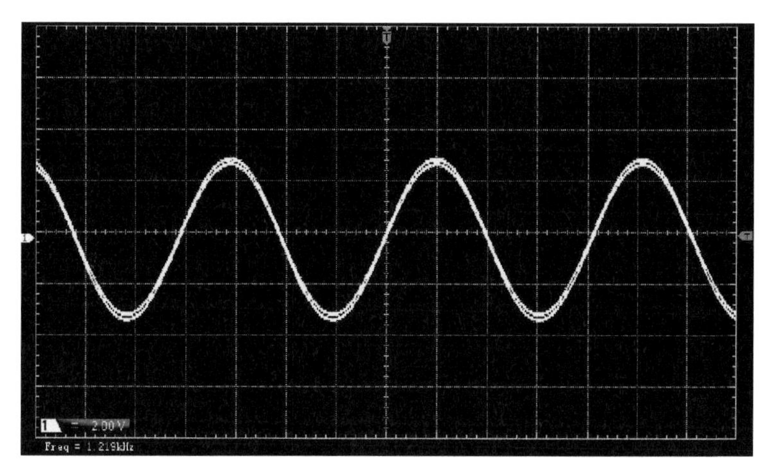

【그림 27-3】 위상 편이 발진기 출력 파형(f=1.219[kHz])

5 실험 결과 보고서

학번		이름		실험일시		제출일시	

■ 실험 제목:

■ 실험 회로도

■ 실험 내용

【표 27-1】

저항	표시값	측정값
R_1	510[Ω]	
R_2	510[Ω]	
R_3	510[Ω]	
R_f	20[$k\Omega$]	

【표 27-2】

파라미터	이득($\frac{R_f}{R_1}$)	발진 주파수 f
계산값		
측정값		

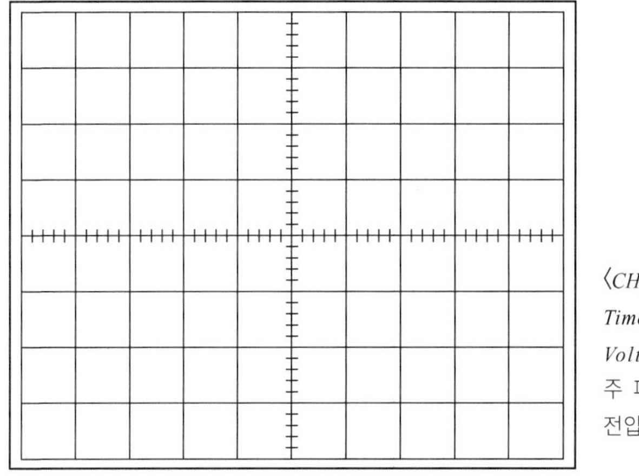

⟨CH_1⟩
$Time/div$: ____________________ [ ]
$Volt/div$: ____________________ [ ]
주 파 수 : ____________________ [ ]
전압($P-P$) : ____________________ [ ]

【그림 27-4】 위상 편이 발진기

1 실험 개요

이 실험은 555 타이머 IC를 이용하여 비안정 멀티바이브레이터로 동작하도록 하는 것으로 구형파, 삼각파, 톱니파 등 비정현파 신호 발생에 넓게 사용된다. 555 타이머 IC 외부에 저항과 콘덴서를 연결하여 콘덴서에 충전 및 방전되는 시간을 원하는 주파수와 파형, 그리고 듀티 사이클을 얻을 수 있다.

2 관련 이론

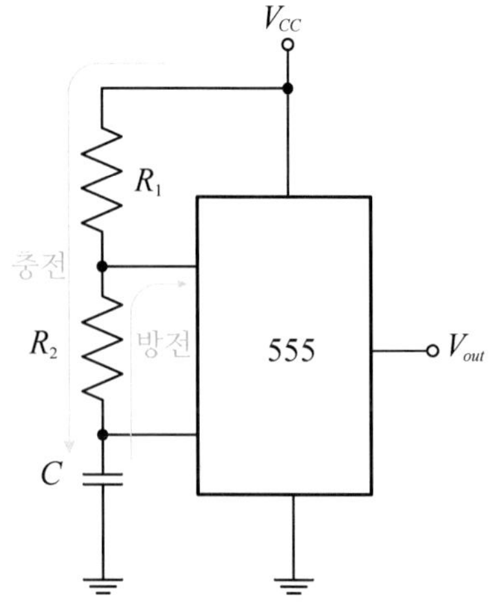

【그림 28-1】 타이머를 이용한 구형파 발생기

【그림 28-1】은 구형파를 발생시키는 비안정 멀티바이브레이터로 동작은 IC 외부에 연결된 저항 R_1, R_2와 콘덴서 C에 의한 충전 및 방전의 시정수에 의하여 주파수 및 듀티 사이클(duty cycle)이 결정된다. 【그림 28-1】의 회로에서 콘덴서에 충전은 R_1과 R_2를 통하여 충전되고 방전은 R_2를 통하여 방전된다. 방전은 C에 충전된 전압이 어느 정도까지 높아지면 IC 내부 비교기에 의해 트리거되어 방전이 시작되고, 충전은 C에 충전되었던 전압이 방전에 의하여 어느 정도까지 낮아지면 비교기에 의해 트리거되어 방전이 멈추고 충전이 시작된다. 이러한 동작이 반복되면서 비대칭 구형파가 발생된다.

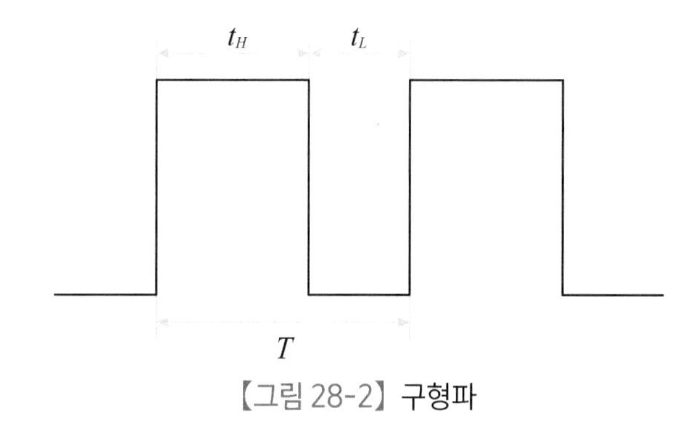

【그림 28-2】 구형파

- 충전 시정수: $\tau_1=(R_1+R_2)C$
- 방전 시정수: $\tau_2=R_2C$
- 주기: $T=t_H+t_L$
- 듀티 사이클: $D=\frac{t_H}{T}=\left(\frac{R_1+R_2}{R_1+2R_2}\right)\times 100\%$
- 출력주파수: $f=\frac{1}{T}=\frac{1.44}{(R_1+2R_2)C}$

3 실험

[실험 부품 및 재료]

번호	부품명	규격	단위	수량	비고(대체)
1	저항	2[$k\Omega$], 1/4W	개	1	
2	저항	20[$k\Omega$], 1/4W	개	1	
3	콘덴서	0.022[uF]	개	1	
4	IC	555	개	1	

[실험 장비]

번호	장비명	규격	단위	수량	비고(대체)
1	전원공급기	DC 가변 0~30[V]	대	1	
2	디지털 멀티미터(DMM)	저항, 전압, 전류 측정	대	1	VOM
3	오실로스코프	2채널 이상	대	1	

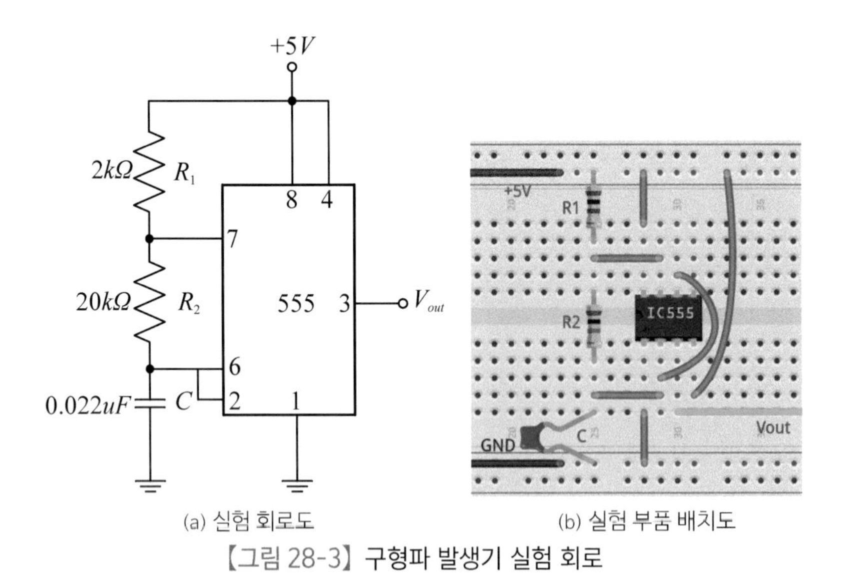

(a) 실험 회로도 (b) 실험 부품 배치도

【그림 28-3】 구형파 발생기 실험 회로

(1) 저항값을 측정하여 【표 28-1】에 기록한다.

(2) 출력주파수와 듀티 사이클을 계산하여 【표 28-2】의 계산값에 기록한다.

(3) 브레드보드에 【그림 28-3(a)】의 회로를 구성하고, DC 전원공급기 전압을 $5V$로 설정하고 회로에 연결한다.

(4) 오실로스코프를 다음과 같이 설정한다.

$CH_1(X)$ *Volts/Division*(Scale): 1*V/Division*, DC coupling

Time/Division(Scale): 100*us/Division*

(5) 오실로스코프의 채널 1을 V_{out}에 연결한다.

(6) 【그림 28-6】의 오실로스코프 화면 그림에 측정된 파형을 그리고, 오실로스코프에 설정된 전압과 시간 스케일(*volt/div, time/div*)을 기록하고, 파형의 주파수와 전압(V_{p-p})를 계산하여 기록한다.

(7) 측정된 파형의 주파수와 듀티 사이클을 【표 28-2】의 측정값에 기록한다.

(8) R_1=20[$k\Omega$], R_2=2[$k\Omega$]로 변경하여 회로를 구성한다.

(9) 출력 주파수와 듀티 사이클을 계산하여 【표 28-2】의 계산값에 기록한다.

(10) 측정된 파형을 【그림 28-7】의 오실로스코프 화면 그림에 그리고, 오실로스코프에 설정된 전압과 시간 스케일(*volt/div, time/div*)을 기록하고, 파형의 주파수와 전압(V_{p-p})를 계산하여 기록한다.

(11) 측정된 파형의 주파수와 듀티 사이클을 【표 28-2】의 측정값에 기록한다.

4 결과 및 결론

실험에서 555 타이머 IC를 이용하여 비안정 멀티바이브레이터로 동작하도록 구성하고 구형파가 발생되는 것을 확인할 수 있다.

(1) IC에 저항과 콘덴서를 추가하여 구형파가 발생되는 것을 확인할 수 있다.

(2) 저항값을 변경하면 주파수와 듀티 사이클이 변한다.

(3) 회로에서 R_1=2[$k\Omega$], R_2=20[$k\Omega$]로 했을 때 주파수는 약 16kHz, 듀티 사이클은 52%

(4) 회로에서 $R_1=20[k\Omega]$, $R_2=2[k\Omega]$로 했을 때 주파수는 약 $27kHz$, 듀티 사이클은 92%가 되는 것을 확인할 수 있다.

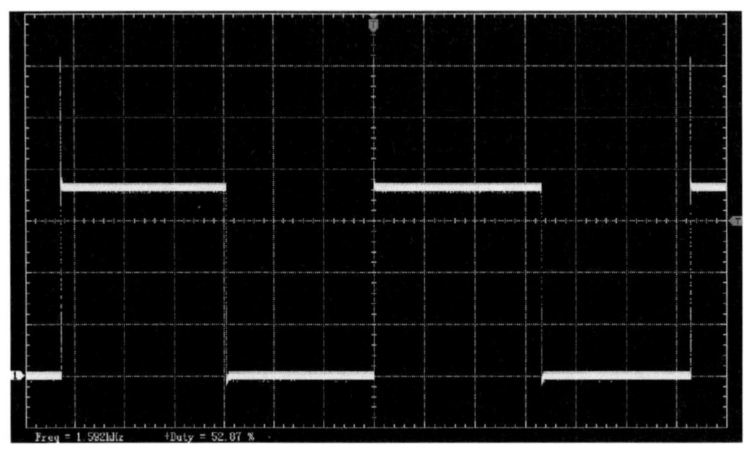

【그림 28-4】 R_1=$2k\Omega$, R_2=$20k\Omega$일 때 출력 파형

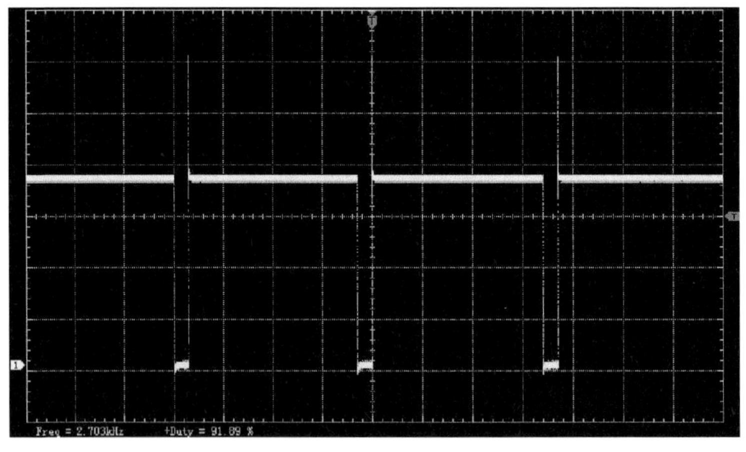

【그림 28-5】 R_1=$20k\Omega$, R_2=$2k\Omega$일 때 출력 파형

5 실험 결과 보고서

학번		이름		실험일시		제출일시	

■ 실험 제목:

■ 실험 회로도

■ 실험 내용

【표 28-1】

저항	표시값	측정값
R_1	2[$k\Omega$]	
R_2	20[$k\Omega$]	

【표 28-2】

파라미터	출력 주파수		듀티비[%]	
	계산값	측정값	계산값	측정값
R_1=2[kΩ] R_2=20[kΩ] C=0.022[μF]				
R_1=20[kΩ] R_2=2[kΩ] C=0.022[μF]				

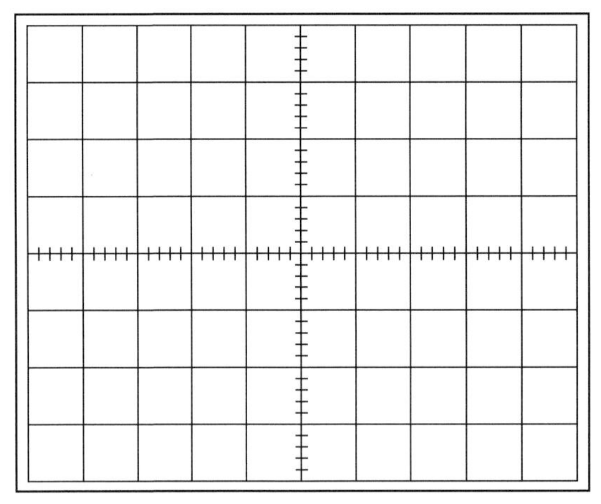

⟨CH_2⟩
Time/div : ________________ [ ]
Volt/div : ________________ [ ]
주 파 수 : ________________ [ ]
전압($P-P$) : ________________ [ ]

【그림 28-6】 R_1=2$k\Omega$, R_2=20$k\Omega$일 때 출력 파형

⟨CH_2⟩
Time/div : ________________ [ ]
Volt/div : ________________ [ ]
주 파 수 : ________________ [ ]
전압($P-P$) : ________________ [ ]

【그림 28-7】 R_1=20$k\Omega$, R_2=2$k\Omega$일 때 출력 파형

1 실험 개요

이 실험의 목적은 고정 전압안정기와 출력전압 조정 전압안정기 IC의 동작을 실험을 통하여 이해하는 것이다. 제너다이오드를 이용하여 전압 안정이 가능하지만 큰 전류를 다룰 수 없고, IC 전압안정기는 출력전압 안정과 과부하를 보호하는 안정된 출력전압을 제공한다. 전압 안정기는 일정 범위 내에서 입력전압 및 부하의 변화에도 출력전압을 안정적으로 일정한 전압을 부하에 공급하기 위한 전원 장치의 일부분이다. 전원공급기는 부하에 따라 부하로 출력된 전압이 변할 수 있는데 부하가 연결되었을 때와 부하가 연결되지 않았을 때의 출력전압의 차이에 따른 부하전압 변동률을 계산하여 전압안정기의 성능을 확인할 수 있다.

2 관련 이론

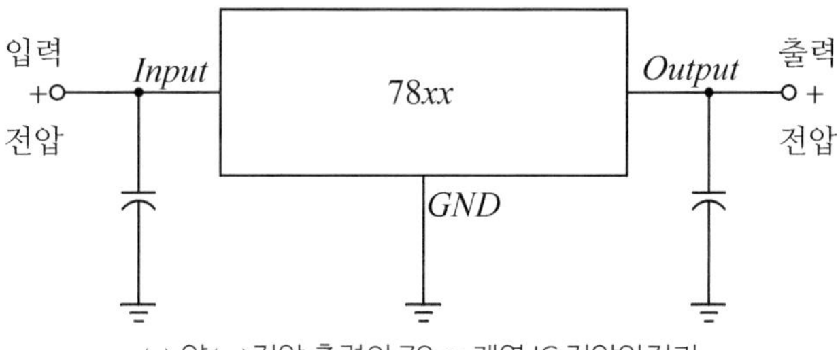

(a) 양(+)전압 출력의 78xx 계열 IC 전압안정기

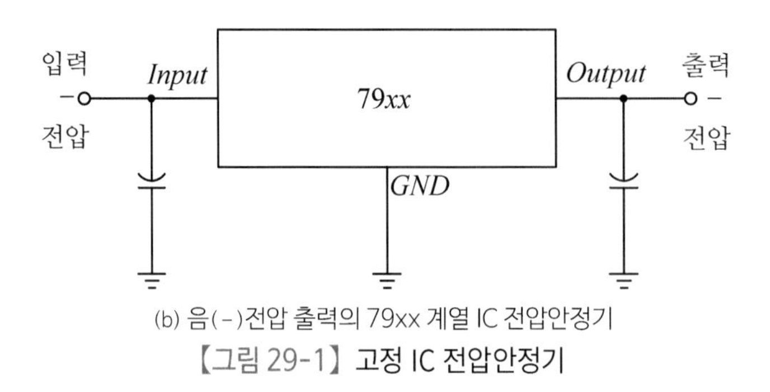

(b) 음(-)전압 출력의 79xx 계열 IC 전압안정기

【그림 29-1】 고정 IC 전압안정기

【그림 29-1】은 고정 전압을 출력하는 고정 전압 IC 전압조정기로 +(양) 또는 -(음)의 정해진 전압을 출력하는 IC 소자이다. 78XX에서 8은 +전압을 나타내고 XX는 전압의 크기를 나타낸다. 즉 7805는 $+5V$를 출력한다는 의미이다. 또한, 79XX에서 9는 -전압을 나타내고 XX는 전압의 크기를 나타낸다. 예를 들어 7912는 $-12V$를 출력한다는 의미이다. 입력전압이 출력전압보다 $2V$이상 커야 출력전압이 안정되게 출력된다. 회로에서 입력과 출력의 콘덴서는 반드시 항상 필요한 것은 아니지만, 때로는 발진 방지와 과도 응답 개선용 선로필터 역할을 한다.

부하전압 변동률(Load Regulation)은 부하가 없을 때 전압 V_{NL}(No-Load), 부하가 있을 때 전압 V_{FL}(Full-Load)이라 하면 다음 식으로부터 구한다.

- % 부하전압 변동률 $= \dfrac{V_{NL} - V_{FL}}{V_{FL}} \times 100\%$

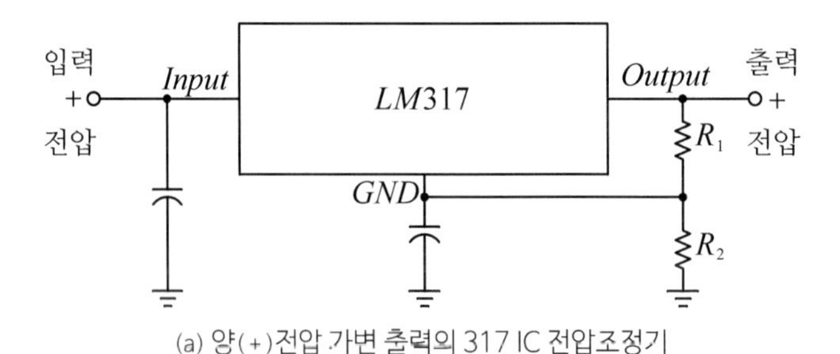

(a) 양(+)전압 가변 출력의 317 IC 전압조정기

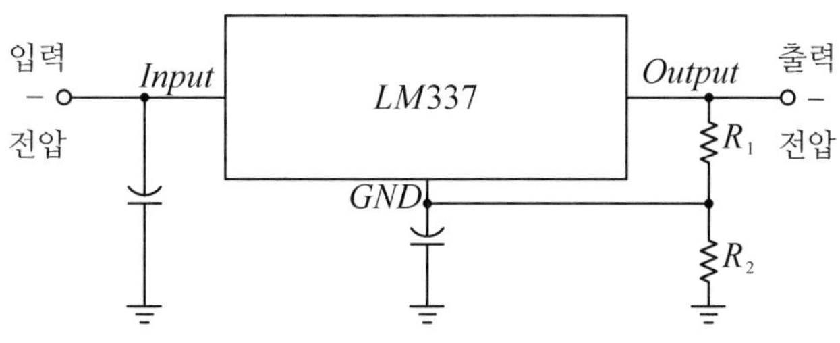

(b) 음(−)전압 가변 출력의 337 IC 전압조정기

【그림 29-2】 가변 IC 전압안정기

【그림 29-2(a)】는 LM317 IC를 사용한 양(+) 출력의 가변 전압조정기로 출력전압 조정은 고정저항 R_1과 가변저항 R_2를 사용한다. 출력은 1.25V에서 37V까지 변화시킬 수 있고 부하에 1.5A 이상의 전류를 공급할 수 있다. 【그림 29-3】에서와 같이 기준전압 V_{REF}는 R_2가 0인 경우, 즉 조정단자(adjustment)가 접지된 경우 V_{REF}=1.25V이고, 이때 R_1을 통해 I_{REF} 전류가 흐르고, 조정단자에서는 I_{ADJ}=50μA의 매우 작은 정전류가 흐른다. 예를 들어 R_1=100Ω이고, R_2=50Ω이라면 출력전압은 $V_{OUT}=V_{REF}\left(1+\frac{R_2}{R_1}\right)+I_{ADJ}R_2$ $=1.25\left(1+\frac{50}{100}\right)+0.00005\times50=1.8775V$이다.

- 기준전류: $I_{REF}=\frac{V_{REF}}{R_1}=\frac{1.25}{R_1}$
- 출력전압: $V_{OUT}=V_{REF}\left(1+\frac{R_2}{R_1}\right)+I_{ADJ}R_2$

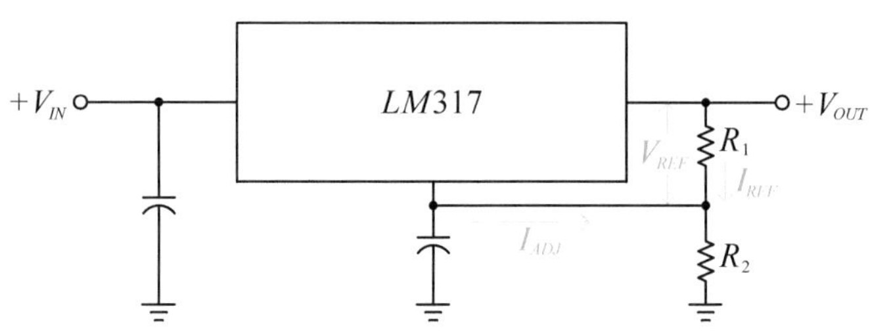

【그림 29-3】 가변 IC 전압조정기의 동작

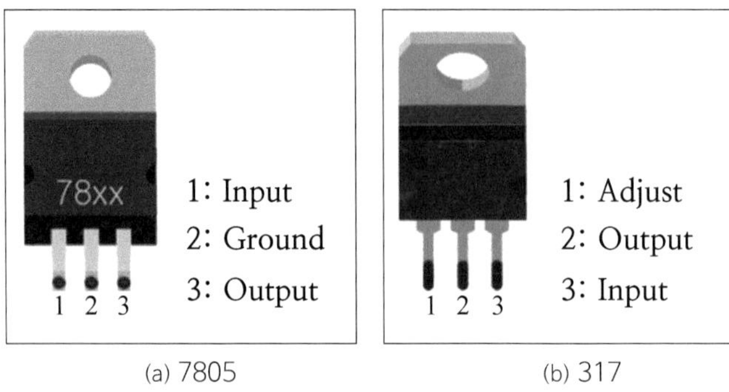

(a) 7805 (b) 317

【그림 29-4】 전압안정기의 핀 구조

3 실험

[실험 부품 및 재료]

번호	부품명	규격	단위	수량	비고(대체)
1	저항	$47[\Omega]$, $1/2W$	개	1	
2	저항	$100[\Omega]$, $1/2W$	개	2	
3	저항	$150[\Omega]$, $1/2W$	개	1	
4	저항	$220[\Omega]$, $1/2W$	개	1	
5	저항	$510[\Omega]$, $1/2W$	개	1	
6	저항	$1[k\Omega]$, $1/2W$	개	1	
7	저항	$2[k\Omega]$, $1/2W$	개	1	
8	저항	$10[\Omega]$, $5W$	개	1	
9	콘덴서	$1[\mu F]$	개	1	
10	IC	7805	개	1	
11	IC	LM317	개	1	

[실험 장비]

번호	장 비 명	규 격	단위	수량	비고(대체)
1	전원공급기	DC 가변 0~30[V]	대	1	
2	디지털 멀티미터(DMM)	저항, 전압, 전류 측정	대	1	VOM

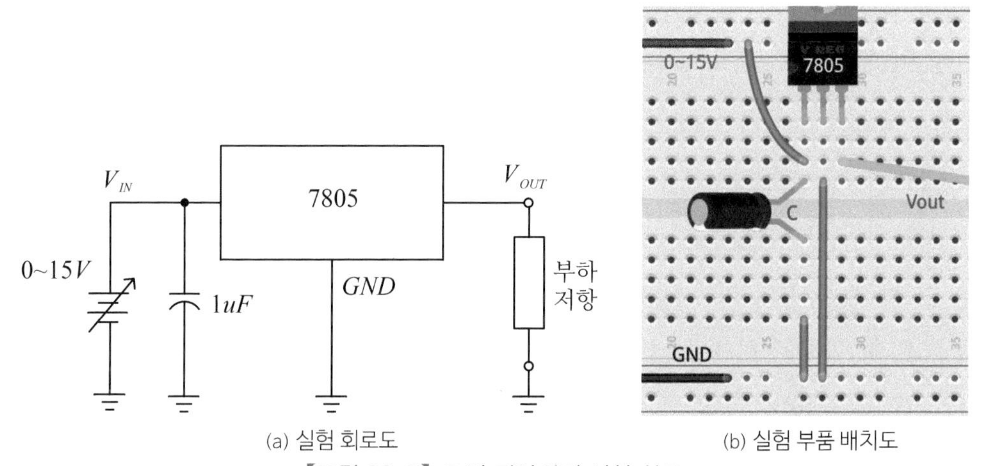

(a) 실험 회로도 (b) 실험 부품 배치도

【그림 29-5】 고정 전압안정 실험 회로

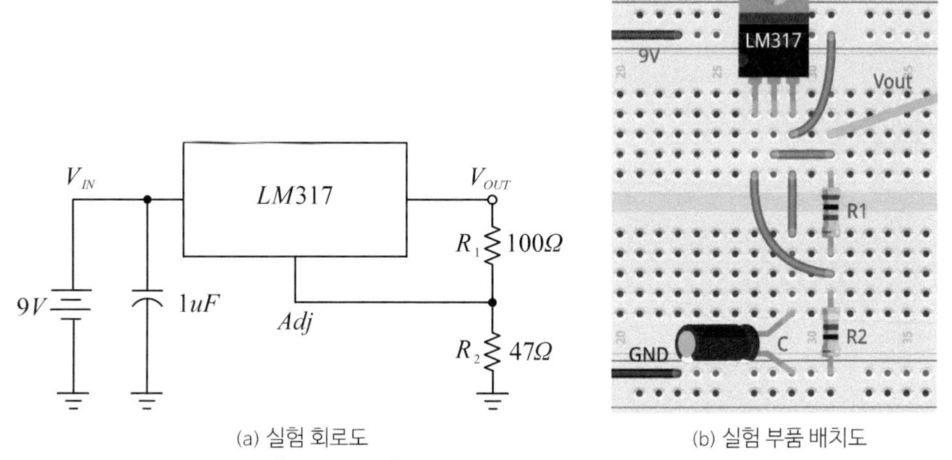

(a) 실험 회로도 (b) 실험 부품 배치도

【그림 29-6】 가변 전압안정 실험 회로

(1) 저항값을 측정하여 【표 29-1】에 기록한다.

(2) 【그림 29-5(a)】의 회로를 구성하고(부하를 사용하지 않음), DC 전원공급기 전압을 $0V$로 놓고 회로에 연결한다.

(3) 전원공급기의 전압을 【표 29-2】의 입력전압과 같게 조정하여 놓고 출력전압을 측정하여 【표 29-2】에 기록한다.

(4) 【표 29-2】에서 7805는 $+5V$의 출력전압을 안정되게 공급하는 소자로 입력전압이 이 전압보다 $2V$ 이상 클 때 안정된 출력이 나오는지 확인한다.

(5) 【표 29-2】에서 입력전압이 $9V$일 때 출력전압을 【표 29-3】의 무부하 출력전압에 기록한다.

(6) DC 전원공급기 전압을 $9V$로 놓고, 부하에 $10\Omega/5W$ 저항을 회로에 연결한다.

(7) 출력전압을 측정하여 【표 29-3】의 부하 출력전압에 기록한다.

(8) 부하전압 변동률을 계산하여 【표 29-3】에 기록한다.

(9) 【그림 29-6(a)】의 회로에 대하여 【표 29-4】의 측정된 저항값과 식 $V_{OUT}=V_{REF}\left(1+\frac{R_2}{R_1}\right)+I_{ADJ}R_2$를 사용하여 V_{OUT}를 계산하여 【표 29-4】의 계산값에 기록한다.

(10) 【그림 29-6(a)】의 회로를 구성하고, DC 전원공급기 전압을 $9V$로 놓고 회로에 연결한다.

(11) V_{OUT}를 측정하여 【표 29-4】의 측정값에 기록한다.

(12) R_2를 【표 29-4】의 저항값으로 바꾸고 출력을 측정하여 기록한다.

4 결과 및 결론

실험에서는 7805와 317 전압안정기 IC를 이용하여 정전압 회로를 구성하고 DC 전압이 안정되게 출력되는 것을 확인할 수 있다.

(1) 7805 IC는 입력전압이 정해진 전압보다 $2V$ 이상 크면 $+5V$를 안정되게 출력하는 것을 확인할 수 있다.

(2) 부하전압 변동률은 부하를 $10\Omega/5W$ 부하를 사용했을 경우 약 3%임을 확인할 수 있다.

(3) LM317 IC는 저항값을 변화시켜 출력전압을 변경할 수 있으며, 입력전압보다 $2V$ 작은 범위 내에서 저항값을 조정하여 원하는 출력전압을 얻을 수 있음을 확인할 수 있다.

5 실험 결과 보고서

학번		이름		실험일시		제출일시	

■ 실험 제목:

■ 실험 회로도

■ 실험 내용

【표 29-1】

저항	표시값	측정값
R_1	100[Ω]	
R_2	47[Ω]	
	100[Ω]	
	150[Ω]	
	220[Ω]	
	510[Ω]	
	1[kΩ]	
	2[kΩ]	

【표 29-2】

입력전압(조정값)	출력전압(측정값)
1[V]	
2[V]	
3[V]	
4[V]	
5[V]	
6[V]	
7[V]	
8[V]	
9[V]	
10[V]	
11[V]	
12[V]	
13[V]	
14[V]	
15[V]	

【표 29-3】

무부하 출력전압	부하 출력전압	부하전압 변동률

【표 29-4】

R_2 저항값	V_{OUT}(계산값)	V_{OUT}(측정값)	오차(%)
47[Ω]			
100[Ω]			
150[Ω]			
220[Ω]			
510[Ω]			
1[kΩ]			
2[kΩ]			

06

신호 측정 실험

실험 30 직류신호 측정

1 실험 개요

이 실험에서는 전원공급기와 DMM을 이용한 직류신호 측정 방법을 익힌다. 직류신호를 공급한 회로의 각 단자 전압 및 특정 경로를 흐르는 전류를 측정한다. 또한, 옴의 법칙 및 테브난 등가회로를 이용하여 주어진 회로의 전압, 전류값을 계산하고 측정값과 비교함으로써 직류회로를 해석하는 능력을 키운다.

2 관련 이론

직류전압을 측정하기 위해서는 DMM 모드 스위치를 DCV로 선택하고 측정 케이블은 전압계 단자에 꽂아야 한다. 프로브 팁은 전압을 측정하고자 하는 노드(부품 또는 단자) 양 끝에 병렬로 연결한다. 이때 흑색 프로브 팁은 전압의 기준점인 접지(Ground)에 연결하고 적색 프로브 팁은 전압 측정점에 연결한다. 만일 프로브 팁 연결이 반대로 되면 −전압이 표시되므로 프로브 팁 위치를 정확히 구별해야 한다.

직류전류를 측정하기 위해서는 DMM 모드 스위치를 DCA로 선택하고 측정 케이블은 전류계 단자에 꽂는다. 프로브 팁은 전류를 측정하고자 하는 경로(부품과 도선 사이)를 끊고 그 사이에 직렬로 연결한다. 이때 적색 프로브 팁은 전압이 높은(전류가 흘러 들어가는) 점에 연결하고 흑색 프로브 팁은 전압이 낮은(전류가 흘러 나가는) 점에 연결해야 한다. 만일 프로브 팁 연결이 반대로 되면 −전류가 표시되므로 프로브 팁 위치를 정확히 구별해서 연결해야 한다. 또한, 전류 측정 모드에서 측정 대상(부품)에 병렬로 프로브 팁을 잘못 연결하면 전류계 내부 퓨즈가 끊어지는 현상이 발생하므로 주의해야 한다.

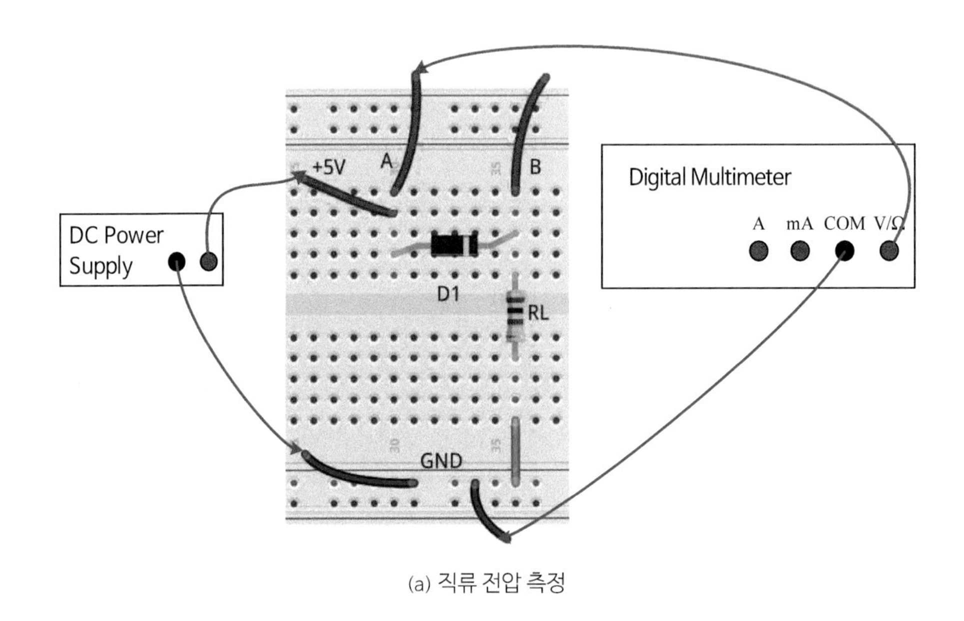

(a) 직류 전압 측정

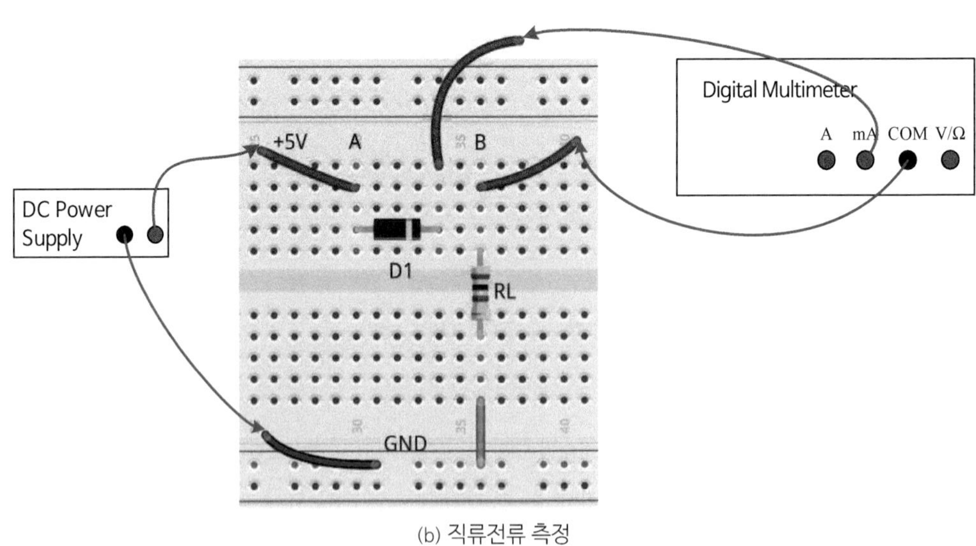

(b) 직류전류 측정

【그림 30-1】 직류전압 및 전류 측정

3 실험

[실험 부품 및 재료]

번호	부품명	규격	단위	수량	비고(대체)
1	저항	1[$k\Omega$], 1/4W	개	2	
2	저항	2[$k\Omega$], 1/4W	개	3	
3	저항	270[Ω], 1/4W	개	1	
4	LED	적색	개	1	

[실험 장비]

번호	장비명	규격	단위	수량	비고(대체)
1	전원공급기	DC 가변 0~15[V]	대	1	
2	디지털 멀티미터(DMM)	저항, 전압, 전류 측정	대	1	VOM

〈직류전압 및 전류 측정하기〉

(1) 【그림 30-2】의 회로를 구성하고 전원공급기의 전압을 12V로 조정하여 회로에 연결한다.

(2) 부하저항 R_L 양단의 전압(V_L)과 전류(I_L)를 측정하여 【표 30-1】에 기록한다. 또한, 옴의 법칙을 이용하여 V_L, I_L의 기댓값을 계산하여 【표 30-1】에 기록한다.

(3) 부하저항 R_L을 제거하고 A, B단자 사이의 전압을 측정하여 【표 30-2】에 기록한다. 이때 측정한 전압값이 테브난 등가전압 V_{TH}가 된다.

(4) 전원공급기 V_s를 제거하고 V_s가 연결되었던 두 점을 단락(Short) 시킨 상태에서 A, B 단자 사이의 저항을 측정하여 【표 30-2】에 기록한다. 이때 측정한 저항값이 테브난 등가저항 R_{TH}가 된다. 또한, $V_{TH}=\frac{R_2}{(R_1+R_2)}V_s$, $R_{TH}=\frac{R_1 \cdot R_2}{(R_1+R_2)}R_3$ 식을 이용해서 기댓값을 계산하여 【표 30-2】에 기록하고 측정값과 비교한다.

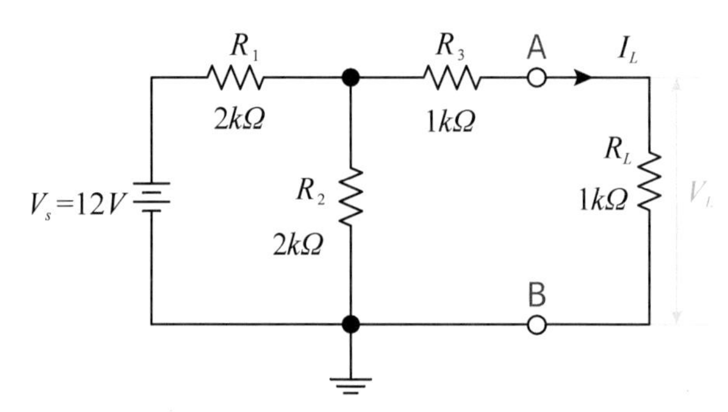

【그림 30-2】 직병렬 회로의 전압, 전류 측정 실험 회로

〈테브난 등가회로 구성하기〉

(5) 【그림 30-3】의 회로를 구성한다. 이때의 V_{TH}와 R_{TH}는 실험 순서 (3), (4)의 측정값을 사용한다.

(6) 부하저항 R_L 양단의 전압(V_L)과 전류(I_L)를 측정하여 【표 30-1】에 기록한다. 또한, 옴의 법칙을 이용하여 V_L, I_L의 기댓값을 계산하고, 【표 30-1】에 기록한다. 이 값이 실험 순서 (2)의 결과와 동일한지 확인한다.

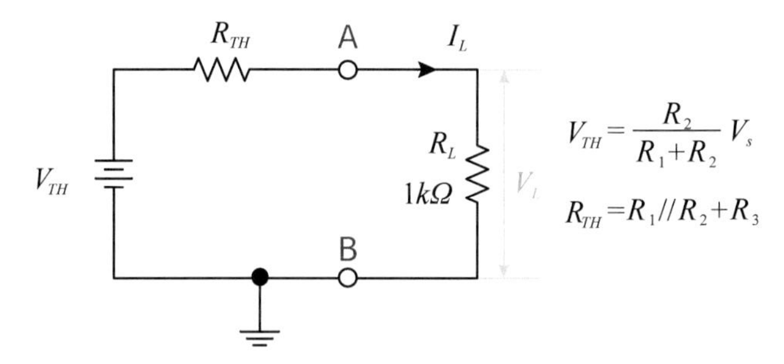

【그림 30-3】 테브난 등가회로의 전압, 전류 측정 실험 회로

〈부하저항의 변화에 따른 전압, 전류 측정하기〉

(7) 【그림 30-2】의 회로에서 R_L을 $2k\Omega$으로 교체한 후 V_L과 I_L을 측정하여 【표 30-3】에 기록한다. 또한, 옴의 법칙을 이용하여 V_L, I_L의 기댓값을 계산하고, 【표 30-3】에 기록한다.

(8) 【그림 30-3】의 회로에서 R_L을 $2k\Omega$으로 교체한 후 V_L과 I_L을 측정하여 【표 30-

3】에 기록한다. 또한, 옴의 법칙을 이용하여 V_L, I_L의 기댓값을 계산하고, 【표 30-3】에 기록한다. 이 값이 실험 순서 (7)의 결과와 동일한지 확인한다. 이 실험을 통해 테브난 등가회로의 유용성을 확인할 수 있다.

〈테브난 등가회로 응용〉

(9) 【그림 30-4】의 회로에서 필요한 R_A와 R_B를 계산하여 【표 30-4】에 기록한다. 공급 전압이 $15V$, $R_C=270\Omega$일 때, LED가 적절한 밝기로 점등되기 위해서는 $12mA$의 전류가 흘러야 하며 LED의 전압 강하는 $1.65V$로 가정한다.

(10) 실험 순서 (9)에서 구한 R_A와 R_B를 이용하여 회로를 구성한 후 LED 양단의 전압(V_L)과 전류(I_L)를 측정하여 【표 30-4】에 기록한다.

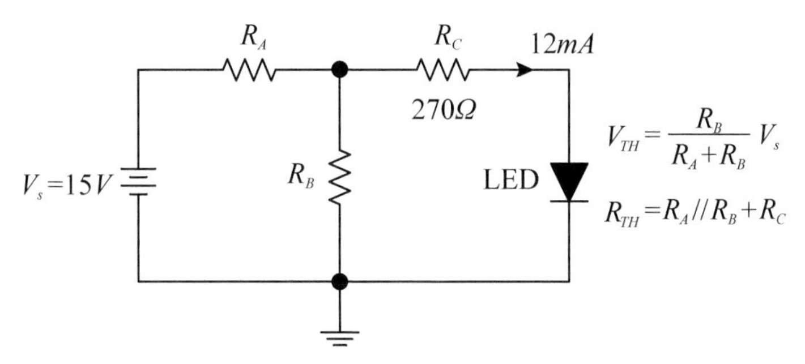

【그림 30-4】 테브난 등가회로의 응용 실험 회로

4 결과 및 결론

이 실험을 통하여 직류신호의 전압 및 전류를 측정하는 방법을 익힌다. 또한, 옴의 법칙과 테브난 등가회로를 통한 회로 해석 방법을 이해하고 그 유용성을 검토한다.

5 실험 결과 보고서

학번		이름		실험일시		제출일시	

■ 실험 제목:

■ 실험 회로도

■ 실험 내용

【표 30-1】

R_L=1_K	실험 순서 2		실험 순서 6	
	V_L	I_L	V_L	I_L
측정값				
기댓값				

【표 30-2】

	실험 순서 3	실험 순서 4
	V_{TH}	R_{TH}
측정값		
기댓값		

【표 30-3】

R_L=1_K	실험 순서 7		실험 순서 8	
	V_L	I_L	V_L	I_L
측정값				
기댓값				

【표 30-4】

	실험 순서 9		실험 순서 10	
	R_A	R_B	V_L	I_L
기댓값			2.65V	12mA
측정값				

토론 (실험을 통해 알게 된 내용)

1 실험 개요

이 실험에서는 함수발생기, 오실로스코프, DMM을 이용한 교류신호 측정 방법을 익힌다. 교류신호의 크기를 표현하는 방법(피크값, 피크투피크값, 실효값)의 차이를 이해하고, 함수발생기로 다양한 교류 파형을 공급하면서 오실로스코프로 전압, 주기, 주파수 등을 측정하는 방법을 익힌다.

2 관련 이론

사인파의 전압 크기를 표현하는 방법으로는 보통 진폭(최댓값)을 사용하는데, 전압의 기준점(Ground, 0V)에서 최댓값(첨둣값, Peak)인 V_p를 말한다. 또한, 음(−)의 최대에서 양(+)의 최대까지의 크기를 피크투피크값(V_{p-p})이라 표현한다. 실효값(RMS)은 직류와 동일한 일을 할 수 있는 교류전압을 말하는데, 사인파의 경우 최댓값의 $1/\sqrt{2}$ 이다.

【그림 31-1】에 표시한 사인파의 전압 크기에 관련된 3가지 표현은 다음과 같이 정리할 수 있다(수직 눈금 간격 1V).

- 최댓값(peak) : $V_p = 1V \times 3$칸$= 3V$
- 최솟값~최댓값(peak-peak) : $V_{p-p} = 1V \times 6$칸$= 6V = 2V_p$
- 실효값(RMS) : $V_{RMS} = V_p/\sqrt{2} = 3V/\sqrt{2} = 2.12V$

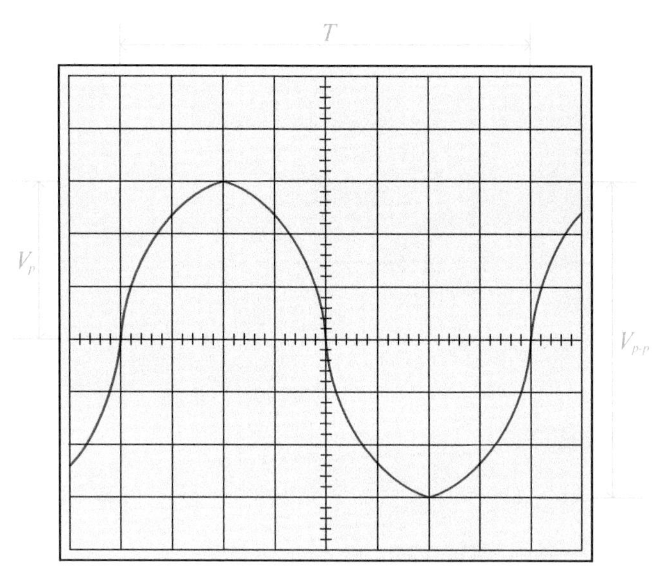

【그림 31-1】 사인파의 전압 크기 및 주기

사인파의 주기(Period)는 파형이 처음 시작되어 원래의 모양으로 돌아오는데 걸리는 시간 간격을 말하며, 주파수(Frequency)는 1초 동안에 파형이 반복되는 횟수를 말한다. 주기와 주파수는 역수의 관계를 가진다. 【그림 31-1】에서 주기와 주파수는 다음과 같다(수평눈금 간격 $100\mu s$).

- 주기: $T=100\mu s\times 8$칸$=800\mu s$
- 주파수: $f=1/T=1/800\mu s=1.25kHz$

3 실험

[실험 부품 및 재료]

번호	부품명	규격	단위	수량	비고(대체)
1	저항	$1[k\Omega]$, $1/4W$	개	2	
2	저항	$470[\Omega]$, $1/4W$	개	1	

[실험 장비]

번호	장비명	규격	단위	수량	비고(대체)
1	디지털 멀티미터(DMM)	저항, 전압, 전류 측정	대	1	VOM
2	오실로스코프	2채널	대	1	
3	신호발생기		대	1	함수발생기

〈사인파 파형 측정하기〉

(1) 함수발생기의 출력을 사인파 전압 $2V_{p-p}$, 주파수 $1kHz$, 직류 성분(DC offset) $0V$로 조정하여 오실로스코프의 채널 1(CH_1) 단자에 연결한다.

(2) 오실로스코프 화면의 중앙에 사인파 파형이 위치하도록 위치를 조절한 후, 최대전압을 측정하여 【표 31-1】에 기록한다. 전압은 수직 눈금×*Volt/Division*으로 계산하면 된다. 이 값이 오실로스코프 화면에 표시되는 숫자 측정값과 일치하는지 확인한다.

(3) DMM을 교류전압(ACV) 측정 모드로 선택한 후 함수발생기의 출력을 측정한다. 이 때 측정되는 값은 교류의 실효값 V_{rms}에 해당되는데, V_{rms}/V_p가 $1/\sqrt{2}$=0.707과 비슷한지 확인하다.

(4) 함수발생기의 사인파 전압을 $3V_{p-p}$ $4V_{p-p}$로 조정하여 실험 순서 (2)~(3)을 반복한다.

〈사각파, 삼각파 파형 측정하기〉

(5) 함수발생기의 출력을 사각파로 바꾸고, 전압 $2V_{p-p}$, 주파수 $1kHz$, 직류 성분(DC offset) $0V$로 조정하여 오실로스코프의 채널 1(CH_1) 단자에 연결한다. 오실로스코프 화면의 중앙에 사각파 파형이 위치하도록 위치를 조절한 후, 최대전압을 측정하여 【표 31-2】에 기록한다.

(6) DMM을 교류전압(ACV) 측정 모드로 선택한 후 함수발생기의 출력전압을 측정한다.

이때 측정되는 값은 실효값 V_{rms}에 해당되는데, V_{rms}/V_p를 계산하여 【표 31-2】에 기록한다.

(7) 함수발생기의 출력을 삼각파로 바꾸고, 전압 $2V_{p-p}$, 주파수 $1kHz$, 직류 성분(DC offset) $0V$로 조정하여 오실로스코프의 채널 1(CH_1) 단자에 연결한다. 오실로스코프 화면의 중앙에 삼각파 파형이 위치하도록 위치를 조절한 후, 최대전압을 측정하여 【표 31-2】에 기록한다.

(8) DMM을 교류전압(ACV) 측정 모드로 선택한 후 함수발생기의 출력전압을 측정한다. 이때 측정되는 값은 실효값 V_{rms}에 해당되는데, V_{rms}/V_p를 계산하여 【표 31-2】에 기록한다.

〈계측기의 주파수 특성 확인하기〉

(9) 함수발생기의 출력을 사인파 $2.8V_{p-p}$, 주파수를 $1kHz$, 직류 성분(DC offset) $0V$로 조정한 후, 오실로스코프와 DMM을 이용하여 전압의 크기를 측정하고 【표 31-3】에 기록한다. 이때 주기는 수평 눈금 눈금×*Time/Division*으로 계산하고, 주파수는 1/주기로 계산하면 된다. 이 측정값이 오실로스코프 화면에 표시되는 숫자 측정값과 일치하는지 확인한다.

(10) 함수발생기의 전압을 고정한 상태에서 주파수를 변경시키면서 오실로스코프와 DMM을 이용하여 전압의 크기를 측정하고 【표 31-3】에 기록한다. 이 결과를 보면 오실로스코프 측정값은 주파수 변화에 무관하지만 DMM은 주파수가 높아질수록 측정값이 부정확해짐을 알 수 있다.

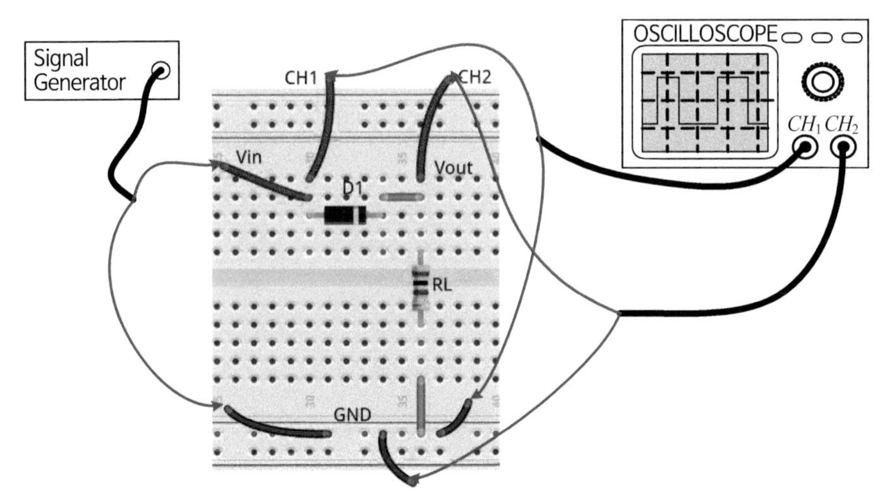

【그림 31-2】 교류 파형 측정 실험 회로

〈XY 모드를 사용한 기울기 측정하기〉

(11) 【그림 31-3】의 회로를 구성하고 함수발생기의 출력을 사인파 전압 $2V_{p-p}$, 주파수 $1kHz$로 조정하여 회로에 공급한다. 이때 회로의 A점을 오실로스코프의 채널 1(CH_1) 단자에, B점을 오실로스코프의 채널 2(CH_2) 단자에 연결한다.

(12) 오실로스코프를 다음과 같이 조정한다.

$CH_1(X)$ 수직감도: $1V/Division$, 수평감도: $0.2mS/Division$, DC coupling

$CH_2(X)$ 수직감도: $500mV/Division$, 수평감도: $0.2mS/Division$, DC coupling

(13) 오실로스코프로 측정한 $CH_1(X)$, $CH_2(Y)$의 전압을 【표 31-3】에 기록한다.

(14) 실험 순서 ⒀과 동일한 조건에서 오실로스코프를 XY 모드로 바꾼다. 이때 CH_1, CH_2의 수직감도는 같은 값으로 조절하고 화면에 직선이 나타나는지 관찰한다. 직선이 화면 원점을 지나가도록 오실로스코프의 위치 조절 노브를 조정한다.

(15) 오실로스코프 화면의 직선 기울기를 측정하여 【표 31-4】에 기록한다. 이때 기울기는 V_{R2}/V_s=1/2과 같아야 한다.

(16) 회로의 저항 R_1을 470Ω으로 바꾼 후 실험 순서 ⒀~⒂를 반복하면서, 전압 및 직선의 기울기를 측정하여 【표 31-4】에 기록한다.

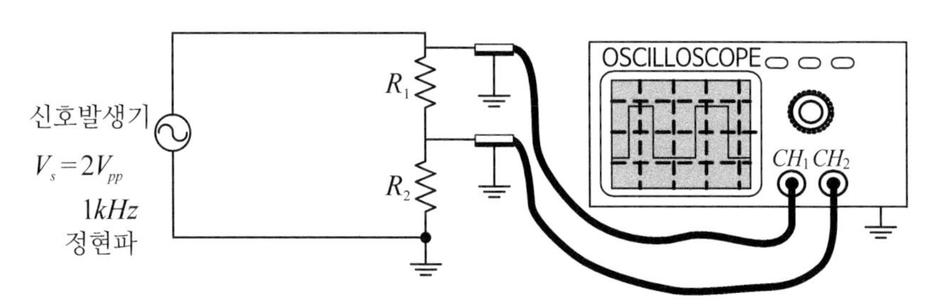

【그림 31-3】 XY 모드를 사용한 기울기 측정 실험 회로

4 결과 및 결론

이 실험을 통하여 교류신호의 크기를 표현하는 3가지 표현 방법과 상호변환 관계를 이해할 수 있다. 또한, 오실로스코프를 이용한 전압, 주기, 주파수 측정 방법을 익히고 DMM을 사용하는 경우와의 측정 범위의 차이도 알 수 있다. 한편 사인파, 사각파, 삼각파의 실효값/최댓값 비율을 통해 실효값의 의미도 알 수 있다.

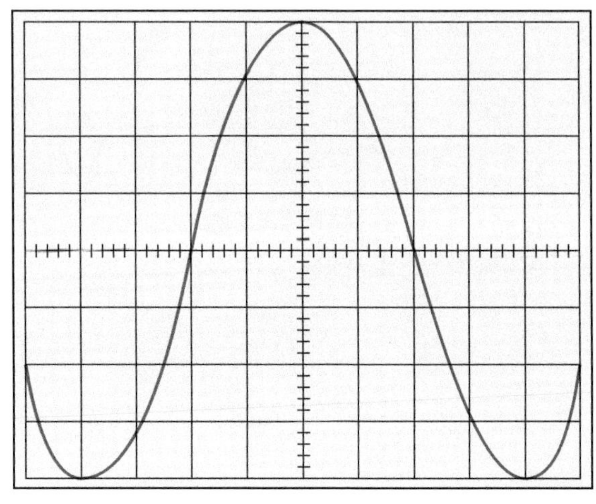

(a) 사인파 측정 파형

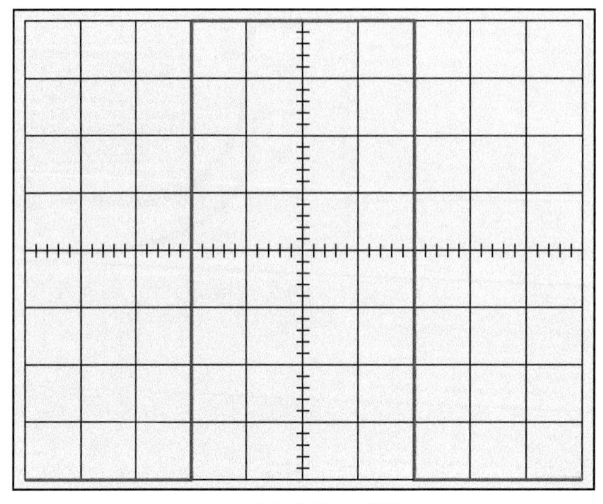

(b) 사각파 측정 파형

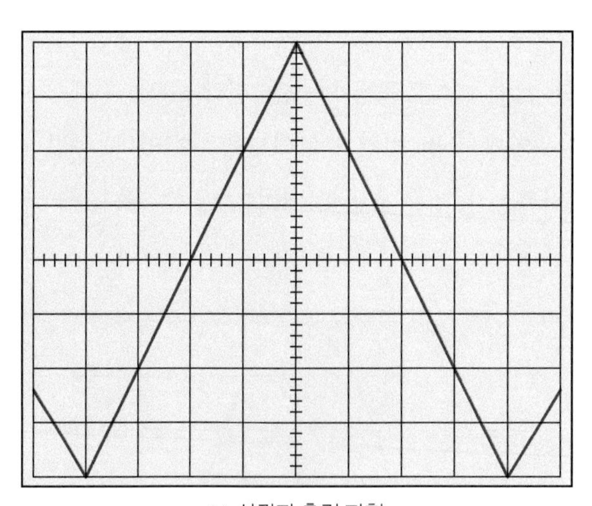

(c) 삼각파 측정 파형

【그림 31-4】【그림 31-2】의 실험 결과 파형

5 실험 결과 보고서

학번		이름		실험일시		제출일시	

■ 실험 제목:

■ 실험 회로도

■ 실험 내용

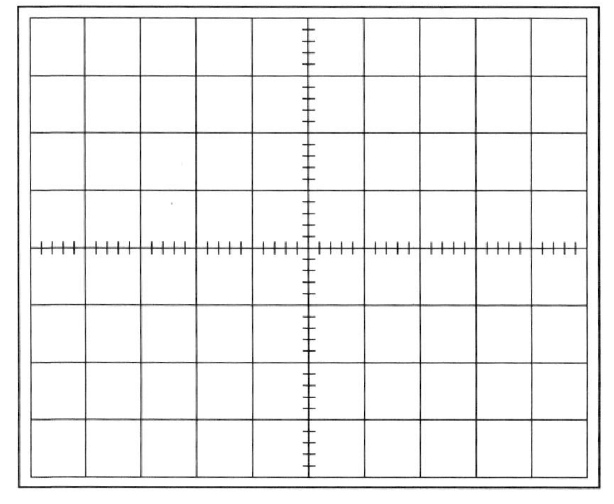

⟨CH_1⟩

Time/div: ______________ [ ]

Volt/div: ______________ [ ]

주 파 수: ______________ [ ]

전압$(P-P)$: ______________ [ ]

【그림 31-5】【그림 31-2】 회로 사인파 파형

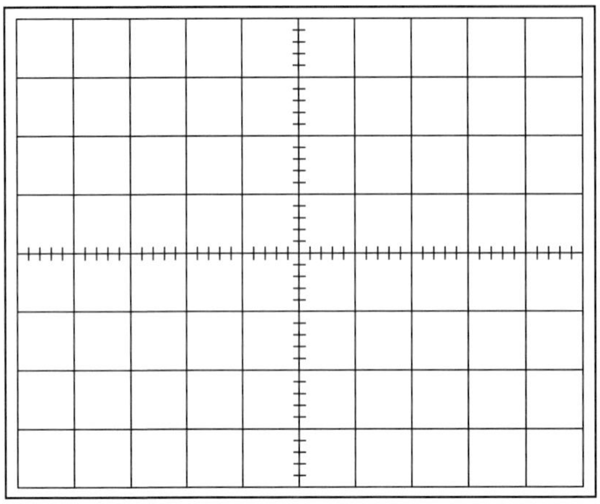

⟨CH_1⟩
Time/div : ______________ [ ]
Volt/div : ______________ [ ]
주 파 수 : ______________ [ ]
전압$(p-p)$: ______________ [ ]

【그림 31-6】【그림 31-2】 회로 사각파 파형

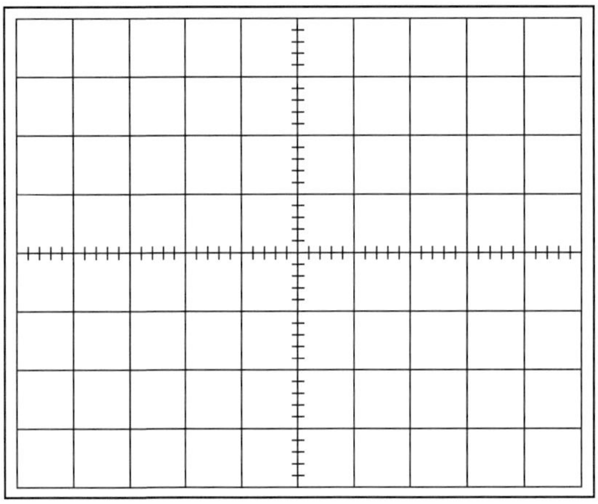

⟨CH_1⟩
Time/div : ______________ [ ]
Volt/div : ______________ [ ]
주 파 수 : ______________ [ ]
전압$(p-p)$: ______________ [ ]

【그림 31-7】【그림 31-2】 회로 삼각파 파형

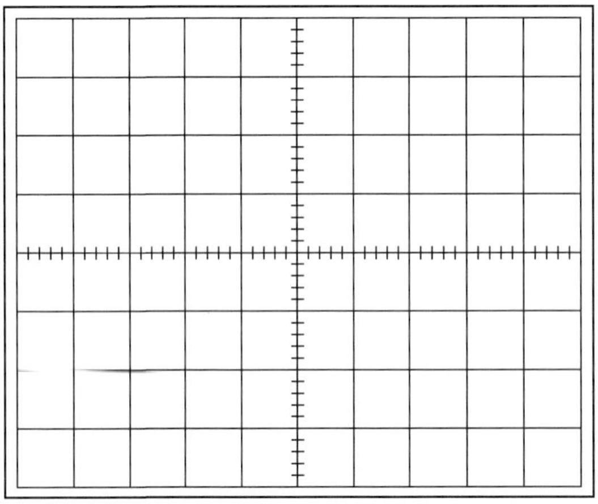

⟨CH_1⟩
Time/div : ______________ [ ]
Volt/div : ______________ [ ]
주 파 수 : ______________ [ ]
전압$(p-p)$: ______________ [ ]

⟨CH_2⟩
Time/div : ______________ [ ]
Volt/div : ______________ [ ]
주 파 수 : ______________ [ ]
전압$(p-p)$: ______________ [ ]

【그림 31-8】【그림 31-3】 회로 기울기 파형

【표 31-1】

신호발생기 전압	오실로스코프 측정값			DMM 측정값 V_{rms}	V_{rms}/V_p
	Volt/Division	*Division*	V_p		
$2V_{p-p}$	0.5*Volt/Division*				
$3V_{p-p}$	0.5*Volt/Division*				
$4V_{p-p}$	0.5*Volt/Division*				

【표 31-2】

신호발생기 파형 $2V_{p-p}$	오실로스코프 측정값			DMM 측정값 V_{rms}	V_{rms}/V_p
	Volt/Division	*Division*	V_p		
사각파	0.5*Volt/Division*				
삼각파	0.5*Volt/Division*				

【표 31-3】

신호발생기 주파수	DMM 측정값	오실로스코프 측정값	오실로스코프 측정값			
	V_{rms}	V_p	*Time/Division*	*Division*	*T*(주기)	*f* (주파수)
1*kHz*						
10*kHz*						
100*kHz*						
1*MHz*						

【표 31-4】

실험순서	R_1	V_s	V_{R1}	V_{R2}	파형기울기
13~15	1*kΩ*				
16	470*Ω*				

■ 토론(실험을 통해 알게 된 내용)

부록

01. 부품 및 규격

02. 데이터 시트(Data Sheet)

품 명	규 격	비고(대체)
저항(1/4W)	100[Ω], 220[Ω], 300[Ω], 470[Ω], 500[Ω], 510[Ω], 860[Ω], 1[$k\Omega$], 1.2[$k\Omega$], 1.5[$k\Omega$], 2[$k\Omega$], 2.2[$k\Omega$], 3[$k\Omega$], 10[$k\Omega$], 15[$k\Omega$], 20[$k\Omega$], 25[$k\Omega$], 27[$k\Omega$], 33[$k\Omega$], 100[$k\Omega$], 390[$k\Omega$], 560[$k\Omega$], 1[$M\Omega$], 2[$M\Omega$]	탄소피막저항
저항(1/2W)	47[Ω], 100[Ω], 150[Ω], 220[Ω], 510[Ω] 1[$k\Omega$], 2[$k\Omega$]	탄소피막저항
저항(5W)	10[Ω]	시멘트저항
가변저항	25[$k\Omega$], 5[$k\Omega$]	
콘덴서	0.001[μF], 0.0022[μF], 0.0047[μF]	세라믹콘덴서, 마일러콘덴서
콘덴서	0.1[μF], 1[μF], 15[μF], 22[μF], 100[μF]	전해콘덴서
변압기	1차 : 220V, 2차 : 6V, 9V, 12V	
다이오드	1N914	1N4001, 1N4148
제너다이오드	1N751(5.1V, 500mW)	1N4733A
트랜지스터(BJT)	2N3904(NPN)	2N2222, 2N4401
트랜지스터(BJT)	2N3906(PNP)	2N4403
트랜지스터(FET)	MPF102	2N4416, 2N5457
IC	uA741	LM358
IC	NE555	Timer
IC	MC7805	Voltage Regulator
IC	LM317	Voltage Regulator

1 다이오드(Diode)

2 트랜지스터(BJTs)

3 트랜지스터(FETs)

4 IC(Integrated Circuits)

1N914

High-speed diode 1N914

FEATURES

- Hermetically sealed leaded glass SOD27 (DO-35) package
- High switching speed: max. 4 ns
- Continuous reverse voltage: max. 75 V
- Repetitive peak reverse voltage: max. 100 V
- Repetitive peak forward current: max. 225 mA.

APPLICATIONS

- High-speed switching.

DESCRIPTION

The 1N914 is a high-speed switching diode fabricated in planar technology, and encapsulated in a hermetically sealed leaded glass SOD27 (DO-35) package.

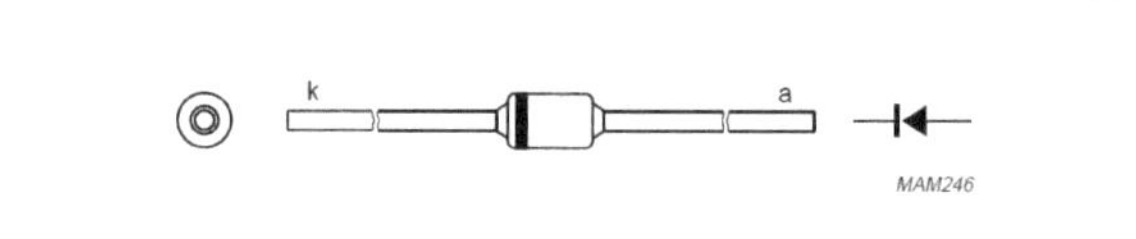

The diode is type branded.

Fig.1 Simplified outline (SOD27; DO-35) and symbol.

LIMITING VALUES

In accordance with the Absolute Maximum Rating System (IEC 134).

SYMBOL	PARAMETER	CONDITIONS	MIN.	MAX.	UNIT
V_{RRM}	repetitive peak reverse voltage		–	100	V
V_R	continuous reverse voltage		–	75	V
I_F	continuous forward current	see Fig.2; note 1	–	75	mA
I_{FRM}	repetitive peak forward current		–	225	mA
I_{FSM}	non-repetitive peak forward current	square wave; T_j = 25 °C prior to surge; see Fig.4			
		t = 1 μs	–	4	A
		t = 1 ms	–	1	A
		t = 1 s	–	0.5	A
P_{tot}	total power dissipation	T_{amb} = 25 °C; note 1	–	250	mW
T_{stg}	storage temperature		−65	+200	°C
T_j	junction temperature		–	175	°C

Note

1. Device mounted on an FR4 printed circuit-board; lead length 10 mm.

ELECTRICAL CHARACTERISTICS

T_j = 25 °C unless otherwise specified.

SYMBOL	PARAMETER	CONDITIONS	MAX.	UNIT
V_F	forward voltage	I_F = 10 mA; see Fig.3	1	V
I_R	reverse current	see Fig.5		
		V_R = 20 V	25	nA
		V_R = 75 V	5	μA
		V_R = 20 V; T_j = 150 °C	50	μA
C_d	diode capacitance	f = 1 MHz; V_R = 0; see Fig.6	4	pF
t_{rr}	reverse recovery time	when switched from I_F = 10 mA to I_R = 10 mA; R_L = 100 Ω; measured at I_R = 1 mA; see Fig.7	8	ns
		when switched from I_F = 10 mA to I_R = 60 mA; R_L = 100 Ω; measured at I_R = 1 mA; see Fig.7	4	ns
V_{fr}	forward recovery voltage	when switched from I_F = 50 mA; t_r = 20 ns; see Fig.8	2.5	V

1N914

GRAPHICAL DATA

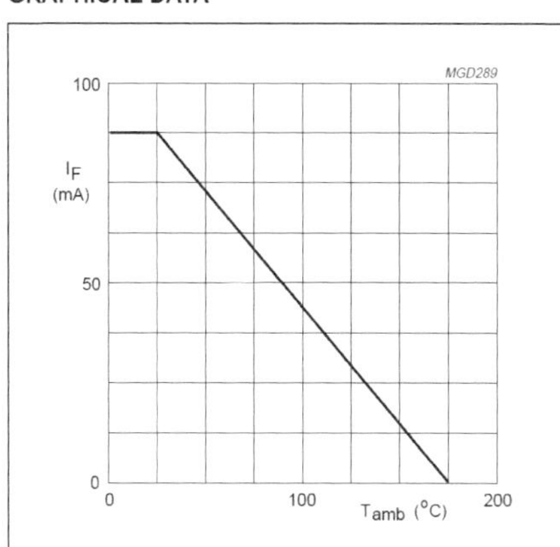

Device mounted on an FR4 printed-circuit board; lead length 10 mm.

Fig.2 Maximum permissible continuous forward current as a function of ambient temperature.

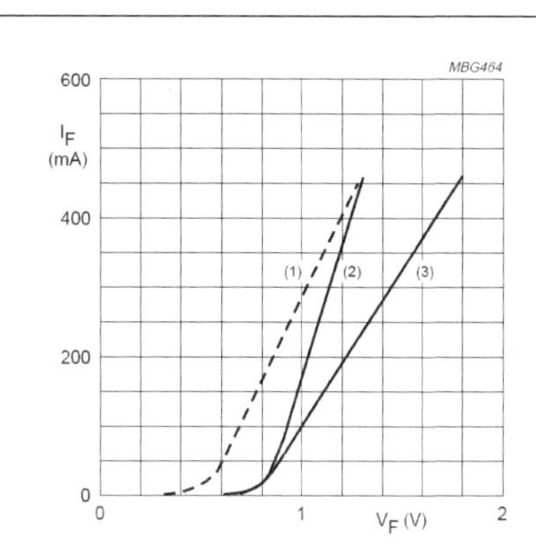

(1) T_j = 175 °C; typical values.
(2) T_j = 25 °C; typical values.
(3) T_j = 25 °C; maximum values.

Fig.3 Forward current as a function of forward voltage.

1N4148

High-speed diodes — 1N4148; 1N4448

FEATURES

- Hermetically sealed leaded glass SOD27 (DO-35) package
- High switching speed: max. 4 ns
- General application
- Continuous reverse voltage: max. 75 V
- Repetitive peak reverse voltage: max. 75 V
- Repetitive peak forward current: max. 450 mA.

APPLICATIONS

- High-speed switching.

DESCRIPTION

The 1N4148 and 1N4448 are high-speed switching diodes fabricated in planar technology, and encapsulated in hermetically sealed leaded glass SOD27 (DO-35) packages.

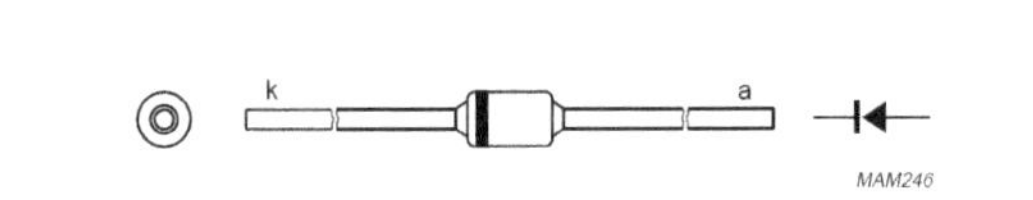

The diodes are type branded.

Fig.1 Simplified outline (SOD27; DO-35) and symbol.

LIMITING VALUES

In accordance with the Absolute Maximum Rating System (IEC 134).

SYMBOL	PARAMETER	CONDITIONS	MIN.	MAX.	UNIT
V_{RRM}	repetitive peak reverse voltage		–	75	V
V_R	continuous reverse voltage		–	75	V
I_F	continuous forward current	see Fig.2; note 1	–	200	mA
I_{FRM}	repetitive peak forward current		–	450	mA
I_{FSM}	non-repetitive peak forward current	square wave; T_j = 25 °C prior to surge; see Fig.4			
		t = 1 μs	–	4	A
		t = 1 ms	–	1	A
		t = 1 s	–	0.5	A
P_{tot}	total power dissipation	T_{amb} = 25 °C; note 1	–	500	mW
T_{stg}	storage temperature		–65	+200	°C
T_j	junction temperature		–	200	°C

Note

1. Device mounted on an FR4 printed circuit-board; lead length 10 mm.

ELECTRICAL CHARACTERISTICS

T_j = 25 °C unless otherwise specified.

SYMBOL	PARAMETER	CONDITIONS	MIN.	MAX.	UNIT
V_F	forward voltage	see Fig.3			
	1N4148	I_F = 10 mA	–	1	V
	1N4448	I_F = 5 mA	0.62	0.72	V
		I_F = 100 mA	–	1	V
I_R	reverse current	V_R = 20 V; see Fig.5		25	nA
		V_R = 20 V; T_j = 150 °C; see Fig.5	–	50	μA
I_R	reverse current; 1N4448	V_R = 20 V; T_j = 100 °C; see Fig.5	–	3	μA
C_d	diode capacitance	f = 1 MHz; V_R = 0; see Fig.6		4	pF
t_{rr}	reverse recovery time	when switched from I_F = 10 mA to I_R = 60 mA; R_L = 100 Ω; measured at I_R = 1 mA; see Fig.7		4	ns
V_{fr}	forward recovery voltage	when switched from I_F = 50 mA; t_r = 20 ns; see Fig.8	–	2.5	V

1N4148

GRAPHICAL DATA

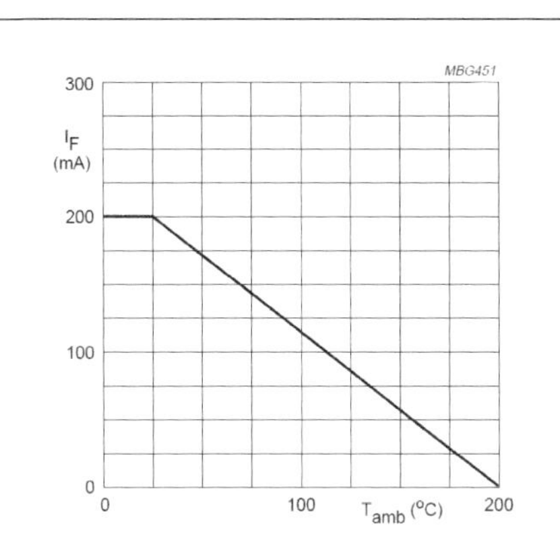

Device mounted on an FR4 printed-circuit board; lead length 10 mm.

Fig.2 Maximum permissible continuous forward current as a function of ambient temperature.

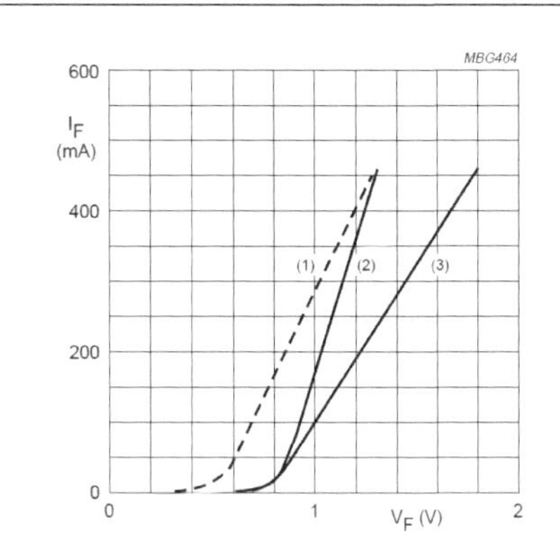

(1) T_j = 175 °C; typical values.
(2) T_j = 25 °C; typical values.
(3) T_j = 25 °C; maximum values.

Fig.3 Forward current as a function of forward voltage.

1N746A~1N759A

1N746 THRU 1N759

ZENER DIODES

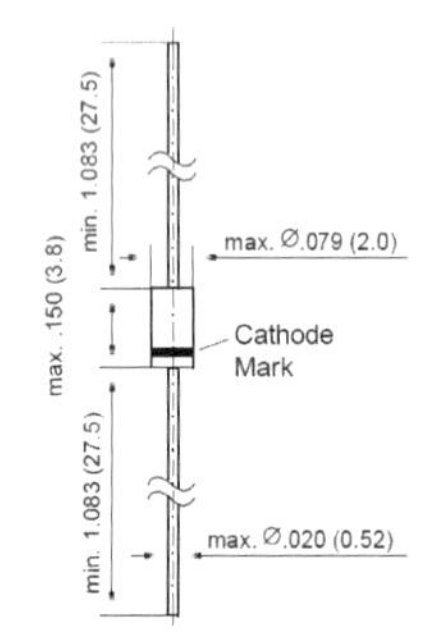

Dimensions are in inches and (millimeters)

FEATURES

- Silicon Planar Power Zener Diodes
- Standard Zener voltage tolerance is ±5% for "A" suffix. Other tolerances are available upon request.

MECHANICAL DATA

Case: DO-35 Glass Case
Weight: approx. 0.13 g

MAXIMUM RATINGS

Ratings at 25°C ambient temperature unless otherwise specified.

	SYMBOL	VALUE	UNIT
Zener Current (see Table "Characteristics")			
Power Dissipation at T_L = 75°C	P_{tot}	500(1)	mW
Maximum Junction Temperature	T_j	175	°C
Storage Temperature Range	T_S	– 65 to +175	°C

	SYMBOL	MIN.	TYP.	MAX.	UNIT
Thermal Resistance Junction to Ambient Air	R_{thJA}	–	–	300(1)	°C/W
Forward Voltage at I_F = 200 mA	V_F	–	–	1.5	Volts

NOTES:
(1) Valid provided that leads at a distance of 3/8" from case are kept at ambient temperature.

1N751

ELECTRICAL CHARACTERISTICS

Ratings at 25°C ambient temperature unless otherwise specified.

Type Number	Nominal Zener Voltage V_Z @ I_{ZT}(3) (Volts)	Test Current I_{ZT} (mA)	Maximum Zener Impedance Z_{ZT} @ I_{ZT}(1) (Ω)	Maximum Regulator Current I_{ZM}(2) (mA)	Maximum Reverse Leakage Current T_A = 25°C I_R @ V_R = 1V (μA)	Maximum Reverse Leakage Current T_A = 150°C I_R @ V_R = 1V (μA)
1N746A	3.3	20	28	110	10	30
1N747A	3.6	20	24	100	10	30
1N748A	3.9	20	23	95	10	30
1N749A	4.3	20	22	85	2	30
1N750A	4.7	20	19	75	2	30
1N751A	5.1	20	17	70	1	20
1N752A	5.6	20	11	65	1	20
1N753A	6.2	20	7	60	0.1	20
1N754A	6.8	20	5	55	0.1	20
1N755A	7.5	20	6	50	0.1	20
1N756A	8.2	20	8	45	0.1	20
1N757A	9.1	20	10	40	0.1	20
1N758A	10	20	17	35	0.1	20
1N759A	12	20	30	30	0.1	20

NOTES:
(1) The Zener Impedance is derived from the 1 KHz AC voltage which results when an AC current having an RMS value equal to 10% of the Zener current (I_{ZT}) is superimposed on I_{ZT}. Zener Impedance is measured at two points to insure a sharp knee on the breakdown curve and to eliminate unstable units.
(2) Valid provided that leads at a distance of 3/8" from case are kept at ambient temperature.
(3) Measured with device junction in thermal equilibrium.

1N4733

SEMICONDUCTOR
TECHNICAL DATA

1–1.3 Watt DO-41 Glass
Zener Voltage Regulator Diodes

GENERAL DATA APPLICABLE TO ALL SERIES IN THIS GROUP

One Watt Hermetically Sealed Glass Silicon Zener Diodes

1N4728A SERIES
1–1.3 WATT DO-41 GLASS

1 WATT
ZENER REGULATOR
DIODES
3.3–100 VOLTS

Specification Features:
- Complete Voltage Range — 3.3 to 100 Volts
- DO-41 Package
- Double Slug Type Construction
- Metallurgically Bonded Construction
- Oxide Passivated Die

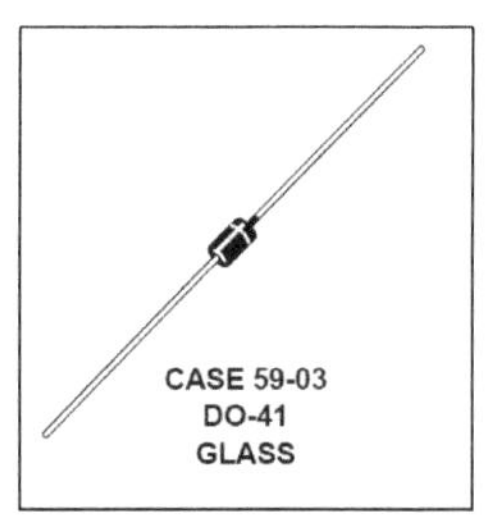
CASE 59-03
DO-41
GLASS

Mechanical Characteristics:

CASE: Double slug type, hermetically sealed glass
MAXIMUM LEAD TEMPERATURE FOR SOLDERING PURPOSES: 230°C, 1/16″ from case for 10 seconds
FINISH: All external surfaces are corrosion resistant with readily solderable leads
POLARITY: Cathode indicated by color band. When operated in zener mode, cathode will be positive with respect to anode
MOUNTING POSITION: Any
WAFER FAB LOCATION: Phoenix, Arizona
ASSEMBLY/TEST LOCATION: Seoul, Korea

MAXIMUM RATINGS

Rating	Symbol	Value	Unit
DC Power Dissipation @ T_A = 50°C Derate above 50°C	P_D	1 6.67	Watt mW/°C
Operating and Storage Junction Temperature Range	T_J, T_{stg}	– 65 to +200	°C

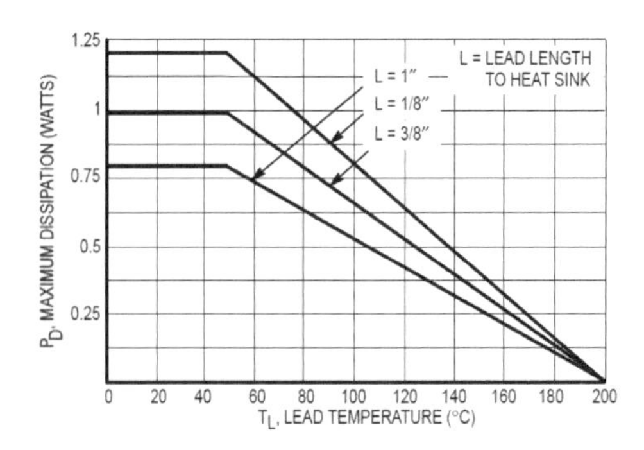

Figure 1. Power Temperature Derating Curve

1N4733

***ELECTRICAL CHARACTERISTICS** (T_A = 25°C unless otherwise noted) V_F = 1.2 V Max, I_F = 200 mA for all types.

JEDEC Type No. (Note 1)	Nominal Zener Voltage V_Z @ I_{ZT} Volts (Notes 2 and 3)	Test Current I_{ZT} mA	Maximum Zener Impedance (Note 4) Z_{ZT} @ I_{ZT} Ohms	Z_{ZK} @ I_{ZK} Ohms	I_{ZK} mA	Leakage Current I_R μA Max	V_R Volts	Surge Current @ T_A = 25°C i_r – mA (Note 5)
1N4728A	3.3	76	10	400	1	100	1	1380
1N4729A	3.6	69	10	400	1	100	1	1260
1N4730A	3.9	64	9	400	1	50	1	1190
1N4731A	4.3	58	9	400	1	10	1	1070
1N4732A	4.7	53	8	500	1	10	1	970
1N4733A	***5.1***	***49***	***7***	***550***	***1***	***10***	***1***	***890***
1N4734A	***5.6***	***45***	***5***	***600***	***1***	***10***	***2***	***810***
1N4735A	***6.2***	***41***	***2***	***700***	***1***	***10***	***3***	***730***
1N4736A	***6.8***	***37***	***3.5***	***700***	***1***	***10***	***4***	***660***
1N4737A	7.5	34	4	700	0.5	10	5	605
1N4738A	***8.2***	***31***	***4.5***	***700***	***0.5***	***10***	***6***	***550***
1N4739A	9.1	28	5	700	0.5	10	7	500
1N4740A	***10***	***25***	***7***	***700***	***0.25***	***10***	***7.6***	***454***
1N4741A	***11***	***23***	***8***	***700***	***0.25***	***5***	***8.4***	***414***
1N4742A	***12***	***21***	***9***	***700***	***0.25***	***5***	***9.1***	***380***
1N4743A	13	19	10	700	0.25	5	9.9	344
1N4744A	***15***	***17***	***14***	***700***	***0.25***	***5***	***11.4***	***304***
1N4745A	***16***	***15.5***	***16***	***700***	***0.25***	***5***	***12.2***	***285***
1N4746A	***18***	***14***	***20***	***750***	***0.25***	***5***	***13.7***	***250***
1N4747A	***20***	***12.5***	***22***	***750***	***0.25***	***5***	***15.2***	***225***
1N4748A	***22***	***11.5***	***23***	***750***	***0.25***	***5***	***16.7***	***205***
1N4749A	***24***	***10.5***	***25***	***750***	***0.25***	***5***	***18.2***	***190***
1N4750A	***27***	***9.5***	***35***	***750***	***0.25***	***5***	***20.6***	***170***
1N4751A	***30***	***8.5***	***40***	***1000***	***0.25***	***5***	***22.8***	***150***
1N4752A	***33***	***7.5***	***45***	***1000***	***0.25***	***5***	***25.1***	***135***

*Indicates JEDEC Registered Data.

NOTE 1. TOLERANCE AND TYPE NUMBER DESIGNATION

The JEDEC type numbers listed have a standard tolerance on the nominal zener voltage of ±5%. C for ±2%, D for ±1%.

NOTE 2. SPECIALS AVAILABLE INCLUDE:

Nominal zener voltages between the voltages shown and tighter voltage tolerances.

For detailed information on price, availability, and delivery, contact your nearest Motorola representative.

NOTE 3. ZENER VOLTAGE (V_Z) MEASUREMENT

Motorola guarantees the zener voltage when measured at 90 seconds while maintaining the lead temperature (T_L) at 30°C ± 1°C, 3/8″ from the diode body.

NOTE 4. ZENER IMPEDANCE (Z_Z) DERIVATION

The zener impedance is derived from the 60 cycle ac voltage, which results when an ac current having an rms value equal to 10% of the dc zener current (I_{ZT} or I_{ZK}) is superimposed on I_{ZT} or I_{ZK}.

NOTE 5. SURGE CURRENT (i_r) NON-REPETITIVE

The rating listed in the electrical characteristics table is maximum peak, non-repetitive, reverse surge current of 1/2 square wave or equivalent sine wave pulse of 1/120 second duration superimposed on the test current, I_{ZT}, per JEDEC registration; however, actual device capability is as described in Figure 5 of the General Data — DO-41 Glass.

2N3904

NPN switching transistor — 2N3904

FEATURES

- Low current (max. 200 mA)
- Low voltage (max. 40 V).

APPLICATIONS

- High-speed switching.

DESCRIPTION

NPN switching transistor in a TO-92; SOT54 plastic package. PNP complement: 2N3906.

PINNING

PIN	DESCRIPTION
1	collector
2	base
3	emitter

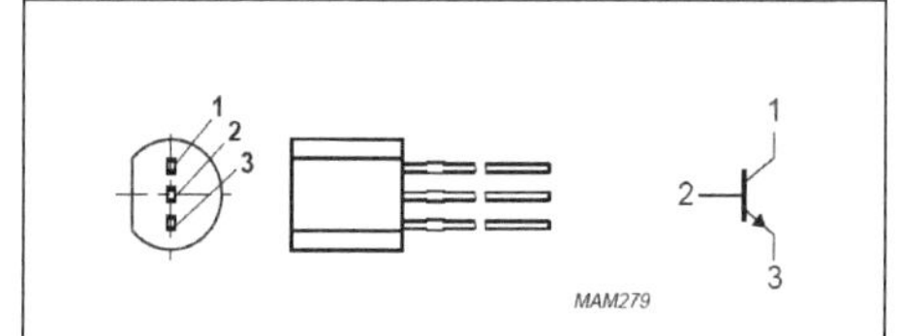

Fig.1 Simplified outline (TO-92; SOT54) and symbol.

LIMITING VALUES

In accordance with the Absolute Maximum Rating System (IEC 134).

SYMBOL	PARAMETER	CONDITIONS	MIN.	MAX.	UNIT
V_{CBO}	collector-base voltage	open emitter	–	60	V
V_{CEO}	collector-emitter voltage	open base	–	40	V
V_{EBO}	emitter-base voltage	open collector	–	6	V
I_C	collector current (DC)		–	200	mA
I_{CM}	peak collector current		–	300	mA
I_{BM}	peak base current		–	100	mA
P_{tot}	total power dissipation	$T_{amb} \leq 25$ °C; note 1	–	500	mW
T_{stg}	storage temperature		–65	+150	°C
T_j	junction temperature		–	150	°C
T_{amb}	operating ambient temperature		–65	+150	°C

Note

1. Transistor mounted on an FR4 printed-circuit board.

THERMAL CHARACTERISTICS

SYMBOL	PARAMETER	CONDITIONS	VALUE	UNIT
$R_{th\ j\text{-}a}$	thermal resistance from junction to ambient	note 1	250	K/W

Note

1. Transistor mounted on an FR4 printed-circuit board.

2N3904

CHARACTERISTICS

T_{amb} = 25 °C.

SYMBOL	PARAMETER	CONDITIONS	MIN.	MAX.	UNIT
I_{CBO}	collector cut-off current	I_E = 0; V_{CB} = 30 V	–	50	nA
I_{EBO}	emitter cut-off current	I_C = 0; V_{EB} = 6 V	–	50	nA
h_{FE}	DC current gain	V_{CE} = 1 V; note 1			
		I_C = 0.1 mA	60	–	
		I_C = 1 mA	80	–	
		I_C = 10 mA	100	300	
		I_C = 50 mA	60	–	
		I_C = 100 mA	30	–	
V_{CEsat}	collector-emitter saturation voltage	I_C = 10 mA; I_B = 1 mA; note 1	–	200	mV
		I_C = 50 mA; I_B = 5 mA; note 1	–	200	mV
V_{BEsat}	base-emitter saturation voltage	I_C = 10 mA; I_B = 1 mA; note 1	–	850	mV
		I_C = 50 mA; I_B = 5 mA; note 1	–	950	mV
C_c	collector capacitance	$I_E = i_e$ = 0; V_{CB} = 5 V; f = 1 MHz	–	4	pF
C_e	emitter capacitance	$I_C = i_c$ = 0; V_{EB} = 500 mV; f = 1 MHz	–	8	pF
f_T	transition frequency	I_C = 10 mA; V_{CE} = 20 V; f = 100 MHz	300	–	MHz
F	noise figure	I_C = 100 μA; V_{CE} = 5 V; R_S = 1 kΩ; f = 10 Hz to 15.7 kHz	–	5	dB
Switching times (between 10% and 90% levels); see Fig.2					
t_{on}	turn-on time	I_{Con} = 10 mA; I_{Bon} = 1 mA; I_{Boff} = −1 mA	–	65	ns
t_d	delay time		–	35	ns
t_r	rise time		–	35	ns
t_{off}	turn-off time		–	240	ns
t_s	storage time		–	200	ns
t_f	fall time		–	50	ns

2N2222A

General Purpose Transistor

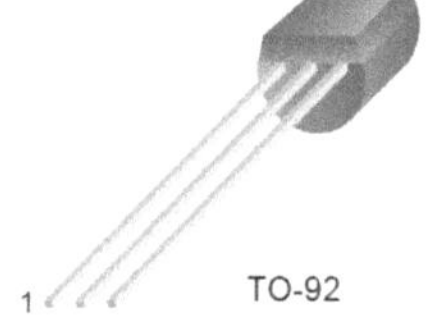

NPN Epitaxial Silicon Transistor

Absolute Maximum Ratings T_a=25°C unless otherwise noted

Symbol	Parameter	Value	Units
V_{CBO}	Collector-Base Voltage	60	V
V_{CEO}	Collector-Emitter Voltage	30	V
V_{EBO}	Emitter-Base Voltage	5	V
I_C	Collector Current	600	mA
P_C	Collector Power Dissipation	625	mW
T_J	Junction Temperature	150	°C
T_{STG}	Storage Temperature	-55 ~ 150	°C

Electrical Characteristics T_a=25°C unless otherwise noted

Symbol	Parameter	Test Condition	Min.	Max.	Units
BV_{CBO}	Collector-Base Breakdown Voltage	I_C=10μA, I_E=0	60		V
BV_{CEO}	Collector Emitter Breakdown Voltage	I_C=10mA, I_B=0	30		V
BV_{EBO}	Emitter-Base Breakdown Voltage	I_E=10μA, I_C=0	5		V
I_{CBO}	Collector Cut-off Current	V_{CB}=50V, I_E=0		0.01	μA
I_{EBO}	Emitter Cut-off Current	V_{EB}=3V, I_C=0		10	nA
h_{FE}	DC Current Gain	V_{CE}=10V, I_C=0.1mA V_{CE}=10V, *I_C=150mA	35 100	 300	
V_{CE} (sat)	* Collector-Emitter Saturation Voltage	I_C=500mA, I_B=50mA		1	V
V_{BE} (sat)	* Base-Emitter Saturation Voltage	I_C=500mA, I_B=50mA		2	V
f_T	Current Gain Bandwidth Product	V_{CE}=20V, I_C=20mA, f=100MHz	300		MHz
C_{ob}	Output Capacitance	V_{CB}=10V, I_E=0, f=1MHz		8	pF

* Pulse Test: Pulse Width≤300μs, Duty Cycle≤2%

2N4401

General Purpose Transistors

NPN Silicon

2N4400
2N4401*

*Motorola Preferred Device

COLLECTOR
3

2
BASE

1
EMITTER

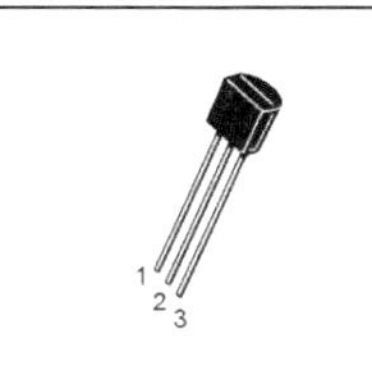

CASE 29–04, STYLE 1
TO–92 (TO–226AA)

MAXIMUM RATINGS

Rating	Symbol	Value	Unit
Collector–Emitter Voltage	V_{CEO}	40	Vdc
Collector–Base Voltage	V_{CBO}	60	Vdc
Emitter–Base Voltage	V_{EBO}	6.0	Vdc
Collector Current — Continuous	I_C	600	mAdc
Total Device Dissipation @ T_A = 25°C Derate above 25°C	P_D	625 5.0	mW mW/°C
Total Device Dissipation @ T_C = 25°C Derate above 25°C	P_D	1.5 12	Watts mW/°C
Operating and Storage Junction Temperature Range	T_J, T_{stg}	–55 to +150	°C

ELECTRICAL CHARACTERISTICS (T_A = 25°C unless otherwise noted)

Characteristic	Symbol	Min	Max	Unit
OFF CHARACTERISTICS				
Collector–Emitter Breakdown Voltage(1) (I_C = 1.0 mAdc, I_B = 0)	$V_{(BR)CEO}$	40	—	Vdc
Collector–Base Breakdown Voltage (I_C = 0.1 mAdc, I_E = 0)	$V_{(BR)CBO}$	60	—	Vdc
Emitter–Base Breakdown Voltage (I_E = 0.1 mAdc, I_C = 0)	$V_{(BR)EBO}$	6.0	—	Vdc
Base Cutoff Current (V_{CE} = 35 Vdc, V_{EB} = 0.4 Vdc)	I_{BEV}	—	0.1	μAdc
Collector Cutoff Current (V_{CE} = 35 Vdc, V_{EB} = 0.4 Vdc)	I_{CEX}	—	0.1	μAdc

1. Pulse Test: Pulse Width ≤ 300 μs, Duty Cycle ≤ 2.0%.

2N4401

ELECTRICAL CHARACTERISTICS (T_A = 25°C unless otherwise noted) (Continued)

Characteristic		Symbol	Min	Max	Unit
ON CHARACTERISTICS(1)					
DC Current Gain		h_{FE}			—
(I_C = 0.1 mAdc, V_{CE} = 1.0 Vdc)	2N4401		20	—	
(I_C = 1.0 mAdc, V_{CE} = 1.0 Vdc)	2N4400		20	—	
	2N4401		40	—	
(I_C = 10 mAdc, V_{CE} = 1.0 Vdc)	2N4400		40	—	
	2N4401		80	—	
(I_C = 150 mAdc, V_{CE} = 1.0 Vdc)	2N4400		50	150	
	2N4401		100	300	
(I_C = 500 mAdc, V_{CE} = 2.0 Vdc)	2N4400		20	—	
	2N4401		40	—	
Collector–Emitter Saturation Voltage (I_C = 150 mAdc, I_B = 15 mAdc)		$V_{CE(sat)}$	—	0.4	Vdc
(I_C = 500 mAdc, I_B = 50 mAdc)			—	0.75	
Base–Emitter Saturation Voltage (I_C = 150 mAdc, I_B = 15 mAdc)		$V_{BE(sat)}$	0.75	0.95	Vdc
(I_C = 500 mAdc, I_B = 50 mAdc)			—	1.2	
SMALL–SIGNAL CHARACTERISTICS					
Current–Gain — Bandwidth Product		f_T			MHz
(I_C = 20 mAdc, V_{CE} = 10 Vdc, f = 100 MHz)	2N4400		200	—	
	2N4401		250	—	
Collector–Base Capacitance (V_{CB} = 5.0 Vdc, I_E = 0, f = 1.0 MHz)		C_{cb}	—	6.5	pF
Emitter–Base Capacitance (V_{EB} = 0.5 Vdc, I_C = 0, f = 1.0 MHz)		C_{eb}	—	30	pF
Input Impedance		h_{ie}			k ohms
(I_C = 1.0 mAdc, V_{CE} = 10 Vdc, f = 1.0 kHz)	2N4400		0.5	7.5	
	2N4401		1.0	15	
Voltage Feedback Ratio (I_C = 1.0 mAdc, V_{CE} = 10 Vdc, f = 1.0 kHz)		h_{re}	0.1	8.0	X 10^{-4}
Small–Signal Current Gain		h_{fe}			—
(I_C = 1.0 mAdc, V_{CE} = 10 Vdc, f = 1.0 kHz)	2N4400		20	250	
	2N4401		40	500	
Output Admittance (I_C = 1.0 mAdc, V_{CE} = 10 Vdc, f = 1.0 kHz)		h_{oe}	1.0	30	μmhos
SWITCHING CHARACTERISTICS					
Delay Time	(V_{CC} = 30 Vdc, V_{BE} = 2.0 Vdc,	t_d	—	15	ns
Rise Time	I_C = 150 mAdc, I_{B1} = 15 mAdc)	t_r	—	20	ns
Storage Time	(V_{CC} = 30 Vdc, I_C = 150 mAdc,	t_s	—	225	ns
Fall Time	I_{B1} = I_{B2} = 15 mAdc)	t_f	—	30	ns

1. Pulse Test: Pulse Width ≤ 300 μs, Duty Cycle ≤ 2.0%.

h PARAMETERS

V_{CE} = 10 Vdc, f = 1.0 kHz, T_A = 25°C

This group of graphs illustrates the relationship between h_{fe} and other "h" parameters for this series of transistors. To obtain these curves, a high–gain and a low–gain unit were selected from both the 2N4400 and 2N4401 lines, and the same units were used to develop the correspondingly numbered curves on each graph.

h_{fe}, CURRENT GAIN

2N4401 UNIT 1
2N4401 UNIT 2
2N4400 UNIT 1
2N4400 UNIT 2

I_C, COLLECTOR CURRENT (mA)

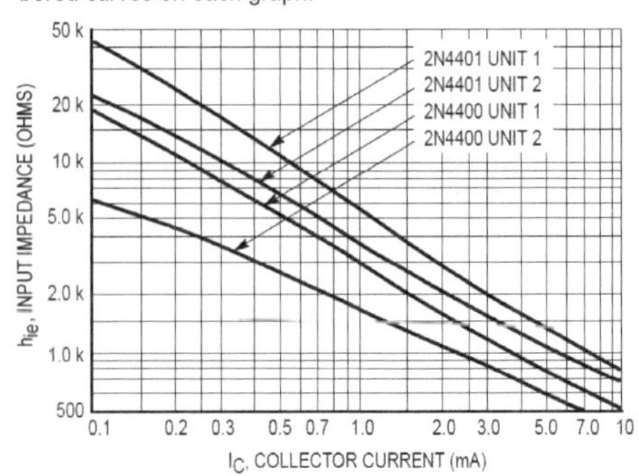

2N3906

PNP switching transistor 2N3906

FEATURES

- Low current (max. 200 mA)
- Low voltage (max. 40 V).

APPLICATIONS

- High-speed switching in industrial applications.

DESCRIPTION

PNP switching transistor in a TO-92; SOT54 plastic package. NPN complement: 2N3904.

PINNING

PIN	DESCRIPTION
1	collector
2	base
3	emitter

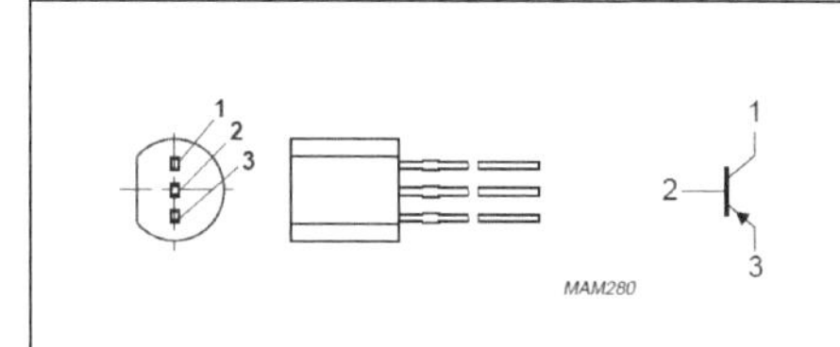

Fig.1 Simplified outline (TO-92; SOT54) and symbol.

LIMITING VALUES

In accordance with the Absolute Maximum Rating System (IEC 134).

SYMBOL	PARAMETER	CONDITIONS	MIN.	MAX.	UNIT
V_{CBO}	collector-base voltage	open emitter	–	–40	V
V_{CEO}	collector-emitter voltage	open base	–	–40	V
V_{EBO}	emitter-base voltage	open collector	–	–6	V
I_C	collector current (DC)		–	–200	mA
I_{CM}	peak collector current		–	–300	mA
I_{BM}	peak base current		–	–100	mA
P_{tot}	total power dissipation	$T_{amb} \leq 25$ °C	–	500	mW
T_{stg}	storage temperature		–65	+150	°C
T_j	junction temperature		–	150	°C
T_{amb}	operating ambient temperature		–65	+150	°C

THERMAL CHARACTERISTICS

SYMBOL	PARAMETER	CONDITIONS	VALUE	UNIT
$R_{th\ j\text{-}a}$	thermal resistance from junction to ambient	note 1	250	K/W

Note

1. Transistor mounted on an FR4 printed-circuit board.

2N3906

CHARACTERISTICS

T_{amb} = 25 °C unless otherwise specified.

SYMBOL	PARAMETER	CONDITIONS	MIN.	MAX.	UNIT
I_{CBO}	collector cut-off current	I_E = 0; V_{CB} = –30 V	–	–50	nA
I_{EBO}	emitter cut-off current	I_C = 0; V_{EB} = –6 V	–	–50	nA
h_{FE}	DC current gain	V_{CE} = –1 V; note 1; see Fig.2			
		I_C = –0.1 mA	60	–	
		I_C = –1 mA	80	–	
		I_C = –10 mA	100	300	
		I_C = –50 mA	60	–	
		I_C = –100 mA	30	–	
V_{CEsat}	collector-emitter saturation voltage	I_C = –10 mA; I_B = –1 mA; note 1	–	–200	mV
		I_C = –50 mA; I_B = –5 mA; note 1	–	–200	mV
V_{BEsat}	base-emitter saturation voltage	I_C = –10 mA; I_B = –1 mA; note 1	–	–850	mV
		I_C = –50 mA; I_B = –5 mA; note 1	–	–950	mV
C_c	collector capacitance	$I_E = i_e$ = 0; V_{CB} = –5 V; f = 1 MHz	–	4.5	pF
C_e	emitter capacitance	$I_C = i_c$ = 0; V_{EB} = –500 mV; f = 1 MHz	–	10	pF
f_T	transition frequency	I_C = –10 mA; V_{CE} = –20 V; f = 100 MHz	250	–	MHz
F	noise figure	I_C = –100 μA; V_{CE} = –5 V; R_S = 1 kΩ; f = 10 Hz to 15.7 kHz	–	4	dB
Switching times (between 10% and 90% levels); see Fig.3					
t_{on}	turn-on time	I_{Con} = –10 mA; I_{Bon} = –1 mA; I_{Boff} = 1 mA	–	65	ns
t_d	delay time		–	35	ns
t_r	rise time		–	35	ns
t_{off}	turn-off time		–	300	ns
t_s	storage time		–	225	ns
t_f	fall time		–	75	ns

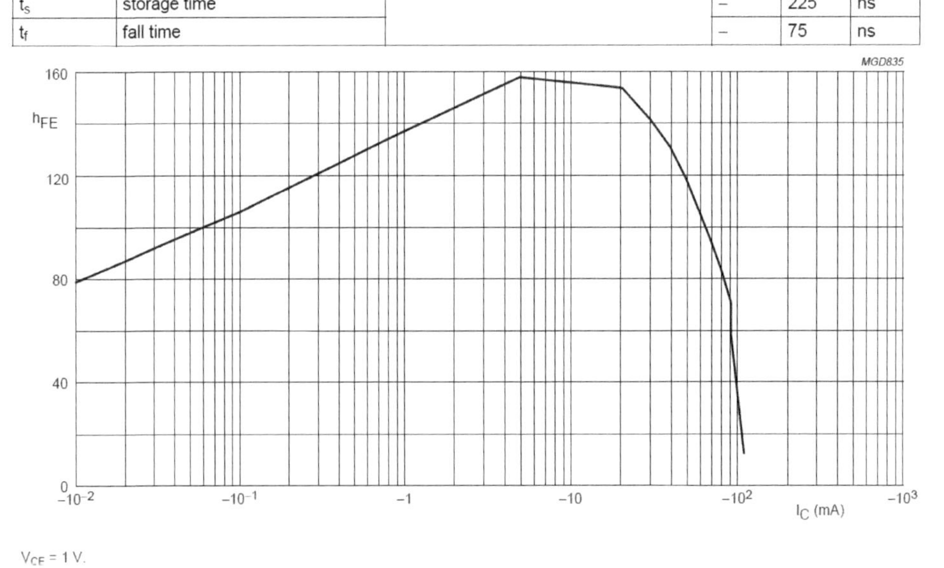

Fig.2 DC current gain; typical values.

2N4403

- Pb−Free Packages are Available*

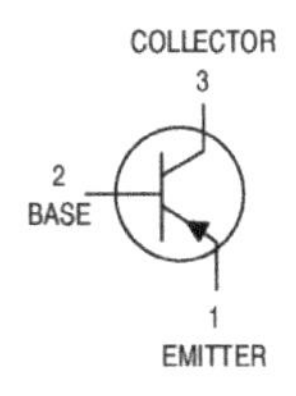

TO−92
CASE 29
STYLE 1

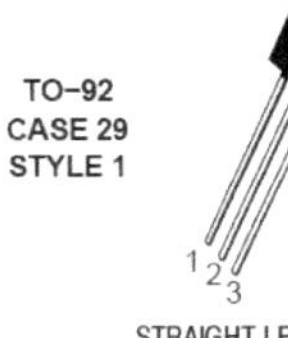

STRAIGHT LEAD
BULK PACK

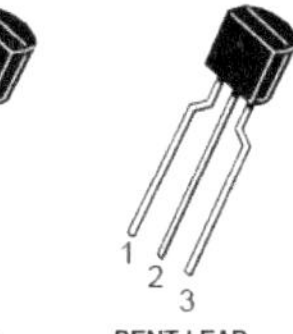

BENT LEAD
TAPE & REEL
AMMO PACK

MAXIMUM RATINGS

Rating	Symbol	Value	Unit
Collector − Emitter Voltage	V_{CEO}	40	Vdc
Collector − Base Voltage	V_{CBO}	40	Vdc
Emitter − Base Voltage	V_{EBO}	5.0	Vdc
Collector Current − Continuous	I_C	600	mAdc
Total Device Dissipation @ T_A = 25°C Derate above 25°C	P_D	625 5.0	mW mW/°C
Total Device Dissipation @ T_C = 25°C Derate above 25°C	P_D	1.5 12	W mW/°C
Operating and Storage Junction Temperature Range	T_J, T_{stg}	−55 to +150	°C

THERMAL CHARACTERISTICS

Characteristic	Symbol	Max	Unit
Thermal Resistance, Junction−to−Ambient	$R_{\theta JA}$	200	°C/W
Thermal Resistance, Junction−to−Case	$R_{\theta JC}$	83.3	°C/W

Stresses exceeding Maximum Ratings may damage the device. Maximum Ratings are stress ratings only. Functional operation above the Recommended Operating Conditions is not implied. Extended exposure to stresses above the Recommended Operating Conditions may affect device reliability.

MARKING DIAGRAM

2N4403 = Device Code
A = Assembly Location
Y = Year
WW = Work Week
▪ = Pb−Free Package
(Note: Microdot may be in either location)

ELECTRICAL CHARACTERISTICS (T_A = 25°C unless otherwise noted)

Characteristic		Symbol	Min	Max	Unit
OFF CHARACTERISTICS					
Collector−Emitter Breakdown Voltage (Note 1)	(I_C = 1.0 mAdc, I_B = 0)	$V_{(BR)CEO}$	40	−	Vdc
Collector−Base Breakdown Voltage	(I_C = 0.1 mAdc, I_E = 0)	$V_{(BR)CBO}$	40	−	Vdc
Emitter−Base Breakdown Voltage	(I_E = 0.1 mAdc, I_C = 0)	$V_{(BR)EBO}$	5.0	−	Vdc
Base Cutoff Current	(V_{CE} = 35 Vdc, V_{EB} = 0.4 Vdc)	I_{BEV}	−	0.1	μAdc
Collector Cutoff Current	(V_{CE} = 35 Vdc, V_{EB} = 0.4 Vdc)	I_{CEX}	−	0.1	μAdc
ON CHARACTERISTICS					
DC Current Gain	(I_C = 0.1 mAdc, V_{CE} = 1.0 Vdc) (I_C = 1.0 mAdc, V_{CE} = 1.0 Vdc) (I_C = 10 mAdc, V_{CE} = 1.0 Vdc) (I_C = 150 mAdc, V_{CE} = 2.0 Vdc) (Note 1) (I_C = 500 mAdc, V_{CE} = 2.0 Vdc) (Note 1)	h_{FE}	30 60 100 100 20	− − − 300 −	−
Collector−Emitter Saturation Voltage (Note 1)	(I_C = 150 mAdc, I_B = 15 mAdc) (I_C = 500 mAdc, I_B = 50 mAdc)	$V_{CE(sat)}$	− −	0.4 0.75	Vdc
Base−Emitter Saturation Voltage (Note 1)	(I_C = 150 mAdc, I_B = 15 mAdc) (I_C = 500 mAdc, I_B = 50 mAdc)	$V_{BE(sat)}$	0.75 −	0.95 1.3	Vdc

MPF102

JFET VHF Amplifier

N–Channel — Depletion

MPF102

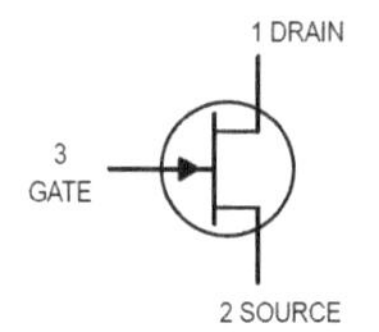

CASE 29–04, STYLE 5
TO–92 (TO–226AA)

MAXIMUM RATINGS

Rating	Symbol	Value	Unit
Drain–Source Voltage	V_{DS}	25	Vdc
Drain–Gate Voltage	V_{DG}	25	Vdc
Gate–Source Voltage	V_{GS}	–25	Vdc
Gate Current	I_G	10	mAdc
Total Device Dissipation @ T_A = 25°C Derate above 25°C	P_D	350 2.8	mW mW/°C
Junction Temperature Range	T_J	125	°C
Storage Temperature Range	T_{stg}	–65 to +150	°C

ELECTRICAL CHARACTERISTICS (T_A = 25°C unless otherwise noted)

Characteristic	Symbol	Min	Max	Unit
OFF CHARACTERISTICS				
Gate–Source Breakdown Voltage (I_G = –10 μAdc, V_{DS} = 0)	$V_{(BR)GSS}$	–25	—	Vdc
Gate Reverse Current (V_{GS} = –15 Vdc, V_{DS} = 0) (V_{GS} = –15 Vdc, V_{DS} = 0, T_A = 100°C)	I_{GSS}	 — —	 –2.0 –2.0	 nAdc μAdc
Gate–Source Cutoff Voltage (V_{DS} = 15 Vdc, I_D = 2.0 nAdc)	$V_{GS(off)}$	—	–8.0	Vdc
Gate–Source Voltage (V_{DS} = 15 Vdc, I_D = 0.2 mAdc)	V_{GS}	–0.5	–7.5	Vdc
ON CHARACTERISTICS				
Zero–Gate–Voltage Drain Current(1) (V_{DS} = 15 Vdc, V_{GS} = 0 Vdc)	I_{DSS}	2.0	20	mAdc
SMALL–SIGNAL CHARACTERISTICS				
Forward Transfer Admittance(1) (V_{DS} = 15 Vdc, V_{GS} = 0, f = 1.0 kHz) (V_{DS} = 15 Vdc, V_{GS} = 0, f = 100 MHz)	$\vert y_{fs}\vert$	 2000 1600	 7500 —	μmhos
Input Admittance (V_{DS} = 15 Vdc, V_{GS} = 0, f = 100 MHz)	$Re(y_{is})$	—	800	μmhos
Output Conductance (V_{DS} = 15 Vdc, V_{GS} = 0, f = 100 MHz)	$Re(y_{os})$	—	200	μmhos
Input Capacitance (V_{DS} = 15 Vdc, V_{GS} = 0, f = 1.0 MHz)	C_{iss}	—	7.0	pF
Reverse Transfer Capacitance (V_{DS} = 15 Vdc, V_{GS} = 0, f = 1.0 MHz)	C_{rss}	—	3.0	pF

1. Pulse Test; Pulse Width ≤ 630 ms, Duty Cycle ≤ 10%.

2N4416

FEATURES

- Low Noise
- Low Feedback Capacitance
- Low Output Capacitance
- High Transconductance
- High Power Gain

PIN CONFIGURATION

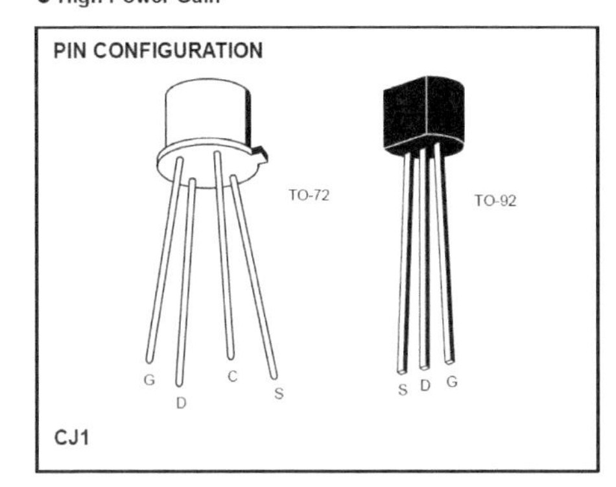

CJ1

ABSOLUTE MAXIMUM RATINGS

(T_A = 25°C unless otherwise noted)

Gate-Source or Gate-Drain Voltage
- 2N4416, PN4416 .... -30V
- 2N4416A .... -35V

Gate Current 10mA

Storage Temperature Range
- 2N4416/2N4416A .... -65°C to +200°C
- PN4416 .... -55°C +150°C

Operating Temperature Range
- 2N4416/2N4416A .... -65°C to +200°C
- PN4416 .... -55°C to +135°C

Lead Temperature (Soldering, 10sec) .... +300°C

Power Dissipation 300mW
- Derate above 25°C
- 2N4416/2N4416A .... 1.7mW/°C
- PN4416 .... 2.7mW/°C

NOTE: Stresses above those listed under "Absolute Maximum Ratings" may cause permanent damage to the device. These are stress ratings only and functional operation of the device at these or any other conditions above those indicated in the operational sections of the specifications is not implied. Exposure to absolute maximum rating conditions for extended periods may affect device reliability.

ORDERING INFORMATION

Part	Package	Temperature Range
2N4416	Hermetic TO-72	-55°C to +135°C
2N4416A	Hermetic TO-72	-55°C to +135°C
PN4416	Plastic TO-92	-55°C to +135°C
X2N4416	Sorted Chips in Carriers	-55°C to +135°C

ELECTRICAL CHARACTERISTICS (T_A = 25°C unless otherwise specified)

SYMBOL	PARAMETER		MIN	MAX	UNITS	TEST CONDITIONS	
I_{GSS}	Gate Reverse Current			-0.1	nA	V_{GS} = -20V, V_{DS} = 0	
				-0.1	μA		T_A = 150°C
BV_{GSS}	Gate-Source Breakdown Voltage	2N4416/PN4416	-30		V	I_G = -1μA, V_{DS} = 0	
		2N4416A	-35				
$V_{GS(off)}$	Gate-Source Cutoff Voltage	2N4416/PN4416		-6		V_{DS} = 15V, I_D = 1nA	
		2N4416A	-2.5	-6			
$V_{GS(f)}$	Gate-Source Forward Voltage			1	V	I_G = 1mA, V_{DS} = 0	
I_{DSS}	Drain Current at Zero Gate Voltage		5	15	mA	V_{DS} = 15V, V_{GS} = 0	f = 1kHz
g_{fs}	Common-Source Forward Transconductance		4500	7500	μS		
g_{os}	Common-Source Output Conductance			50	μs		
C_{rss}	Common-Source Reverse Transfer Capacitance (Note 1)			0.8	pF		f = 1MHz
C_{iss}	Common-Source Input Capacitance (Note 1)			4	pF		
C_{oss}	Common-Source Input Capacitance (Note 1)			2			

2N5457

JFETs — General Purpose

N–Channel — Depletion

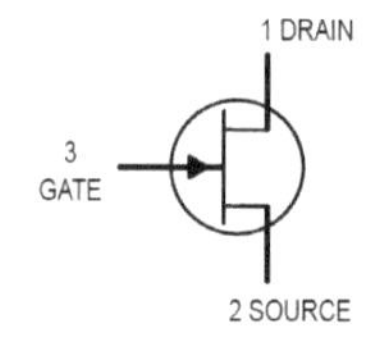

2N5457

*Motorola Preferred Device

CASE 29–04, STYLE 5
TO–92 (TO–226AA)

MAXIMUM RATINGS

Rating	Symbol	Value	Unit
Drain–Source Voltage	V_{DS}	25	Vdc
Drain–Gate Voltage	V_{DG}	25	Vdc
Reverse Gate–Source Voltage	V_{GSR}	–25	Vdc
Gate Current	I_G	10	mAdc
Total Device Dissipation @ T_A = 25°C Derate above 25°C	P_D	310 2.82	mW mW/°C
Junction Temperature Range	T_J	125	°C
Storage Channel Temperature Range	T_{stg}	–65 to +150	°C

ELECTRICAL CHARACTERISTICS (T_A = 25°C unless otherwise noted)

Characteristic	Symbol	Min	Typ	Max	Unit
OFF CHARACTERISTICS					
Gate–Source Breakdown Voltage (I_G = –10 μAdc, V_{DS} = 0)	$V_{(BR)GSS}$	–25	—	—	Vdc
Gate Reverse Current (V_{GS} = –15 Vdc, V_{DS} = 0) (V_{GS} = –15 Vdc, V_{DS} = 0, T_A = 100°C)	I_{GSS}	 — —	 — —	 –1.0 –200	nAdc
Gate–Source Cutoff Voltage (V_{DS} = 15 Vdc, I_D = 10 nAdc)	$V_{GS(off)}$	–0.5	—	–6.0	Vdc
Gate–Source Voltage (V_{DS} = 15 Vdc, I_D = 100 μAdc)	V_{GS}	—	–2.5	—	Vdc
ON CHARACTERISTICS					
Zero–Gate–Voltage Drain Current (1) (V_{DS} = 15 Vdc, V_{GS} = 0)	I_{DSS}	1.0	3.0	5.0	mAdc
SMALL–SIGNAL CHARACTERISTICS					
Forward Transfer Admittance Common Source (1) (V_{DS} = 15 Vdc, V_{GS} = 0, f = 1.0 kHz)	$\|y_{fs}\|$	1000	—	5000	μmhos
Output Admittance Common Source (1) (V_{DS} = 15 Vdc, V_{GS} = 0, f = 1.0 kHz)	$\|y_{os}\|$	—	10	50	μmhos
Input Capacitance (V_{DS} = 15 Vdc, V_{GS} = 0, f = 1.0 MHz)	C_{iss}	—	4.5	7.0	pF
Reverse Transfer Capacitance (V_{DS} = 15 Vdc, V_{GS} = 0, f = 1.0 MHz)	C_{rss}	—	1.5	3.0	pF

1. Pulse Test; Pulse Width ≤ 630 ms, Duty Cycle ≤ 10%.

uA741

Operational Amplifier

General Description

The LM741 series are general purpose operational amplifiers which feature improved performance over industry standards like the LM709. They are direct, plug-in replacements for the 709C, LM201, MC1439 and 748 in most applications.

The amplifiers offer many features which make their application nearly foolproof: overload protection on the input and output, no latch-up when the common mode range is exceeded, as well as freedom from oscillations.

The LM741C is identical to the LM741/LM741A except that the LM741C has their performance guaranteed over a 0°C to +70°C temperature range, instead of -55°C to +125°C.

Connection Diagrams

Metal Can Package

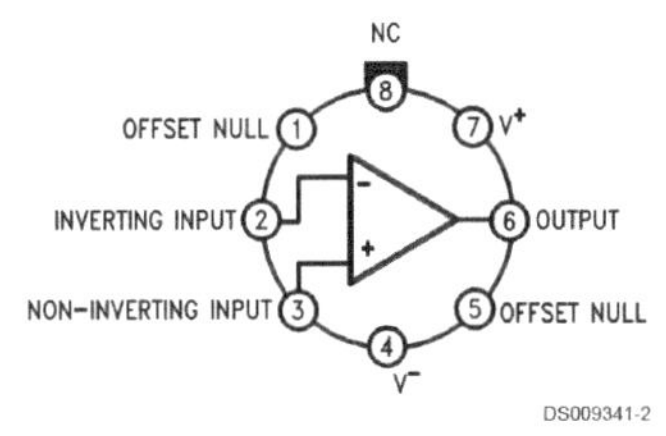

Note 1: LM741H is available per JM38510/10101

Order Number LM741H, LM741H/883 (Note 1), **LM741AH/883 or LM741CH**
See NS Package Number H08C

Dual-In-Line or S.O. Package

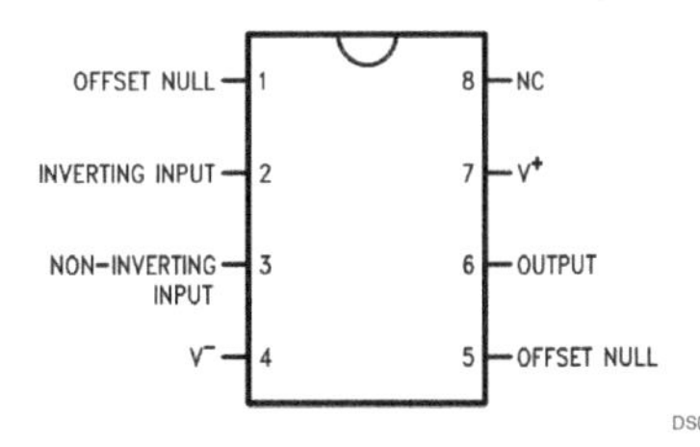

Order Number LM741J, LM741J/883, LM741CN
See NS Package Number J08A, M08A or N08E

Ceramic Flatpak

NC 1 — 10 NC
+OFFSET NULL 2 — 9 NC
−INPUT 3 — 8 V+
+INPUT 4 — 7 OUTPUT
V− 5 — 6 −OFFSET NULL
LM741W
DS009341-6

Order Number LM741W/883
See NS Package Number W10A

Absolute Maximum Ratings (Note 2)

If Military/Aerospace specified devices are required, please contact the National Semiconductor Sales Office/ Distributors for availability and specifications.

	LM741A	LM741	LM741C
Supply Voltage	±22V	±22V	±18V
Power Dissipation (Note 3)	500 mW	500 mW	500 mW
Differential Input Voltage	±30V	±30V	±30V
Input Voltage (Note 4)	±15V	±15V	±15V
Output Short Circuit Duration	Continuous	Continuous	Continuous
Operating Temperature Range	-55°C to +125°C	-55°C to +125°C	0°C to +70°C
Storage Temperature Range	-65°C to +150°C	-65°C to +150°C	-65°C to +150°C
Junction Temperature	150°C	150°C	100°C
Soldering Information			
N-Package (10 seconds)	260°C	260°C	260°C
J- or H-Package (10 seconds)	300°C	300°C	300°C
M-Package			
Vapor Phase (60 seconds)	215°C	215°C	215°C
Infrared (15 seconds)	215°C	215°C	215°C

uA741

Electrical Characteristics (Note 5)

Parameter	Conditions	LM741A			LM741			LM741C			Units
		Min	Typ	Max	Min	Typ	Max	Min	Typ	Max	
Input Offset Voltage	$T_A = 25°C$										
	$R_S \le 10\ k\Omega$					1.0	5.0		2.0	6.0	mV
	$R_S \le 50\Omega$		0.8	3.0							mV
	$T_{AMIN} \le T_A \le T_{AMAX}$										
	$R_S \le 50\Omega$			4.0							mV
	$R_S \le 10\ k\Omega$						6.0			7.5	mV
Average Input Offset Voltage Drift				15							μV/°C
Input Offset Voltage Adjustment Range	$T_A = 25°C$, $V_S = \pm 20V$	±10				±15			±15		mV
Input Offset Current	$T_A = 25°C$		3.0	30		20	200		20	200	nA
	$T_{AMIN} \le T_A \le T_{AMAX}$			70		85	500			300	nA
Average Input Offset Current Drift				0.5							nA/°C
Input Bias Current	$T_A = 25°C$		30	80		80	500		80	500	nA
	$T_{AMIN} \le T_A \le T_{AMAX}$			0.210			1.5			0.8	μA
Input Resistance	$T_A = 25°C$, $V_S = \pm 20V$	1.0	6.0		0.3	2.0		0.3	2.0		MΩ
	$T_{AMIN} \le T_A \le T_{AMAX}$, $V_S = \pm 20V$	0.5									MΩ
Input Voltage Range	$T_A = 25°C$							±12	±13		V
	$T_{AMIN} \le T_A \le T_{AMAX}$				±12	±13					V

NE555

Timer NE/SA/SE555/SE555C

DESCRIPTION

The 555 monolithic timing circuit is a highly stable controller capable of producing accurate time delays, or oscillation. In the time delay mode of operation, the time is precisely controlled by one external resistor and capacitor. For a stable operation as an oscillator, the free running frequency and the duty cycle are both accurately controlled with two external resistors and one capacitor. The circuit may be triggered and reset on falling waveforms, and the output structure can source or sink up to 200 mA.

PIN CONFIGURATION

D and N Packages

GND	1	8	V_{CC}
TRIGGER	2	7	DISCHARGE
OUTPUT	3	6	THRESHOLD
RESET	4	5	CONTROL VOLTAGE

SL00349

Figure 1. Pin configuration

FEATURES

- Turn-off time less than 2 μs
- Max. operating frequency greater than 500 kHz
- Timing from microseconds to hours
- Operates in both astable and monostable modes
- High output current
- Adjustable duty cycle
- TTL compatible
- Temperature stability of 0.005% per °C

BLOCK DIAGRAM

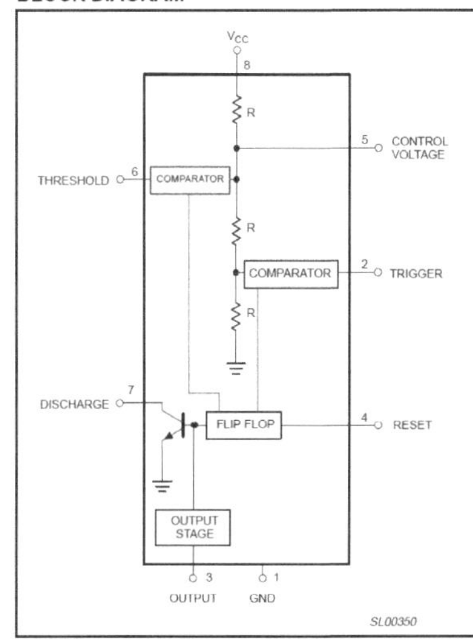

Figure 2. Block Diagram

APPLICATIONS

- Precision timing
- Pulse generation
- Sequential timing
- Time delay generation
- Pulse width modulation

ABSOLUTE MAXIMUM RATINGS

SYMBOL	PARAMETER	RATING	UNIT
V_{CC}	Supply voltage SE555 NE555, SE555C, SA555	 +18 +16	 V V
P_D	Maximum allowable power dissipation[1]	600	mW
T_{amb}	Operating ambient temperature range NE555 SA555 SE555, SE555C	 0 to +70 –40 to +85 –55 to +125	 °C °C °C
T_{stg}	Storage temperature range	–65 to +150	°C
T_{SOLD}	Lead soldering temperature (10 sec max)	+230	°C

NOTE:

1. The junction temperature must be kept below 125 °C for the D package and below 150°C for the N package.
   At ambient temperatures above 25 °C, where this limit would be derated by the following factors:
   D package 160 °C/W
   N package 100 °C/W

MC7805

- **3-Terminal Regulators**
- **Output Current up to 1.5 A**
- **Internal Thermal-Overload Protection**
- **High Power-Dissipation Capability**
- **Internal Short-Circuit Current Limiting**
- **Output Transistor Safe-Area Compensation**

KC (TO-220) PACKAGE (TOP VIEW)

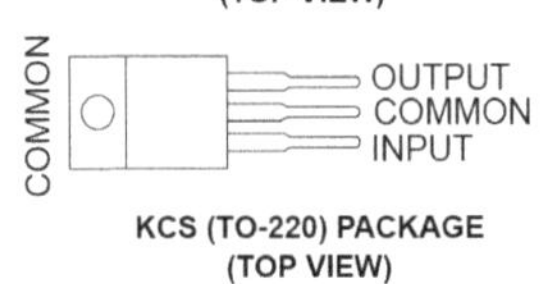

KCS (TO-220) PACKAGE (TOP VIEW)

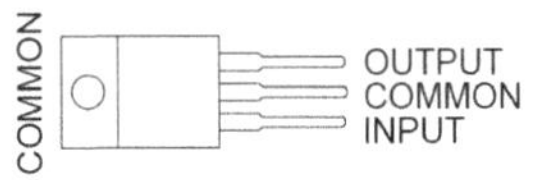

KTE PACKAGE (TOP VIEW)

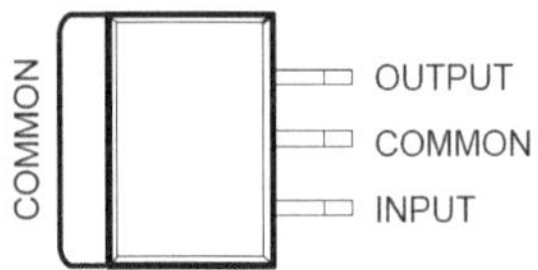

absolute maximum ratings over virtual junction temperature range (unless otherwise noted)†

Input voltage, V_I: μA7824C .... 40 V
All others .... 35 V
Operating virtual junction temperature, T_J .... 150°C
Lead temperature 1,6 mm (1/16 inch) from case for 10 seconds .... 260°C
Storage temperature range, T_{stg} .... –65°C to 150°C

† Stresses beyond those listed under "absolute maximum ratings" may cause permanent damage to the device. These are stress ratings only, and functional operation of the device at these or any other conditions beyond those indicated under "recommended operating conditions" is not implied. Exposure to absolute-maximum-rated conditions for extended periods may affect device reliability.

package thermal data (see Note 1)

PACKAGE	BOARD	θ_{JC}	θ_{JA}
POWER-FLEX (KTE)	High K, JESD 51-5	3°C/W	23°C/W
TO-220 (KC/KCS)	High K, JESD 51-5	3°C/W	19°C/W

NOTE 1: Maximum power dissipation is a function of T_J(max), θ_{JA}, and T_A. The maximum allowable power dissipation at any allowable ambient temperature is $P_D = (T_J(max) - T_A)/\theta_{JA}$. Operating at the absolute maximum T_J of 150°C can affect reliability.

recommended operating conditions

			MIN	MAX	UNIT
V_I	Input voltage	μA7805C	7	25	V
		μA7808C	10.5	25	
		μA7810C	12.5	28	
		μA7812C	14.5	30	
		μA7815C	17.5	30	
		μA7824C	27	38	
I_O	Output current			1.5	A
T_J	Operating virtual junction temperature	μA7800C series	0	125	°C

MC7805

electrical characteristics at specified virtual junction temperature, V_I = 10 V, I_O = 500 mA (unless otherwise noted)

PARAMETER	TEST CONDITIONS		T_J†	μA7805C			UNIT
				MIN	TYP	MAX	
Output voltage	I_O = 5 mA to 1 A, $P_D \leq$ 15 W	V_I = 7 V to 20 V,	25°C	4.8	5	5.2	V
			0°C to 125°C	4.75		5.25	
Input voltage regulation	V_I = 7 V to 25 V		25°C		3	100	mV
	V_I = 8 V to 12 V				1	50	
Ripple rejection	V_I = 8 V to 18 V,	f = 120 Hz	0°C to 125°C	62	78		dB
Output voltage regulation	I_O = 5 mA to 1.5 A		25°C		15	100	mV
	I_O = 250 mA to 750 mA				5	50	
Output resistance	f = 1 kHz		0°C to 125°C		0.017		Ω
Temperature coefficient of output voltage	I_O = 5 mA		0°C to 125°C		−1.1		mV/°C
Output noise voltage	f = 10 Hz to 100 kHz		25°C		40		μV
Dropout voltage	I_O = 1 A		25°C		2		V
Bias current			25°C		4.2	8	mA
Bias current change	V_I = 7 V to 25 V		0°C to 125°C			1.3	mA
	I_O = 5 mA to 1 A					0.5	
Short-circuit output current			25°C		750		mA
Peak output current			25°C		2.2		A

† Pulse-testing techniques maintain the junction temperature as close to the ambient temperature as possible. Thermal effects must be taken into account separately. All characteristics are measured with a 0.33-μF capacitor across the input and a 0.1-μF capacitor across the output.

LM317

LM117/LM317A/LM317
3-Terminal Adjustable Regulator

General Description

The LM117 series of adjustable 3-terminal positive voltage regulators is capable of supplying in excess of 1.5A over a 1.2V to 37V output range. They are exceptionally easy to use and require only two external resistors to set the output voltage. Further, both line and load regulation are better than standard fixed regulators. Also, the LM117 is packaged in standard transistor packages which are easily mounted and handled.

In addition to higher performance than fixed regulators, the LM117 series offers full overload protection available only in IC's. Included on the chip are current limit, thermal overload protection and safe area protection. All overload protection circuitry remains fully functional even if the adjustment terminal is disconnected.

Normally, no capacitors are needed unless the device is situated more than 6 inches from the input filter capacitors in which case an input bypass is needed. An optional output capacitor can be added to improve transient response. The adjustment terminal can be bypassed to achieve very high ripple rejection ratios which are difficult to achieve with standard 3-terminal regulators.

Besides replacing fixed regulators, the LM117 is useful in a wide variety of other applications. Since the regulator is "floating" and sees only the input-to-output differential voltage, supplies of several hundred volts can be regulated as long as the maximum input to output differential is not exceeded, i.e., avoid short-circuiting the output.

Also, it makes an especially simple adjustable switching regulator, a programmable output regulator, or by connecting a fixed resistor between the adjustment pin and output, the LM117 can be used as a precision current regulator. Supplies with electronic shutdown can be achieved by clamping the adjustment terminal to ground which programs the output to 1.2V where most loads draw little current.

For applications requiring greater output current, see LM150 series (3A) and LM138 series (5A) data sheets. For the negative complement, see LM137 series data sheet.

Features

- Guaranteed 1% output voltage tolerance (LM317A)
- Guaranteed max. 0.01%/V line regulation (LM317A)
- Guaranteed max. 0.3% load regulation (LM117)
- Guaranteed 1.5A output current
- Adjustable output down to 1.2V
- Current limit constant with temperature
- P+ Product Enhancement tested
- 80 dB ripple rejection
- Output is short-circuit protected

Typical Applications

1.2V–25V Adjustable Regulator

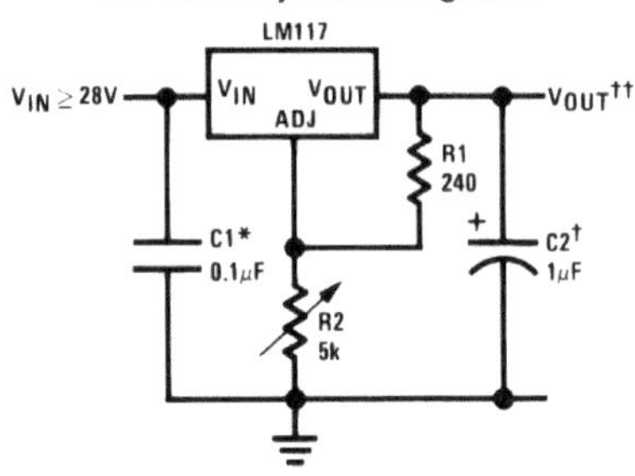

00906301

Full output current not available at high input-output voltages

*Needed if device is more than 6 inches from filter capacitors.

†Optional — improves transient response. Output capacitors in the range of 1μF to 1000μF of aluminum or tantalum electrolytic are commonly used to provide improved output impedance and rejection of transients.

$$\dagger\dagger V_{OUT} = 1.25V \left(1 + \frac{R2}{R1}\right) + I_{ADJ}(R_2)$$

LM117 Series Packages

Part Number Suffix	Package	Design Load Current
K	TO-3	1.5A
H	**TO-39**	**0.5A**
T	TO-220	1.5A
E	**LCC**	**0.5A**
S	TO-263	1.5A
EMP	SOT-223	1A
MDT	**TO-252**	**0.5A**

SOT-223 vs. D-Pak (TO-252) Packages

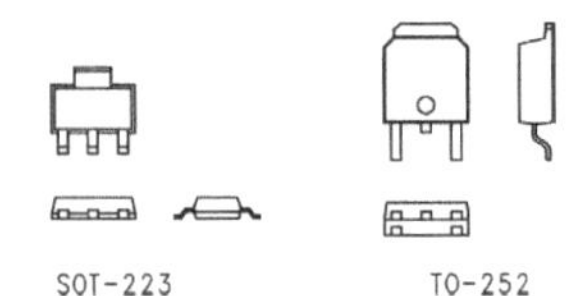

LM317

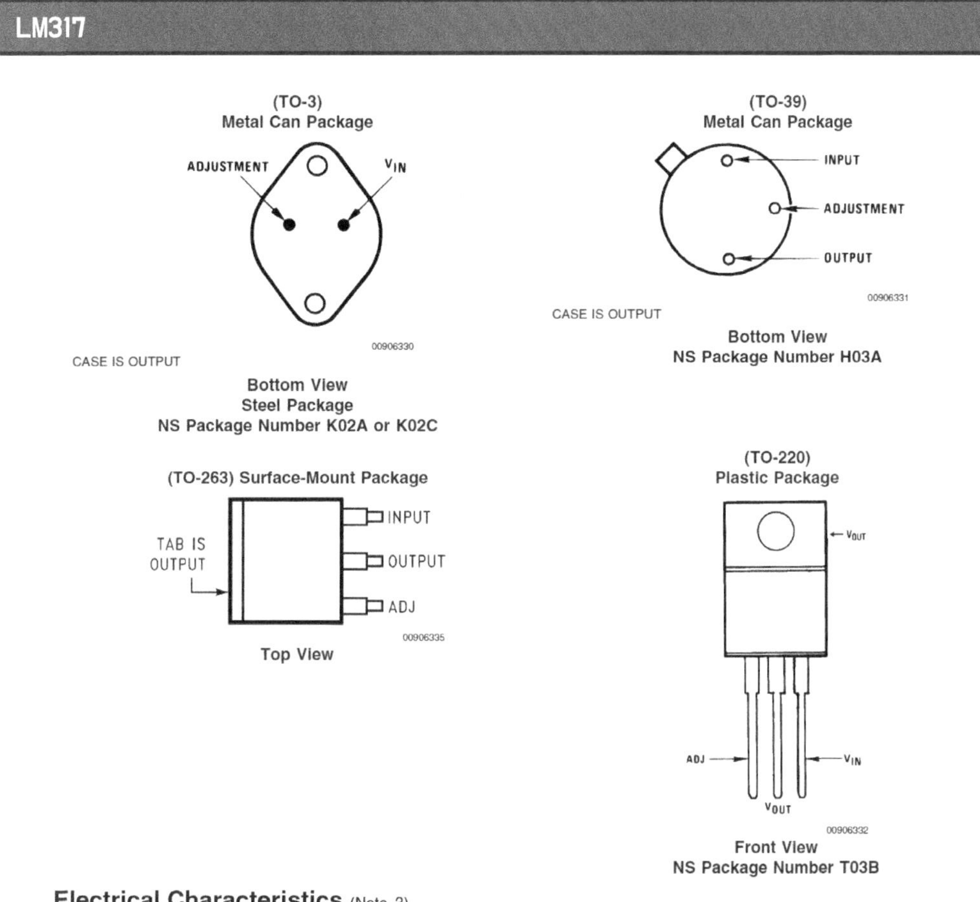

Electrical Characteristics (Note 3)

Specifications with standard type face are for T_J = 25°C, and those with **boldface type** apply over **full Operating Temperature Range**. Unless otherwise specified, $V_{IN} - V_{OUT}$ = 5V, and I_{OUT} = 10 mA.

Parameter	Conditions	LM317A			LM317			Units
		Min	Typ	Max	Min	Typ	Max	
Reference Voltage		1.238	1.250	1.262				V
	$3V \le (V_{IN} - V_{OUT}) \le 40V$, $10 mA \le I_{OUT} \le I_{MAX}$, $P \le P_{MAX}$	**1.225**	**1.250**	**1.270**	**1.20**	**1.25**	**1.30**	V
Line Regulation	$3V \le (V_{IN} - V_{OUT}) \le 40V$ (Note 4)		0.005	0.01		0.01	0.04	%/V
			0.01	**0.02**		**0.02**	**0.07**	%/V
Load Regulation	$10 mA \le I_{OUT} \le I_{MAX}$ (Note 4)		0.1	0.5		0.1	0.5	%
			0.3	**1**		**0.3**	**1.5**	%
Thermal Regulation	20 ms Pulse		0.04	0.07		0.04	0.07	%/W
Adjustment Pin Current			**50**	**100**		**50**	**100**	μA
Adjustment Pin Current Change	$10 mA \le I_{OUT} \le I_{MAX}$ $3V \le (V_{IN} - V_{OUT}) \le 40V$		**0.2**	**5**		**0.2**	**5**	μA
Temperature Stability	$T_{MIN} \le T_J \le T_{MAX}$		**1**			**1**		%
Minimum Load Current	$(V_{IN} - V_{OUT})$ = 40V		**3.5**	**10**		**3.5**	**10**	mA
Current Limit	$(V_{IN} - V_{OUT}) \le 15V$							
	K, T, S Packages	**1.5**	**2.2**	**3.4**	**1.5**	**2.2**	**3.4**	A
	H Package	**0.5**	**0.8**	**1.8**	**0.5**	**0.8**	**1.8**	A
	MP Package	**1.5**	**2.2**	**3.4**	**1.5**	**2.2**	**3.4**	A
	$(V_{IN} - V_{OUT})$ = 40V							
	K, T, S Packages	0.15	0.4		0.15	0.4		A
	H Package	0.075	0.2		0.075	0.2		A
	MP Package	0.15	0.4		0.15	0.4		A

■ 지은이

신헌철, 충북보건과학대학교 반도체전자과 교수
윤찬근, 동양미래대학교 정보통신공학과 교수

최신
전자회로 실험

2024년 2월 1일 1판 1쇄 발 행
2024년 2월 10일 1판 1쇄 발 행

지 은 이 : 신헌철, 윤찬근
펴 낸 이 : 박 정 태

펴 낸 곳 : **광 문 각**

10881
파주시 파주출판문화도시 광인사길 161
광문각 B/D 4층
등 록 : 1991. 5. 31 제12-484호
전 화(代) : 031-955-8787
팩 스 : 031-955-3730
E-mail : kwangmk7@hanmail.net
홈페이지 : www.kwangmoonkag.co.kr

ISBN : 978-89-7093-044-2 93560

값 : 27,000원